国家重点研发计划项目（2019YFD1002201）
国家自然科学基金区域创新发展联合基金（重点项目）（U21A2040）　资助
国家自然科学基金面上项目（41877520）

主要经济作物气象灾害风险评价与综合防范技术研究

Research on Meteorological Disaster Risk Assessment and Comprehensive Prevention Technology for Major Cash Crops

张继权　赵艳霞 等　著

科学出版社

北　京

内 容 简 介

本书是"十三五"国家重点研发计划项目"主要经济作物气象灾害风险预警及防灾减灾关键技术"课题一"主要经济作物气象灾害风险评估与气候保障技术"的最新研究成果的总结,是关于主要经济作物农业气象灾害风险领域较全面和系统的一部专著。本书首先介绍了主要经济作物气象灾害风险评估与综合防范技术研究的目的、意义、目标、内容、方案、技术流程和创新点。在此基础上系统介绍了主要经济作物气象灾害影响及分布规律,主要经济作物气象灾害综合风险动态评价与区划,主要经济作物引扩种气象灾害综合风险评估与区划,主要经济作物天气指数保险和考虑精细化气候区划、气候资源高效利用、作物高产稳产趋利避害种植优化布局的主要经济作物提质增效气象保障体系研究的最新方法、技术和成果。

本书可供从事农业气象灾害的研究人员、管理人员、业务人员阅读和参考,还可供政府防灾减灾、农业农村和气象部门的工作人员以及保险从业人员参考使用。

审图号:GS京(2023)1938号

图书在版编目(CIP)数据

主要经济作物气象灾害风险评价与综合防范技术研究 / 张继权等著 . —北京:科学出版社,2023.11
ISBN 978-7-03-074909-3

Ⅰ.①主⋯ Ⅱ.①张⋯ Ⅲ.①经济作物–农业气象灾害–风险评价–研究 ②经济作物–农业气象灾害–灾害防治–研究 Ⅳ.①S42

中国国家版本馆 CIP 数据核字(2023)第 029413 号

责任编辑:霍志国 / 责任校对:杜子昂
责任印制:徐晓晨 / 封面设计:东方人华

科 学 出 版 社 出版
北京东黄城根北街 16 号
邮政编码:100717
http://www.sciencep.com

北京中石油彩色印刷有限责任公司 印刷
科学出版社发行 各地新华书店经销
*
2023 年 11 月第 一 版 开本:720×1000 1/16
2023 年 11 月第一次印刷 印张:23 1/2
字数:460 000
定价:150.00 元
(如有印装质量问题,我社负责调换)

本书主要著者名单

（按姓氏汉语拼音排序）

陈思宁　刁逸菲　高　苹　郭　莹　孔维财

李凯伟　廖晓玉　刘兴朋　娄伟平　孙　擎

孙　爽　佟志军　王春乙　吴利红　徐　敏

张　祎　张继权　赵艳霞

前　　言

　　天气气候条件是影响农业生产的重要因素，持续干旱、严重洪涝、高温、低温胁迫等气象灾害可导致大范围农作物严重减产。中国是自然灾害较为严重的国家之一，其中，气象灾害造成的损失占各种自然灾害损失的 70% 以上；由于我国农业生产基础设施薄弱，抗灾能力差，靠天吃饭的局面没有根本改变，致使我国每年因各种气象灾害造成的农作物受灾面积达 5000 万 hm² 以上、影响人口达 4亿人次、经济损失达 2000 多亿元，成为制约农业稳产增产的主要障碍。尤其是近年来，由于气候变化导致的极端天气气候事件的增加、生态环境的恶化和作物遗传多样性的不断下降等影响，致使我国农业气象灾害在突发性、不确定性，以及灾害的持续性及强度等方面表现出更多的异常现象，气象灾害呈现出频率高、强度大、危害日益严重的态势，已对农业可持续发展和国家粮食安全构成严重威胁。

　　经济作物是我国农业的重要组成部分，其适应性广、经济价值高，对我国社会发展与经济发展具有重要意义，在我国农业生产中占有重要地位。目前我国发展着眼于乡村振兴。"十九大"提出的乡村振兴战略与"三农"问题指出乡村振兴最核心任务是如何使农民收入增加。生产经营经济作物是增加农民收入的主要途径。经济作物指某种具有特定经济用途的农作物，包括纤维作物、油料作物、糖料作物、三料作物、嗜好作物、药用作物、染料作物、花卉园艺作物等，一般占农产品总面积 35% 左右，但其产值占农业产值 75% 左右。种植经济作物是精准扶贫和农民持续增收主要途径之一。然而，经济作物产量/品质及价格更容易受气象灾害影响，典型灾害年份损失更为严重，具有投资大、风险高等特点。如果农业气象灾害频发，必将产生巨大的经济损失。

　　气象灾害对农业生产具有极大的负面影响，并且气象灾害种类繁多，不同类型的气象因素会产生不同的气象灾害，对农作物生产造成不同质与量的影响。灾害作为重要的可能损害之源，历来是各类风险管理研究的重要对象，引起了国内外防灾减灾领域的普遍关注。特别是 20 世纪 90 年代以来，灾害风险管理工作在防灾减灾中的作用和地位日益突显，灾害风险评价是制定灾前降低灾害风险和灾害发生过程中应急减灾措施的前提和关键，是当前国际减灾领域的重要研究前沿。农业是气候影响最敏感的领域之一，频率高、强度大的农业气象灾害给我国农业带来很大的经济损失，已成为各地气象部门重点关注和研究的对象。同时，农业又是风险性产业，农业气象灾害是危害农业生产最主要的风险源。政府间气候变化专门委员会（IPCC）发布的第六次评估报告第一部分《气候变化2021：自然科学基础》指出，相比于1850～1900年，全球表面温度升高了约1.1℃，这是自12.5万年以来前所未有的增温水平。毋庸置疑，气候变化所导致的全球变暖，将引发更频繁、更强烈的极端气候事件。中国幅员辽阔，地形地貌复杂多变，天气系统更是变化无常，本就容易遭受气象灾害的影响。在全球变暖引发的极端天气浪潮中，作为农业大国的中国将面临严重的不利威胁，对农业生态系统和国民经济安全造成严重的影响。农业生产的系统开放性、生产过程的不可逆性、生产环境的不可控性，决定了农业生产对天气气候条件的高度依赖。极端气象灾害可能出现多发、频发、重发趋势，将会给全球和区域粮食安全带来极大风险。气象灾害风险的加剧，直接影响着农业生产，对农业的不利影响使其风险评价和预测研究越来越引起各国政策制定者和学者的关注。农业气象灾害风险研究既是灾害学和农业气象学领域中研究的热点，又是当前政府相关管理部门和农业生产部门急需的应用性较强的课题。如何准确、定量地评估气象灾害对农业生产风险的影响，对国家目前农业结构调整，特别是农业可持续发展、农业防灾减灾对策和措施的制定意义重大。

灾害风险评价和风险管理已成为灾害研究的一种新视角和创新的灾害管理策略及途径。灾害风险指各种危险因子未来若干年内发生的可能性及其可能达到的灾害程度。灾害风险评价是一项在灾害危险性、灾害危害性、灾害预测、社会承灾体易损性或脆弱性、减灾能力分析及相关的不确定性研究的基础上进行的多因子综合分析工作。灾害风险管理是指人们对可能遇到的各种灾害风险进行识别、估计和评价，并在此基础上有效地控制和处置灾害风险，以最低的成本实现最大安全保障的决策过程，它将灾前降低风险、灾害时的应急对应和灾后恢复三个阶段融于一体对灾害实行系统、综合管理，其管理范围涉及灾害系统的各个环节，因此，是一种最全面和高级的灾害管理模式。灾害风险评价和风险管理的目的是为所有灾害易发区的政策制定者提供信息，以提高他们的风险评价和管理的能力，它有助于决策者进行灾害管理和制定减灾策略时有针对性地选择最优技术政策，防患于未然，实现防灾减灾的目的。

经济作物气象灾害风险评价和管理是农业防灾减灾工作的重要内容。近年来由于对经济作物气象灾害的发生预防和准备工作不足，农业减灾工作常常处于被动应对状态，且耗费了大量的人力物力，而减灾效果却不明显，只能解决一时之需，进而导致灾害损失加重的事例屡见不鲜。因此，借助遥感、地理信息系统（GIS）等现代化科技手段、灾害风险评价和风险管理理论，研究经济作物气象灾害风险孕育机制、评价方法与技术体系，构建基于气象指数的典型地区主要作物分级保险标准，建立经济作物气象灾害综合风险防范与应急管理体系，对经济作物气象灾害实行风险管理，因地制宜地采取相应的避险减灾对策，推动综合防控策略的顺利进行，推进经济作物气象灾害保险，已成为一项十分紧迫的任务。随着农村社会保障体系和农业灾害保险事业的建立，农业减灾将从单纯的政府行为和农户的分散个别行为转变为全社会的减灾行动，农业保险将形成有巨大发展前景的新兴产业。开展经济作物气象灾害风险评价和管理技术研究，基于气候适宜性和风险评价结果充分利用当地气候资源、趋利避害、优化作物布局、提高作物的产量和质量，可以使政府管理部门提前做好防灾抗灾准备，降低气象灾害对农业生产的影响，保障经济作物高产稳产和农民增收，是我国社会主义新农村建设的重要保障。

本书是"十三五"国家重点研发计划项目"主要经济作物气象灾害风险预警及防灾减灾关键技术"（2019YFD1002200）课题一"主要经济作物气象灾害风险评估与气候保障技术"（2019YFD1002201）的最新研究成果的总结，针对我国经济作物气象灾害风险评价和管理的理论、方法和技术体系等农业气象灾害基础研究的薄弱现象，本书选择北方猕猴桃、南方柑橘等园艺作物主产区的高、低温灾害，北方马铃薯、谷子，东北大豆，黄淮海花生等大田经济作物主产区的旱、涝灾害，广西甘蔗等热带作物主产区的干旱灾害，茶树等特色经济林果主产区的低温灾害为研究对象，探究主要经济作物气象灾害致灾机理和综合风险的形成机制，揭示气象灾害发生规律及时空分布特征，研发气候变化背景下主要经济作物生产全过程的气象灾害影响、综合风险动态评估和引（扩）种灾害风险评估及精细化农业气候区划技术，研制经济作物多灾种气象灾害天气指数保险技术及产品，研建主要经济作物优质高产与产业提质增效的气候保障方法体系，并开展示范应用。

全书由张继权教授、赵艳霞研究员和王春乙研究员进行总体设计和定稿，项目首席科学家王春乙研究员对本书的策划和撰写给予了很多中肯和宝贵的意见和建议。全书共分6章，其中第1章由张继权、赵艳霞、王春乙、张祎、道日敖、李凯伟、峰芝、郭莹执笔；第2章由李凯伟、道日敖、郭莹、苏日古嘎、魏思成、杨月婷、刘聪、马一宁、廖晓玉执笔；第3章由张继权、李凯伟、道日敖、刘聪、杨月婷、李凯伟、徐洁、廖晓玉执笔；第4章由张继权、苏日古嘎、马一宁、刘兴朋、佟志军、王蕊、赵云梦、苏都毕力格、廖晓玉执笔；第5章由赵艳霞、孙擎、张祎、陈思宁、吴利红、娄伟平、刁逸菲、高苹、徐敏、孔维财执笔；第6章由张继权、王春乙、李凯伟、孙爽、张美恩、魏思成、道日敖执笔。

在本书的写作过程中，课题组各位成员通力合作，付出了很大的努力和心血，在此向课题组各位成员表示衷心感谢！同时引用了大量的参考文献，借此机会向各位作者表示衷心感谢！在本书出版过程中，受到科学出版社的大力支持，编辑为此付出了辛勤的劳动，在此表示诚挚的谢意！

由于作者知识水平和能力有限，对一些问题的认识尚有待于反复实践和不断深入，书中疏漏之处和缺点在所难免，敬请各位专家、同行和广大读者批评指正。

张继权

东北师范大学环境学院

吉林省农业气象灾害风险评估与防控科技创新中心

吉林省遥感信息技术应用创新基地–灾害监测预警与评估中心

吉林省生态安全与环境灾害预警研究中心

东北师范大学自然灾害研究所

东北师范大学综合灾害风险管理研究中心

2023 年 10 月

目　　录

第1章 绪 论

1.1 研究目的和意义

灾害作为重要的可能损害之源，历来是各类风险管理研究的重要对象，引起了国内外防灾减灾领域的普遍关注。特别是 20 世纪 90 年代以来，灾害风险管理工作在防灾减灾中的作用和地位日益突现，灾害风险评价是制定灾前降低灾害风险和灾害发生过程中应急减灾措施的前提和关键，是当前国际减灾领域的重要研究前沿。

自然灾害是人类社会面临的共同挑战。我国是世界上自然灾害最为严重的国家之一，灾害种类多、分布地域广、发生频率高、造成损失重。其中 70% 的自然灾害为气象灾害，由于我国农业生产基础设施薄弱，抗灾能力差，靠天吃饭的局面没有根本改变，致使我国每年因各种气象灾害造成的农作物受灾面积达 $5 \times 10^5 \mathrm{km}^2$ 以上、影响人口达 4 亿人次、经济损失达 2000 多亿元。在农业实际生产中，最为严重的干旱、低温冷害、高温热害、霜冻等常态气象灾害和冰雹、暴雨、台风、大风等突发性气象灾害频繁发生，对农业生产造成了极为不利的影响（吕厚荃，2011）。

尤其是近年来，全球气候变暖、生态环境恶化导致农作物的脆弱性日趋加剧，严重的农业气象灾害频繁发生，已对我国粮食安全和农业可持续发展构成严重威胁。但是目前通过农艺技术达到粮食增产的空间越来越小，因而通过农业气象灾害风险管理最大限度地降低农业气象灾害给粮食增产带来的压力，这对粮食增产无疑更具科学、现实意义。

进入 21 世纪以来，以增暖为主要特征的全球气候变化对我国农业气象灾害的发生与灾变规律产生了显著的影响，导致我国极端天气气候事件不断增加、生态环境逐渐恶化和作物遗传多样性不断下降，我国农业生产面临更大的自然风险。气候变暖导致灾害性天气频发，它是触发农业气象灾害的主要因素之一，灾害性天气及其造成的衍生及次生灾害对我国农业和农民均造成了非常大的危害（霍治国等，2003；董姝娜等，2014；庞泽源等，2014）。另外，气候变暖不仅影响农业气象灾害致灾因子变化以及灾害形成的各个环节，而且影响形成农业气象灾害风险的孕灾环境、致灾因子、承灾体和防灾减灾能力等多个因素，从而致使我国农业气象灾害在突发性、不确定性，以及灾害的持续性及强度等方面表现出更多的异常现象，气象灾害呈现出频率高、强度大、危害日益严重的态势，主要粮食作物产量损失增加，已对农业可持续发展和国家粮食安全构成严重威胁。

2011 年，政府间气候变化专门委员会（IPCC）发布了《管理极端事件和灾害风险推进气候变化适应特别报告》（Managing the Risks of Extreme Events and Disasters to Advance Climate Change Adaptation，SREX）决策者摘要，并于 2012 年 3 月发布了特别报告全文（IPCC，2012），该报告包含了当今学术界在管理极端气候事件和灾害风险方面的最新进展，体现了当今世界在管理极端事件、灾害风险和推进气候变化适应问题上的认知水平。这表明，灾害风险及其相关问题的研究，仍是当前国际减灾领域的重要研究前沿。

2014 年，IPCC 发布了第五次评价报告（AR 5）第二工作组（WGII）报告《气候变化 2014：影响适应和脆弱性》认为，受全球气候变暖影响，未来全球极端气象灾害可能出现多发、频发、重发趋势，全球包括我国在内的农业生产都将出现大幅波动，粮食供给的不稳定性会增大，将会给全球和区域粮食安全带来极大风险。气候变化可能带来 8 大风险，其中与农业紧密相关的风险有 4 条：增温、干旱、洪水、降水变率、极端事件等相关的食品安全和粮食系统崩溃的风险；由于饮用水和灌溉用水不足以及农业生产力下降对农村生计和收入带来损失的风险；提供沿海生计的生态产品功能和服务损失的风险；陆地和内陆水生态系统、生物多样性，及其供给生计的生态系统产品、功能和服务的损失的风险。因此，揭示气候变化背景下农业气象灾害风险的时空新变化及其规律性，开展灾害风险动态变化评价，进而应对气候变化背景下农业气象灾害风险的变化已成为灾害风险管理的新特征和新挑战（IPCC，2014）。

2021 年，IPCC 发布的第六次评估报告的第一部分《气候变化 2021：自然科学基础》，相比于 1850 ~ 1900 年，全球表面温度升高了约 1.1℃，这是自 12.5 万年以来前所未有的增温水平。毋庸置疑，气候变化所导致的全球变暖，将引发更频繁、更强烈的极端高温事件（Lieth et al.，1972；Mon et al.，1994；Zhang et al.，2019；IPCC，2021）。中国幅员辽阔，地形地貌复杂多变，天气系统更是变化无常，本就容易遭受气象灾害的影响。在全球变暖引发的极端高温天气浪潮中（Alexander et al.，2006），作为农业大国的中国将面临严重的不利威胁，对农业生态系统和国民经济安全造成严重的影响。农业生产的系统开放性、生产过程的不可逆性、生产环境的不可控性，决定了农业生产对天气气候条件的高度依赖。

目前我国发展着眼于乡村振兴。"十九大"提出的乡村振兴战略与"三农"问题指出乡村振兴最核心任务是如何使农民收入增加（郑中媛，2020）。生产经营经济作物是增加农民收入的主要途径。经济作物指某种具有特定经济用途的农作物，包括纤维作物、油料作物、糖料作物、三料作物、嗜好作物、药用作物、染料作物、花卉园艺作物等。经济作物一般占农产品总面积 35% 左右，但是经济作物产值占农业产值 75% 左右，是精准扶贫和持续增收主要途径之一。然而，经济作物产量/品质及价格更容易受气象灾害影响，典型灾害年份损失更为严重，投资大，风险高。2015 年 7 月因高温，江苏省蔬菜面积环比减少 30%，价格环比上涨 7.5%。2016 年 1 月因强寒潮雨雪冰冻，江西省柑橘总产量比上年减少12.2%。2016 年 3 月因低温霜冻，浙江省茶叶直接经济损失达 13 亿元。2016 年夏因干旱，黑龙江嫩江大豆减产五成，品质下降价格下跌，农民每公顷（$1hm^2 = 10^4m^2$）亏损 2000～3000 元。2017 年春因干旱，东北部分区域花生播种面积仅为上年的一半左右。2018 年因干旱，山西、河北、内蒙古谷子种植面积减少一半以上。

持续开展经济作物气象灾害风险评价与管理关键技术研究意义重大且十分紧迫，具体研究意义如下：

（1）与国际社会灾害风险管理主流趋势接轨的现实要求

灾害作为重要的可能损害之源，历来是各类风险管理研究的重要对象，引起了国内外防灾减灾领域的普遍关注（章国材，2014；黄崇福，2012）。特别是 20 世纪 90 年代以来，灾害风险管理工作在防灾减灾中的作用和地位日益突现（UN/ISDR，2004）。灾害风险及其相关问题的研究，仍是当前国际减灾领域的重要研究前沿（张继权等，2013，2012，2006）。

经济作物气象灾害风险评价和管理是农业防灾减灾工作的重要内容。近年来由于对经济作物气象灾害的发生预防和准备工作不足，农业减灾工作常常处于被动应对状态，且耗费了大量的人力物力，而减灾效果却不明显，只能解决一时之需，进而导致灾害损失加重的事例屡见不鲜。因此，借助遥感、地理信息系统（GIS）等现代化科技手段、灾害风险评价和风险管理理论，研究经济作物气象灾害风险孕育机制、评价方法与技术体系，构建基于气象指数的典型地区主要作物分级保险标准，建立经济作物气象灾害综合风险防范与应急管理体系，对经济作物气象灾害实行风险管理，因地制宜地采取相应的避险减灾对策，推动综合防控策略的顺利进行，推进经济作物气象灾害保险，已成为一项十分紧迫的任务。开展经济作物气象灾害风险评价和管理技术研究，可以使政府管理部门提前做好防灾抗灾准备，降低气象灾害对农业生产的影响，确保粮食安全。

（2）加速构建我国农村社会经济发展的保障体制和经济作物灾害保险事业的需要

乡村振兴的关键是农民富裕，增加经济收入的主要途径之一就是生产经营经济作物，提高经济效率。长期以来，靠天吃饭是我国的国情，农村地区自然灾害多、受灾地域广、防灾减灾能力弱，气象灾害及衍生的次生灾害对新农村建设和农村经济平稳发展造成了严重的威胁,特别是近年来受全球气候变暖的影响,农业灾害呈多发、频发、重发态势(Liu et al., 2013；Zhang et al., 2013)。随着农村社会保障体制和农业灾害保险事业的建立,农业减灾将从单纯的政府行为和农户的分散个别行为转变为全社会的减灾行动,农业保险将形成有巨大发展前景的新兴产业。作者研究团队在以往的研究基础上,在可持续发展的基本原则下,瞄准国外发展趋势和前沿性科学问题,借助计算机、遥感和 GIS 等现代化手段和技术,在全面调查研究我国各类自然灾害区域成灾和分布规律的基础上,以多学科的有机交叉和国外先进的研究成果为基础,研究自然灾害风险评价和风险管理的方法、模型和模式,取得了一系列高水平研究成果。总之,瞄准和抓住这一机遇,在以往研究和取得的研究成果基础上,立足我国经济作物产区,开展农业灾害风险评价和综合防控研究,逐步形成产学研一体化的良性循环机制。

(3) 符合国家科学技术发展规划及防灾减灾的需要

《国家粮食安全中长期规划纲要(2008～2020 年)》中明确提出,要"健全农业气象灾害预警监测服务体系,提高农业气象灾害预测和监测水平","增加农业气象灾害监测预警设施的建设"。党的十七届三中全会通过的《中共中央关于推进农村改革发展若干重大问题的决定》用一个完整章节篇幅部署"加强农村防灾减灾能力建设",明确要求,要"完善处置预案,加强专业力量建设。提高应急救援能力","提高灾害处置能力","建立健全农村应急管理体制,提高危机处置能力"。

经济作物气象灾害风险评价与综合防控是提升农业防灾减灾能力建设的重要组成部分,是具体落实《国务院关于加快气象事业发展的若干意见》的重要举措,是紧密结合"气象灾害监测预警与应急工程"的重要科技支撑,更是气象、农业部门开展防灾减灾工作的迫切需求。因此,开展经济作物气象灾害风险评价与管理关键技术研究,完善农业防灾减灾体系建设,减轻气象灾害对经济作物生产不利影响,保障经济作物高产稳产和农民增收,是我国社会主义新农村建设的重要保障。

1.2　研究目标与研究内容

1.2.1　研究目标

针对我国经济作物气象灾害风险评价和管理的理论、方法和技术体系等农业气象灾害基础研究的薄弱现象,本书选择北方猕猴桃、南方柑橘等园艺作物主产区的高温、冷害,北方马铃薯、谷子,东北大豆,黄淮海花生等大田经济作物主产区的旱、涝灾害及低温灾害，广西甘蔗等热带作物主产区的高温、冷害，茶树等特色经济林果主产区的低温灾害为研究对象，探究主要经济作物气象灾害致灾机理和综合风险的形成机制，揭示气象灾害发生规律及时空分布特征，研发气候变化背景下主要经济作物生产全过程的气象灾害影响、综合风险动态评估和引（扩）种灾害风险评估及精细化农业气候区划技术，研制经济作物多灾种气象灾害天气指数保险技术及产品，研建主要经济作物优质高产与产业提质增效的气候保障方法体系，并开展示范应用。本书研究成果将对经济作物气象灾害风险评价工作及损失评价、统计具有指导意义，可以推广到我国其他经济作物气象灾害多发区域，推动风险评价研究的进程，可为防灾避灾、合理布局、预案编制、减灾规划和保险等提供科学依据和技术支撑。

1.2.2 研究内容

"十三五"国家重点研发计划项目"主要经济作物气象灾害风险预警及防灾减灾关键技术"（2019YFD1002200）研究对象覆盖了园艺、特色林果、大田、热带四类经济作物，气象灾害覆盖了干旱、涝渍、高温、冷害等灾害，研究区域覆盖了东北、华北、华中、华南等地，如图1-1所示。课题一"主要经济作物气象灾害风险评估与气候保障技术"（2019YFD1002201）选择大田经济作物：花生、谷子、马铃薯、大豆，园艺作物：柑橘、猕猴桃，特色林果：茶树，热带经济作物：甘蔗为研究对象。气象灾害覆盖了干旱、涝渍、高温、冷害等灾害，在东北、华北、华中、华南等地选择了典型作物种植区作为研究区域。

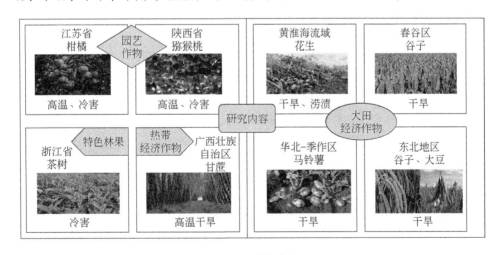

图1-1 研究内容

主要研究内容如下：

（1）主要经济作物气象灾害致灾机理及分布规律研究

构建主要经济作物气象灾害案例库和灾情数据库；揭示基于气象灾变过程的作物致灾机理及灾变过程的动力学机制；创建基于灾变过程的作物气象致灾等级指标；统计分析主要经济作物多种气象灾害发生时空分布及演变特征。

（2）气候变化背景下主要经济作物气象灾害影响与综合风险动态评估技术研究

探究主要经济作物气象灾害综合风险的形成机制及其动态表达理论方法；研究作物不同生育期气象灾害胁迫对作物产量及其生理生态指标的影响，建立气象灾害影响动态评估模型；创建气象灾害综合风险及构成因子动态量化解析技术；构建风险评价指标体系，建立基于经济作物全过程的气象灾害综合风险动态评估模型；开展研究区主要经济作物气象灾害风险的定量评估与区划。

（3）主要经济作物引（扩）种灾害风险评估技术研究

基于经济作物气候区划结果和构建的风险评价模型，利用引种种类、产地间与个体间的遗传差异性，研制不同气象灾害作用于不同发育期情景模式下作物引（扩）种灾害风险识别、分析和评估的指标和模型；构建集引（扩）种气象灾害风险因子快速识别-风险评估为一体的多时效、多尺度、多属性的新一代综合动态风险评估技术体系。

（4）主要经济作物气象灾害天气指数保险技术及产品研制

研制基于作物统计和机理模型的作物气象灾害保险风险识别和区划、天气指数设计和阈值确定以及保险产品开发等关键技术；通过经济作物天气指数保险产品的示范应用评价天气指数保险的应用效果，研制天气指数保险基差风险的评估和降低方法，制定天气指数保险产品设计规程。

（5）主要经济作物安全生产的气候保障方法体系构建

构建主要经济作物气候适宜性区划指标体系和模型，进行分作物、分灾种的适宜性评价；绘制精细化、大比例尺农业气候区划图谱；研究主要经济作物趋利避害种植优化布局方案；构建主要经济作物气候资源高效利用技术；研建主要经济作物优质高产与产业提质增效的气候保障方法体系。

1.3 研究方法与研究技术路线

1.3.1 研究方法

本书以主要经济作物气象灾变过程为核心，采用灾情反演、人工控制与野外观测试验、产量品质测定、作物生长模拟、气候模式等方法，集成气象、遥感、作物、土壤等多源数据，按照"灾变过程解析-等级阈值厘定-风险动态量化-保障体系创制"的思路，筛选致灾因子，厘定致灾等级指标，揭示灾害的致灾机理发生规律与致险机制，构建灾害影响模型、风险动态评估模型。最后，基于以上结果研发气象灾害影响、综合风险动态评估和引（扩）种灾害风险评估及精细化农业气候区划技术，创制农业气候区划图谱、气象灾害风险区划图谱，天气指数保险技术及产品，研建主要经济作物优质高产与产业提质增效的气候保障方法体系，并开展示范应用。

（1）经济作物气象灾变机理和指标体系

采用作物胁迫试验、数理统计、作物生长模拟、灾情反演等方法，定量刻画气象灾害对作物生长发育、产量、品质影响，揭示经济作物气象灾变机理与致灾过程，从而构建多尺度全过程的大气–作物–土壤一体化灾害指标体系（图 1-2）。

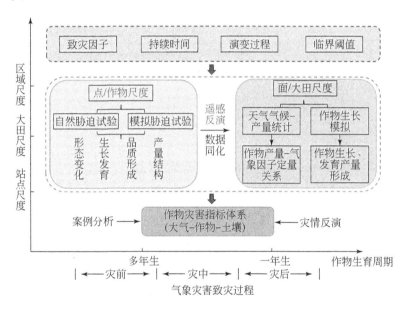

图 1-2　经济作物气象灾害指标体系构建原理

（2）经济作物气象灾害综合风险动态评估

从危险性、脆弱性、暴露性和防灾减灾能力 4 个方面出发，揭示气象灾害风险形成机制，构建风险评价指标和评价模型。利用作物生长模型和遥感信息耦合等技术，实现新一代基于作物生长全过程的多灾种气象灾害综合风险动态评估技术，最后利用现代制图自动化技术，完成多尺度、多情景的综合风险区划自动制图（图 1-3）。

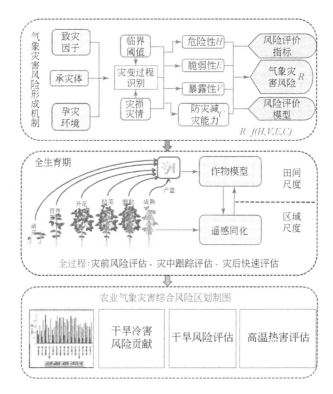

图 1-3   经济作物气象灾害综合风险动态评估原理

（3）经济作物气象灾害天气指数保险技术

利用概率分布模型计算得到气象灾害发生的概率，进而根据统计方法或试验得到对应概率下的作物减产率，根据不同气象灾害构建不同天气指数，最后厘定天气指数保险的纯费率及毛费率（图1-4）。

1.3.2   研究技术路线

本书以"数据收集—机理机制分析—风险评估—保险研制—保障体系构建"为研究主线，通过构建多源天空地一体化的经济作物农业气象灾害综合数据库，基于深度学习理论与统计分析方法，筛选风险关键要素和评估指标体系，分别对主要经济作物的精细化气候区划，气象灾害影响动态评估，气象灾害综合风险动态评估，引（扩）种风险评估技术展开研究，研制天气指数保险，综合制图技术，最终形成指标、技术体系、产品和图谱等成果（图1-5）。

图1-4 经济作物气象灾害天气指数保险技术原理

基于本书主要的研究内容，分别构建了主要经济作物气象灾害天气指数保险研制及安全生产保障方法体系技术路线（图1-6）、主要经济作物精细化气候区划技术流程（图1-7）、主要经济作物气象灾害动态风险评估技术路线（图1-8）和主要经济作物致灾机理及风险评价技术路线（图1-9）。

1.3.3 野外考察以及数据收集工作

基于可行性、科学性和全面性，针对不同的大田经济作物气象灾害风险研究内容，在实地考察方面规划了考察路线和野外观测方案。野外考察路线从长春市区出发，经由G302国道、G303国道、G1212吉沈高速和S26抚长高速公路，终回长春市的路线，途经吉林市、延边朝鲜族自治州、辽源市、四平市和松原市。

依照所制定的考察路线和野外观测方案，作者研究团队对吉林省不同的大田经济作物种植区域进行了实地考察，在路线上观测和记录了多个经济作物种植地的经纬度坐标、类型和规模等信息，并对不同的种植规模进行了拍摄记录（图1-10），同时与当地相关部门单位联系以收集最新数据。

从可行性、科学性和全面性角度出发，研究团队在野外实地大田考察中进行作物样本采集，进行植物株高、叶面积等生理生化指标的测量（图1-11）。

研究团队根据区域灾害系统论，从致灾因子、孕灾环境和承灾体3个角度出发，基于自然灾害风险形成四要素学说，与当地相关部门对接，针对研究区大田经济作物不同气象灾害的危险性、暴露性、脆弱性和防灾减灾能力4个要素进行实地的较为全面的相关数据收集工作（图1-12）。

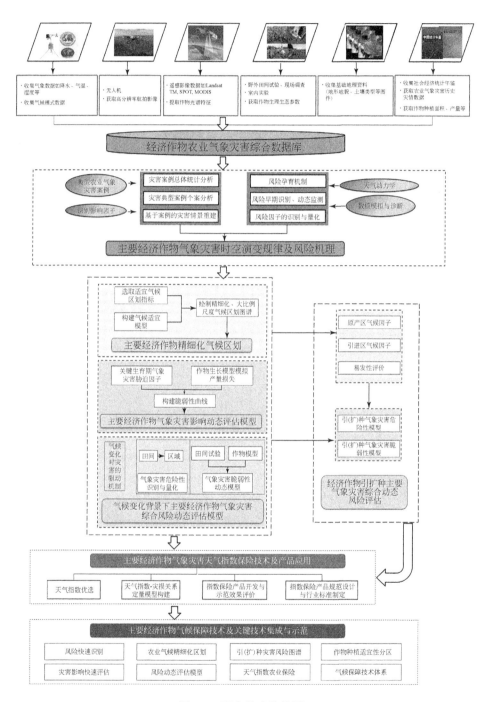

图 1-5　研究技术路线图

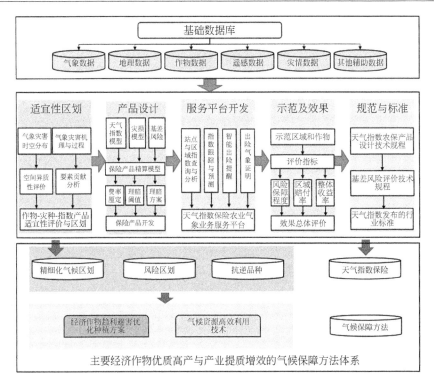

图 1-6 主要经济作物气象灾害天气指数保险研制及安全生产保障方法体系技术路线

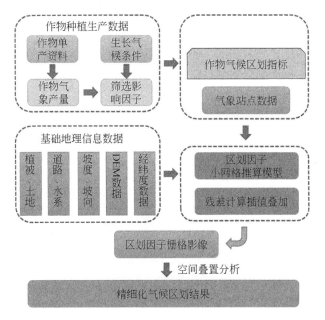

图 1-7 主要经济作物精细化气候区划技术流程

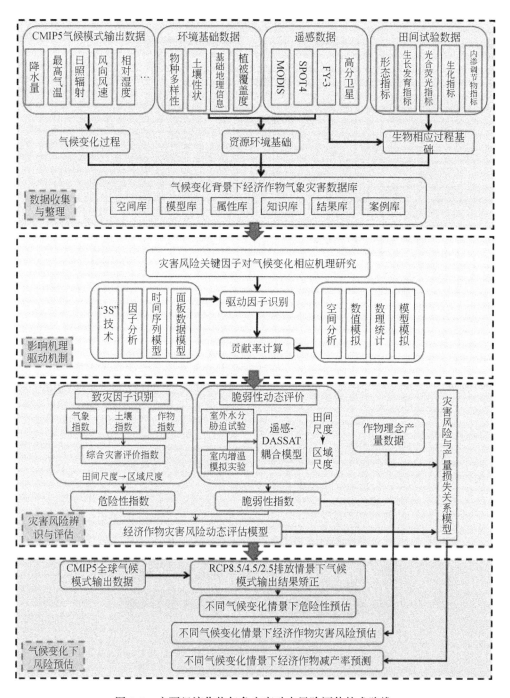

图 1-8　主要经济作物气象灾害动态风险评估技术路线

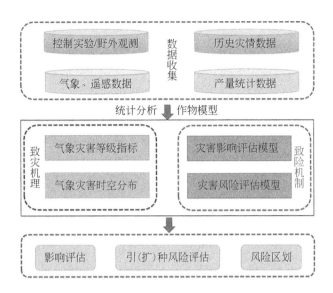

图1-9 主要经济作物致灾机理及风险评价技术路线

图1-10 野外考察照片

图 1-11 样本数据采集展示

图 1-12 研究团队向相关政府机关收集数据、沟通照片

检索和收集了国内外相关研究最新研究文献 150 余篇、相关新闻 50 余篇、相关著作和统计年鉴 20 多本。同时，研究团队于 2020～2021 年到吉林省进行实地的数据收集和调查工作，并收集了不同灾种灾害的危险性、暴露性、脆弱性和防灾减灾能力等方面的多源数据。所收集的资料具体情况如下：

（1）气象数据

通过在中国气象数据网站下载和各气象局的数据补充，收集研究区气象台站

1960~2020 年的地面气象观测数据，并进行了后期相关处理与整理。包括温度、相对湿度、降水量、日照时数和风速等各气象要素的逐日统计数据、月统计数据和年统计数据，为构建灾情数据库做准备（图 1-13、图 1-14）。

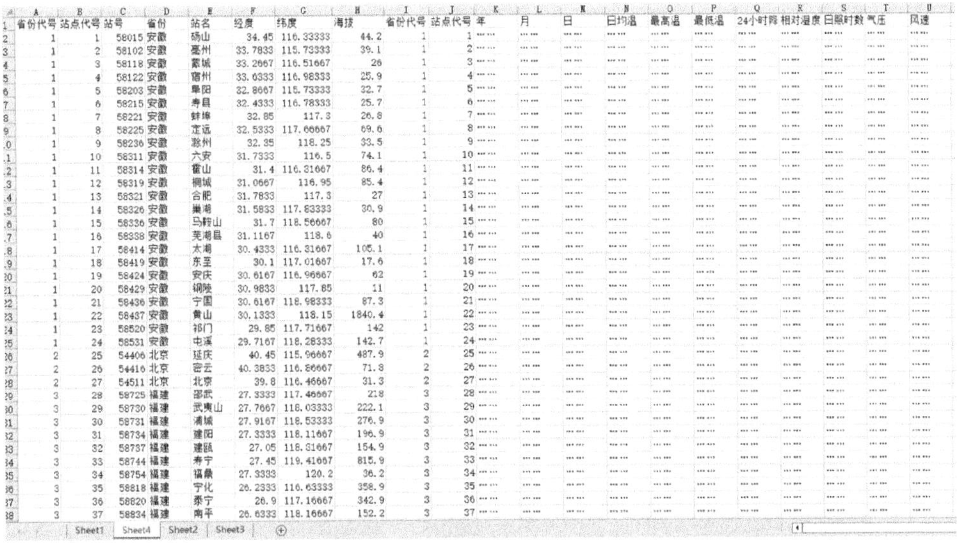

	A	B	C	D	E	F	G	H	I	J	K	L	M	N	O	P	Q	R	S	T	U
1	省份代号	站点代号	站号	省份	站名	经度	纬度	海拔	省份代号	站点代号	年	月	日	日均温	最高温	最低温	24小时降	相对湿度	日照时数	气压	风速
2	1	1	58015	安徽	砀山	34.45	116.33333	44.2	1	1	… ***	… ***	… ***	… ***	… ***	… ***	… ***	… ***	… ***	… ***	
3	1	2	58102	安徽	亳州	33.7833	115.73333	39.1	1	2	… ***										
4	1	3	58118	安徽	蒙城	33.2667	116.51667	26	1	3	… ***										
5	1	4	58122	安徽	宿州	33.0333	116.98333	25.9	1	4	… ***										
6	1	5	58203	安徽	阜阳	32.8667	115.73333	32.7	1	5	… ***										
7	1	6	58215	安徽	寿县	32.4333	116.78333	25.7	1	6	… ***										
8	1	7	58221	安徽	蚌埠	32.85	117.3	26.8	1	7	… ***										
9	1	8	58225	安徽	定远	32.5333	117.46667	69.6	1	8	… ***										
10	1	9	58236	安徽	滁州	32.35	118.25	33.5	1	9	… ***										
11	1	10	58314	安徽	六安	31.7333	116.5	74.1	1	10	… ***										
12	1	11	58314	安徽	霍山	31.4	116.31667	86.4	1	11	… ***										
13	1	12	58319	安徽	桐城	31.0667	116.95	85.3	1	12	… ***										
14	1	13	58321	安徽	合肥	31.7833	117.3	27	1	13	… ***										
15	1	14	58326	安徽	巢湖	31.5833	117.83333	30.9	1	14	… ***										
16	1	15	58336	安徽	马鞍山	31.7	118.56667	80	1	15	… ***										
17	1	16	58338	安徽	芜湖县	31.1167	118.6	40	1	16	… ***										
18	1	17	58414	安徽	太湖	30.4333	116.31667	105.1	1	17	… ***										
19	1	18	58419	安徽	东至	30.1	117.01667	17.6	1	18	… ***										
20	1	19	58424	安徽	安庆	30.6167	116.96667	62	1	19	… ***										
21	1	20	58429	安徽	铜陵	30.9833	117.85	11	1	20	… ***										
22	1	21	58436	安徽	宁国	30.6167	118.98333	87.3	1	21	… ***										
23	1	22	58437	安徽	黄山	30.1333	118.15	1840.4	1	22	… ***										
24	1	23	58520	安徽	祁门	29.85	117.71667	142	1	23	… ***										
25	1	24	58531	安徽	屯溪	29.7167	118.28333	142.7	1	24	… ***										
26	2	25	54406	北京	延庆	40.45	115.96667	487.9	2	25	… ***										
27	2	26	54416	北京	密云	40.3833	116.86667	71.8	2	26	… ***										
28	2	27	54511	北京	北京	39.8	116.46667	31.3	2	27	… ***										
29	3	28	58725	福建	武夷	27.7667	117.46667	218	3	28	… ***										
30	3	29	58730	福建	武夷山	27.7667	118.03333	222.1	3	29	… ***										
31	3	30	58731	福建	浦城	27.9167	118.53333	276.9	3	30	… ***										
32	3	31	58734	福建	建阳	27.3333	118.11667	196.9	3	31	… ***										
33	3	32	58737	福建	建瓯	27.05	118.31667	154.9	3	32	… ***										
34	3	33	58744	福建	寿宁	27.45	119.41667	815.9	3	33	… ***										
35	3	34	58754	福建	福鼎	27.3333	120.2	36.2	3	34	… ***										
36	3	35	58818	福建	宁化	26.2333	116.63333	358.9	3	35	… ***										
37	3	36	58820	福建	泰宁	26.9	117.16667	342.9	3	36	… ***										
38	3	37	58834	福建	南平	26.6333	118.16667	152.2	3	37	… ***										

Sheet1　Sheet4　Sheet2　Sheet3

图 1-13　全国气象站点展示

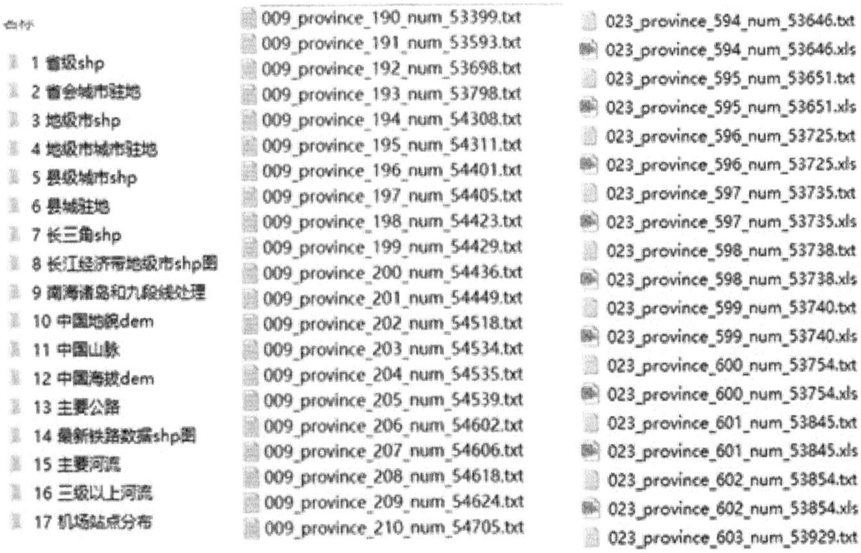

点件

1 省级shp
2 省会城市驻地
3 地级市shp
4 地级市城市驻地
5 县级城市shp
6 县城驻地
7 长三角shp
8 长江经济带地级市shp图
9 南海诸岛和九段线处理
10 中国地貌dem
11 中国山脉
12 中国海拔dem
13 主要公路
14 最新铁路数据shp图
15 主要河流
16 三级以上河流
17 机场站点分布

009_province_190_num_53399.txt
009_province_191_num_53593.txt
009_province_192_num_53698.txt
009_province_193_num_53798.txt
009_province_194_num_54308.txt
009_province_195_num_54311.txt
009_province_196_num_54401.txt
009_province_197_num_54405.txt
009_province_198_num_54423.txt
009_province_199_num_54429.txt
009_province_200_num_54436.txt
009_province_201_num_54449.txt
009_province_202_num_54518.txt
009_province_203_num_54534.txt
009_province_204_num_54535.txt
009_province_205_num_54539.txt
009_province_206_num_54602.txt
009_province_207_num_54606.txt
009_province_208_num_54618.txt
009_province_209_num_54624.txt
009_province_210_num_54705.txt

023_province_594_num_53646.txt
023_province_594_num_53646.xls
023_province_595_num_53651.txt
023_province_595_num_53651.xls
023_province_596_num_53725.txt
023_province_596_num_53725.xls
023_province_597_num_53735.txt
023_province_597_num_53735.xls
023_province_598_num_53738.txt
023_province_598_num_53738.xls
023_province_599_num_53740.txt
023_province_599_num_53740.xls
023_province_600_num_53754.txt
023_province_600_num_53754.xls
023_province_601_num_53845.txt
023_province_601_num_53845.xls
023_province_602_num_53854.txt
023_province_602_num_53854.xls
023_province_603_num_53929.txt

图 1-14　经济作物研究部分气象数据照片展示

（2）灾情与灾害损失数据

研究团队通过网上资料收集、中国气象灾害年鉴与各相关部门进行沟通协调，收集了作物灾害历史数据统计资料，包括作物灾害的发生时间、地点、经纬度、灾害类型、灾害级别和规模、经济损失等（图1-15）。

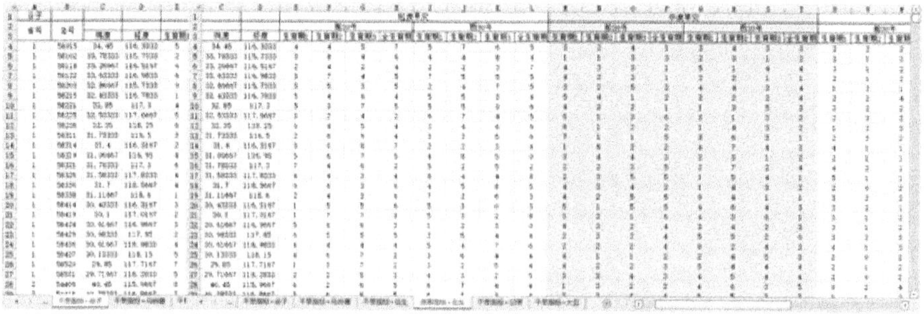

图1-15　经济作物气象灾害部分灾情数据展示

（3）孕灾环境相关数据

经济作物气象灾害的损失发生除了灾害天气诱发因素外，还与当地的环境因素有关。即孕灾环境，包括数字高程模型（DEM）数据、土壤类型、地表覆盖等。其中，通过下载 GDEMDEM 的数字高程数据，获取了 30m 精度的 DEM 数据，并通过 ArcGIS 软件进行处理，得到坡度、坡向等地形数据；土壤类型等地质构造数据从中国 1：50 万地质图和 1：100 万土壤类型图中获取；土地利用等地表覆盖数据主要通过遥感影像（1：1 万航拍遥感影像图、SPOT5 影像、高分一号影像和 MODIS 影像等）；NDVI 数据通过下载 Landsat 8 OLI 遥感影像，使用 ENVI 软件进行波段计算获取（图1-16）。

1.3.4　主要经济作物气象灾害数据库框架

研究团队基于对各个研究区实地收集的野外观测调查数据、室内数据分析处理所获取的数据，结合遥感影像等多源数据进行归纳整理工作，初步建立了基于 GIS 技术的经济作物气象灾害数据库，并将数据以统计资料、分析报告和图件资料的形式存储于数据库中进行管理。主要数据如下。

基础空间数据：遥感数据（1：1 万航拍遥感影像图、SPOT5 影像、高分一号影像和 MODIS 影像等）、土地利用分布图、土壤类型图、水文数据、基础地理数据（海拔、经纬度、坡度、地形）、生态环境数据等。

历史灾情数据：将研究区内统计在案的经济作物气象灾害发生情况（灾害发生具体地理位置、频率、受灾面积、受灾人口数量、经济损失等）记录在 Access

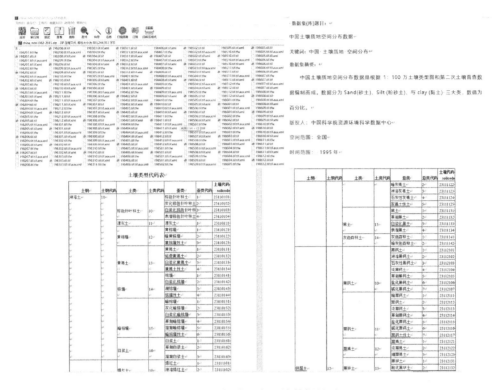

图 1-16 部分孕灾环境数据展示

数据库中,并将具有代表性的典型案例进行筛选和研究。

属性数据:气象数据(研究区内气象站点 1960~2020 年逐日、逐月、逐年基础气象数据)、社会经济数据(总人口、人口密度、种植业相关人口、产量、地区生产总值、第一产业生产总值、人均产值、人均收入、耕地面积、作物种植面积等)、灾害管理(防灾管理水平的政策、应急预案的完备程度、应急物资保障、政府防灾减灾投入资金管理、防灾监测点的布设等)。

知识数据:包括在完成项目的过程里所查阅并学习的相关文献、报告以及已有项目资料等。

数据库构建框架图如图 1-17 所示。

1.3.5 试验基地与观测点的建设

为揭示主要经济作物致灾机理及灾变过程的动力学机制,识别并筛选影响气象灾害形成的关键因子,研究主要经济作物不同生育期气象灾害胁迫对作物产量及其生理生化指标的影响,建立气象灾害影响动态评估模型。主要经济作物气象

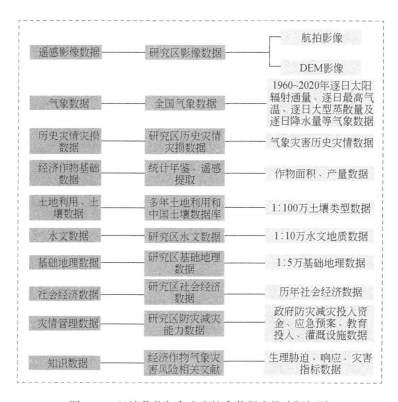

图 1-17　经济作物气象灾害综合数据库构建框架图

灾害综合风险动态评估技术专题组于吉林省长春市吉林农业大学设施农业基地及吉林省长春市九台区设立经济作物气象灾害风险评估试验基地，试验用地主要包括遮雨棚 4 个、温室大棚 2 个和试验用大田 1 块（图 1-18）。

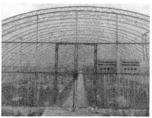

图 1-18　试验基地展示

利用遮雨棚开展大田经济作物控制试验，分设不同旱涝胁迫等级，以大田试验作为对照，分别研究 4 种大田经济作物干旱灾害的致灾过程。盆栽试验设计用于筛选抗逆品种，将不同品种的作物栽植于花盆，通过水分控制和人工气候室温度控制等手段模拟胁迫环境，筛选出抗逆性较高的品种。以猕猴桃为例，供试品种分为美味、中华和软枣猕猴桃三大种类共6个品种。待一年生猕猴桃生新梢生长到7~9片叶时，选择生长发育一致且生长健壮、无病虫害的猕猴桃苗进行高温胁迫处理。高温胁迫试验于人工气候箱内进行（图1-19）。

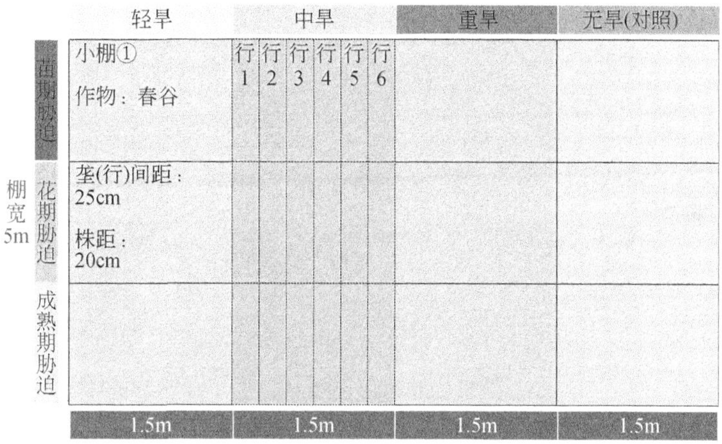

	轻旱	中旱					重旱	无旱(对照)
苗期胁迫	小棚① 作物：春谷	行1	行2	行3	行4	行5	行6		
花期胁迫 棚宽 5m	垄(行)间距：25cm 株距：20cm								
成熟期胁迫									
	1.5m	1.5m					1.5m	1.5m

图1-19 部分试验设计展示

试验地布设了农田小气候观测站和土壤水分记录仪等设备，用以收集常规的气象要素，如气温、相对湿度、风速、风向、太阳辐射、土壤温湿度等数据（图1-20）。

图1-20 小气候观测站展示

采用光合仪、荧光仪、叶面积指数仪、高光谱仪等设备采集试验数据，基于室内外水热胁迫试验和田间观测调查，测量经济作物在逆境胁迫及不同地理环境下的光合、荧光、保护酶、叶面积、株高、干鲜重、产量、品质等生理生化指标（图1-21）。温室、大田及盆栽试验处理展示如图1-22所示。

图 1-21　试验数据采集展示

茶树热害观测站点位于29°28′N、121°01′E，海拔高度208m，所在茶场已有20多年茶叶生产史，茶场种植有"平阳特早"（弱耐热性）、"嘉茗一号"（中耐热性）两个品种。"平阳特早"从3月中旬到10月均采摘生产茶叶。茶场建有区域自动气象站。并和茶场主签订协议，明确开展7~9月上旬高温期间9m²固定茶篷每7天产量、100m²固定茶篷每7天达采摘标准芽叶数（茶叶采摘后，新的芽叶达到标准需要一定时间）。高温期间叶温观测处拍照（热害情况观测）（图1-23）。

图 1-22 温室、大田及盆栽试验处理展示

图 1-23　茶叶高温热害站点及试验处理展示

　　针对山东日照茶树的冬季冻害和春季冻害，布设了观测设备，开展了试验观测，同时初步构建了低温气象指数。2019 年，五莲县气象局在五莲县富园春茶园安装茶园小气候观测站 1 个，前期已有茶园安装区域自动站、土壤水分观测站各 1 个。2020 年 6 月在五莲县潮河镇刘家坪振承茶园安装茶园小气候站 1 个（图 1-24 ~ 图 1-26）。

图 1-24　2020 年 2 月 14 ~ 15 日大雪过后到五莲县富园春茶园调研茶树冻害情况

图 1-25　2020 年 4 月 3 日五莲县气象局
人员调研气象条件对茶树冻害造成的影响　　　图 1-26　2020 年 6 月 16 日为五莲县潮
河镇刘家坪村振承茶园安装小气候站

　　由五莲县潮河镇刘家坪振承茶园牵头，代统计刘家坪村 30 户茶农每日茶叶采摘量、采摘面积、茶叶价格。目前，茶叶产量资料和气象资料在同步积累中，为建立保险指数模型提供原始基础数据。

　　针对河南花生的涝害，2020 年分别进行了花生渍涝盆栽和大田试验，已经完成部分试验，初步分析了试验结果。同时收集了 2011～2017 年河南省 13 个主要地市花生面积和产量数据，以及正阳地区 2014～2019 年，黄泛区、内乡、濮阳、杞县、驻马店 2019 年花生生育期数据（图 1-27）。

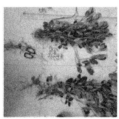

图 1-27　河南花生盆栽及大田试验展示

1.4　研究创新点

（1）经济作物气象灾变机制和指标体系创建

经济作物气象灾变机制揭示和指标体系构建，将填补灾变机制不明和指标体系缺乏的理论与技术空白。为灾害致灾机理解析、灾变动态判识、灾变过程调控提供理论方法支持，为灾害发生规律揭示、风险评估、监测预报预警提供技术支撑。

（2）经济作物气象灾害综合风险动态评估技术研发

气候变化背景下主要经济作物综合风险动态评估技术的研发，将形成新方法，突破综合风险的理论表征、模型构建、灾损-致灾因子关系解析、动态评估，气候情景模拟与综合风险量化等关键技术，为经济作物应对气候变化、综合风险管理提供技术支持。

（3）建立天气指数保险的技术以及降低天气指数保险基差风险的方法

天气指数保险是农业保险中的新的发展方向，有无需勘查定损、低交易成本的优点，急需建立天气指数保险的技术方法和规程。另外，由于地域差异特别是局部气候差异的原因，使得天气指数保险存在基差风险，因此通过气象学、气候学和农业气象学的技术方法与保险学、金融学的理论方法有机结合，有望在降低基差风险方面取得原创性学术成果。

参 考 文 献

董姝娜，庞泽源，张继权，等. 2014. 基于 CERES-Maize 模型的吉林西部玉米干旱脆弱性曲线研究. 灾害学，(03)：115-119.

黄崇福. 2012. 自然灾害风险与管理. 北京：科学出版社.

霍治国，李世奎，王素艳. 2003. 主要农业气象灾害风险评估技术及其应用研究. 自然资源学报，18 (6)：693-695.

吕厚荃. 2011. 中国主要农区重大农业气象灾害演变及其影响评估. 北京：气象出版社.

庞泽源, 董姝娜, 张继权, 等. 2014. 基于 CERES-Maize 模型的吉林西部玉米干旱脆弱性评价与区划. 中国生态农业学报, (06): 705-712.

章国材. 2014. 自然灾害风险评估与区划原理和方法. 北京: 气象出版社.

张继权, 岗田宪夫, 多多纳裕一. 2006. 综合自然灾害风险管理-全面整合的模式与中国的战略选择. 自然灾害学报, 15 (1): 29-37.

张继权, 刘兴朋, 严登华. 2012. 综合灾害风险管理导论. 北京: 北京大学出版社.

张继权, 刘兴朋, 刘布春. 2013. 农业灾害风险管理//郑大玮, 李茂松, 霍治国. 农业灾害与减灾对策. 北京: 中国农业大学出版社.

郑中媛. 2020. 主要经济作物的村级规模经营对农户家庭农业经济效率的影响. 成都: 西南财经大学.

Alexander L V, Zhang X, Peterson T C, et al. 2006. Global observed changes in daily climate extremes of temperature and precipitation. J. Geo. Res. Atmos, 111: 1042-1063.

IPCC. 2012. Managing the Risks of Extreme Events and Disasters to Advance Climate Change Adaption//A Special Report of Working Groups I and II of the Intergovernmental Panel on Climate Change. Cambridge: Cambridge University Press, 72-76.

IPCC. 2014. Climate Change 2014: Impacts, Adaptation and Vulnerability: Regional Aspects. Cambridge: Cambridge University Press.

IPCC. 2021. IPCC climate report: Earth is warmer than it's been in 125,000 years. Nature, 596: 171-172.

Lieth H, Box E. 1972. Evapotranspiration and primary productivity: C. W. Thornthwaite memorial model. Publ. Climatol, 25: 37-46.

Liu X J, Zhang J Q, Ma D L, et al. 2013. Dynamic risk assessment of drought disaster for maize based on integrating multi-sources data in the region of the northwest of Liaoning Province, China. Nat. Hazards, 65 (3): 1393-1409.

Mon D L, Cheng C H, Lin J C. 1994. Evaluating weapon system using fuzzy analytic hierarchy process based on entropy weight. Fuzzy. Sets. Syst, 62: 127-134.

UN/ISDR. 2004. Living with risk: A global review of disaster reduction initiatives 2004 version. Geneva: United Nations Publication.

Zhang Q, Zhang J Q, Yan D H, et al. 2013. Dynamic risk prediction based on discriminant analysis for maize drought disaster. Nat. Hazards, 65: 1275-1284.

Zhang Y, Wang Y, Niu H. 2019. Effects of temperature, precipitation and carbon dioxide concentrations on the requirements for crop irrigation water in China under future climate scenarios. Sci. Total. Environ, 656: 373-387.

第 2 章　主要经济作物气象灾害影响及分布规律研究

2.1　大田经济作物气象灾害影响及分布规律

2.1.1　大豆干旱灾害影响及分布规律

1. 影响评价

（1）试验设计

挑选中国东北地区常见春大豆品种为研究对象，设计升温环境下不同等级干旱梯度试验，从大豆生长发育特征、光合特性、荧光特性等方面入手，研究干旱胁迫对大豆生理生化参数的影响，揭示大豆干旱灾害致灾机理。同时，试验结果可用于作物模型（CERES-Soybean）的调参与验证。通过模型模拟升温背景下干旱灾害对大豆生长发育产生的影响。

选择大豆品种"吉农 31 号"为试验材料，以盆栽的形式在塑料大棚进行大豆干旱胁迫试验。花盆的规格为 24cm（高）×30cm（上口径）×16cm（底径）。供试土壤为棕壤，pH 为 5.98，有机质含量 18.4g/kg，全氮 0.79g/kg，全磷 0.75g/kg。为了模拟大豆生长的自然环境，避免花盆暴露于空气中可能出现的温度变化对大豆根系生长发育造成的影响，将所有花盆埋入土中，花盆边缘与地面持平。

为杜绝试验前自然降雨对试验结果的影响，试验之前对各试验田测定 0 ~ 50cm 土层的含水量，以含水量最高的试验田为目标进行平行灌溉，保证各试验田的初始含水量相同。

设置对照和 3 个干旱等级（轻度、中度、重度）在大豆生育前期（营养生长阶段）、中期（营养生长与生殖生长并进期）和后期（生殖生长阶段）进行胁迫处理，具体水分胁迫如下：

正常（CK），土壤含水量占田间最大持水量的 75%±5%；轻度干旱（D1），土壤含水量占田间最大持水量的 55%±5%；中度干旱（D2），土壤含水量占田间最大持水量的 40%±5%；重度干旱（D3），土壤含水量占田间最大持水量的 25%±5%。大豆干旱胁迫试验设计图如图 2-1 所示。

按照《农业气象观测规范》详细记录作物发育期所要求观测的内容，测量

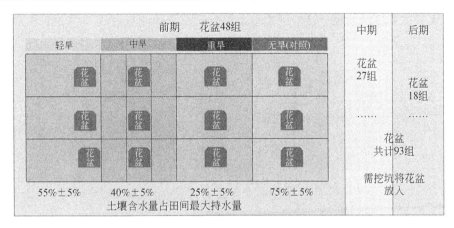

图 2-1　大豆干旱胁迫试验设计图

指标主要有田间指标（土壤含水量、物候期）、植株形态指标（株高、叶面积、覆盖度、NDVI、根茎叶干重）、产量指标（单株豆荚数、单株粒数、百粒重、产量）、叶绿素荧光、光响应曲线和叶绿素含量等（表 2-1）。

表 2-1　大豆干旱胁迫试验测量指标

测量指标		测量方式
田间指标	土壤含水量	每 7 天测一次，采用土壤水分测定仪，每个小区均测定 0～40cm 土层含水量，每 20cm 为一层，从播种至作物收获
	物候期	记录主要生育期，以 50% 植株进入某一时期便认定该小区进入此时期
植株形态指标	株高	测量从子叶节至主茎顶端生长点的高度
	叶面积	利用作物长势仪测定
	覆盖度	利用作物长势仪测定
	NDVI	利用作物长势仪测定
	根茎叶干重	胁迫开始前及结束后各测量一次，烘箱 105℃ 杀青 30min，之后烘箱 85℃ 烘干至恒重称重
产量指标	单株豆荚数	每个处理随机取 3 株，求其平均值
	单株粒数	每个处理随机取 3 株，求其平均值
	百粒重	每个处理取籽粒 100 粒称重，重复取样 3 次，求其平均数，单位用 g 表示
	产量	单株总粒重×1 平方米株数，并换算单位为 kg/hm^2
叶绿素荧光		利用 FMS-2 便携调制式荧光仪测定叶绿素荧光参数
光响应曲线		利用 LI-6800 光合测定仪测定
叶绿素含量（SPAD）		使用 JC-YLS 叶绿素测定仪测定叶片叶绿素相对含量

　　大豆试验场地及水分控制试验和大豆生长及指标测量过程如图2-2和图2-3所示。

图2-2　大豆试验场地及水分控制

图2-3　大豆生长及指标测量过程

（2）干旱胁迫对大豆生理生化指标的影响

　　由图2-4可知，各生育时期干旱胁迫均会对大豆株高的增长起到抑制作用，且随着胁迫处理程度的加重抑制程度越大。其中分枝期与开花期干旱胁迫对株高的抑制作用相对较大。分枝期重旱胁迫较CK降幅达37.8%，开花期重旱胁迫较CK降幅达28.2%。开花期及分枝期属于大豆营养生长转向营养生长与生殖生长并进的阶段，相比其他生育期对水分更为敏感。

　　由图2-5可知，各生育时期干旱胁迫均会抑制大豆植株叶面积的增长，在幼苗期及鼓粒期随着干旱胁迫程度的加重叶面积受抑制的程度越明显。分枝期及开花期重度胁迫下叶面积所受影响则出现了反弹。幼苗期干旱胁迫对叶面积的影响最为严重。鼓粒期干旱胁迫抑制作用相对较小,鼓粒期植株逐渐衰老,叶面积变化不再显著。

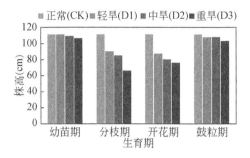

图 2-4　干旱胁迫对不同生育期
大豆株高的影响

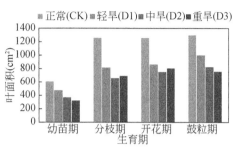

图 2-5　干旱胁迫对不同生育期大豆
叶面积的影响

　　与正常供水(CK)相比,干旱胁迫会导致荚重以及百粒重(图 2-6)降低。苗期轻度干旱胁迫对大豆荚重有促进作用,其余生育期大豆荚重均会随着胁迫处理程度的加深而减少。其中以开花期对荚重及百粒重的影响程度最大,不同程度干旱对荚重的减产幅度达 14.15%~48.43%,对百粒重的减产幅度达 4%~11.5%。不同生育期干旱胁迫都会对大豆产量造成影响,对于荚重的降低幅度大小依次为开花期>分枝期>鼓粒期>幼苗期,对于百粒重的降低幅度大小依次为开花期>鼓粒期>分枝期>幼苗期。在试验中发现苗期干旱能一定程度提高大豆对开花期和鼓粒期干旱胁迫的适宜性。

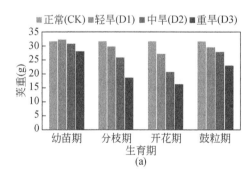

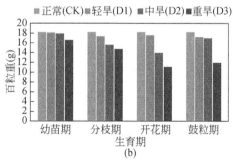

图 2-6　干旱胁迫对不同生育期大豆荚重(a)及百粒重(b)的影响

　　由图 2-7 可知,大豆叶片叶绿素含量在各生育时期干旱胁迫下均会降低,降低幅度与干旱胁迫程度呈正相关。各生育时期叶绿素含量下降幅度类似。其中鼓粒期干旱胁迫对 SPAD 的抑制作用相对较大,这可能是由于鼓粒期植株逐渐衰老,叶片黄化,而干旱胁迫会加速叶片黄化。

在试验中，大豆净光合速率在各生育时期干旱胁迫下均会降低（图2-8），除分枝期外其余生育期降低趋势类似，干旱胁迫程度与净光合速率下降程度呈现正相关。鼓粒期干旱在净光合速率下降幅度上表现最显著，这可能与干旱加快叶片衰老与黄化，同时抑制叶片生长有关。

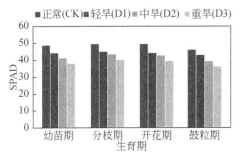

图2-7　干旱胁迫对不同生育期
大豆叶片SPAD含量的影响

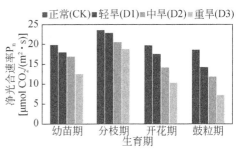

图2-8　干旱胁迫对不同生育期
大豆叶片净光合速率的影响

一般认为MDA是脂膜过氧化的产物，其含量的高低代表脂膜过氧化的程度，脂膜化程度越严重，膜透性越大，植被抗旱能力越弱。试验发现，随着干旱胁迫程度的增加，大豆体内MDA含量越多，但不同生育期的积累量变化不同，积累量大小依次为鼓粒期>开花期>分枝期>幼苗期。可见MDA在干旱胁迫时的积累存在生育期间的差异和特异性（图2-9）。

SOD作为植物体内活性氧的清除剂可以消除O^{2-}，对减轻大豆植株氧伤害和膜保护有一定作用。从图2-10可看出，干旱胁迫时SOD活性在不同生育期表现不同，幼苗期及分枝期，SOD活性与干旱程度呈正相关，从中度胁迫到重度胁迫增长幅度达到39.7%（幼苗期）和52.6%（分枝期）。开花期及鼓粒期，中度干旱胁迫使大豆体内产生了更多的SOD。之后，随着胁迫程度的增大，大豆体内的SOD含量开始下降（图2-10）。

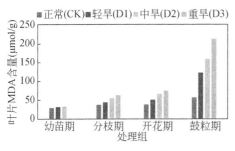

图2-9　干旱胁迫对不同生育期大豆叶片
中丙二醛（MDA）含量的影响

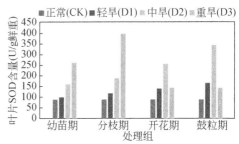

图2-10　干旱胁迫对不同生育期大豆叶片
中超氧化物歧化酶（SOD）含量的影响

2. 分布规律

（1）研究区概况及数据来源

所选研究区域位于中国东北，包括黑龙江、吉林、辽宁和内蒙古东四盟，总面积约为 $1.24×10^6 km^2$。东北平原是中国最大的平原，由三江平原、松嫩平原、辽河平原组成，土地肥沃，是全球仅有的三大黑土区域之一，也是中国重要的粮食生产基地。东北地区属于温带大陆性季风气候，夏季炎热多雨，冬季寒冷干燥。年平均降水量在 $300 \sim 1000mm$，年平均温度在 $-3 \sim 10℃$，海拔在 $-264 \sim 2555m$。从东南到西北，该区域从湿润地区过渡到半湿润地区和半干旱地区。2016 年东北地区大豆种植面积为 $4.05×10^6 hm^2$，占全国大豆播种面积的 56%（潘晓卉，2019）。东北地区为中国大豆优势产区，因其纬度跨度大、地形复杂、气候资源差异显著，大豆种植种类丰富。虽然东北大豆品种众多，但大致可归结为早、中、晚熟 3 大种类（何英彬等，2012），大豆物候期因熟型的不同而有所差异。根据研究区 $≥10℃$ 积温和农业气象站资料将东北春大豆大致划分为早（$1600d·℃ \leq$ 积温 $<2600d·℃$）、中（$2600d·℃ \leq$ 积温 $<3000d·℃$）、晚（积温 $≥3000d·℃$）三个熟型，具体在农田中的分布如图 2-11 所示。

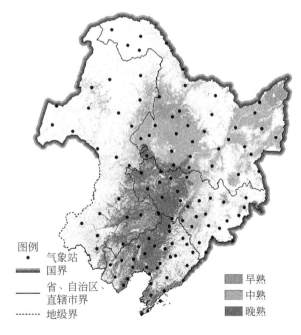

图例
· 气象站
━ 国界
── 省、自治区、直辖市界
┈┈ 地级界

▨ 早熟
▨ 中熟
▨ 晚熟

图 2-11　研究区气象站点及大豆熟型分布

气象数据来源于国家气象信息中心，包括 1990～2019 年研究区内及周边 124 个国家级基本气象站的逐日降水量、逐日平均温度、逐日最高最低气温、逐日平均风速、逐日湿度等，其中缺测数据采用临近站点线性拟合的方法进行插补。发育期数据来自于农业气象监测站，将大豆划分为 6 个发育阶段，分别为播种–出苗、出苗–三真叶、三真叶–开花、开花–结荚、结荚–鼓粒、鼓粒–成熟。基础地理信息数据来自中国科学院资源环境科学与数据中心（http：//www. resdc. cn/Default. aspx），包括行政边界、高程、土地利用等数据。大豆产量相关数据来源于各省份 1990～2019 年的统计年鉴，主要为各市、县（共 241 个）每年的大豆种植面积和产量。

（2）研究方法

SPEI 干旱指数是 Vicente-Serrano 提出的一种新的干旱指标，在 SPI 的基础上同时考虑了降水和蒸发因素。本书在研究农业干旱时考虑了具体作物，在 SPEI 的基础上将不同生育阶段作物需水量加入了计算，构建了能够表征具体作物干旱的标准化降水作物需水指数（standardized precipitation requirement index，SPRI）。具体计算公式和过程如下。

①计算作物不同生育阶段作物需水量。生育阶段需水量是由生育阶段内逐日需水量累积得到，逐日需水量利用联合国粮农组织（FAO）推荐的作物系数法计算，把标准条件下（长势良好，供水充足）的逐日蒸散量作为理论需水量，计算公式为

$$\mathrm{ET_c} = K_c \cdot \mathrm{ET_0} \tag{2-1}$$

式中，$\mathrm{ET_c}$ 为生育期作物需水量（mm）；$\mathrm{ET_0}$ 为生育期参考作物蒸散量（mm）；K_c 为生育期作物系数，反映作物蒸腾、土壤蒸发的综合效应，受作物种类、气候条件、土壤蒸发、作物生长状况等多种因素的影响。

$\mathrm{ET_0}$ 的计算采用 1998 年 FAO 修订的 Penman-Monteith 模型，该模型定义了参考作物，其高度为 0.12m，阻抗为 70s/m，反射率为 0.23，类似于高度一致、表面开阔、生长旺盛、完全覆盖地面、水分充足的绿色草地。计算公式为

$$\mathrm{ET_0} = \frac{0.408\Delta(R_n - G) + \gamma \dfrac{900}{T+273} U_2(e_s - e_a)}{\Delta + \gamma(1 + 0.34 U_2)} \tag{2-2}$$

$$R_n = (1-\alpha)\left(0.2 + 0.79\frac{n}{N}\right)R_{sa} - \sigma\left[\frac{T_{max,k}^4 + T_{min,k}^4}{2}\right](0.56 - 0.25\sqrt{e_\alpha})\left(0.9\frac{n}{N} + 0.1\right) \tag{2-3}$$

式中，$\mathrm{ET_0}$ 为潜在蒸散量（mm/d）；R_n 为净辐射；G 为土壤热通量（逐日计算可忽略）；T 为日平均气温（℃）；U_2 为 2m 高处风速（m/s）；e_s 为饱和水汽压（kPa）；e_a 为实际水汽压（kPa）；Δ 为饱和水汽压–温度曲线斜率（kPa/℃）；γ

为干湿表常数（kPa/℃）；α 为冠层反射系数，以草为假想作物时取值 0.23；N 为最大可能日照时数（h），n 为实际日照时数（h）；R_{sa} 为太阳总辐射［MJ/（$m^2 \cdot d$）］；σ 为 Stefan-Boltzmann 常数，取 $4.903 * 10^{-9}$ MJ/（$K^4 \cdot m^2 \cdot day$）；$T_{max,k}$ 为 24h 内最高绝对温度值（K）；$T_{min,k}$ 为 24h 内最低绝对温度值（K）；e_a 为实际水汽压（kPa）。

②计算生育期降水量与作物需水量的差值，即

$$D_i = P_i - (ET_c)_i \tag{2-4}$$

式中，i 表示某生育期；P_i 为生育期降水量（mm）；ET_c 为生育期作物需水量（mm）。

③建立不同时间尺度水分盈/亏累计序列，即

$$D_n^k = \sum_{i=0}^{k-1} \left[P_{n-1} - (ET_c)_i \right], n \geqslant k \quad D_i = P_i - (ET_c)_i \tag{2-5}$$

式中，k 为时间尺度；n 表示某生育期。

④对数据序列进行正态化。（由于原始序列中会存在负值，因此计算 SPRI 需采用 3 个参数的 log-logistic 概率分布）正态化后的数值即为 SPRI 值。

$$F(x) = \left[1 + \left(\frac{\alpha}{x - \gamma} \right)^{\beta} \right]^{-1} \tag{2-6}$$

式中，参数 α、β、γ 由线性矩方法拟合获得。

$$P = 1 - F(x) \tag{2-7}$$

当 $P \leqslant 0.5$ 时：

$$w = \sqrt{-2\ln(P)} \quad SPRI = w - \frac{c_0 + c_1 w + c_2 w^2}{1 + d_1 w + d_2 w^2 + d_3 w^3} \tag{2-8}$$

当 $P > 0.5$ 时：

$$w = \sqrt{-2\ln(1-P)} \quad SPRI = w - \frac{c_0 + c_1 w + c_2 w^2}{1 + d_1 w + d_2 w^2 + d_3 w^3} \tag{2-9}$$

式中，$c_0 = 2.515517$，$c_1 = 0.802853$，$c_2 = 0.010328$，$d_1 = 1.432788$，$d_2 = 0.189269$，$d_3 = 0.001308$。

表 2-2 为基于标准化降水作物需水指数（SPRI）干旱等级划分。

表 2-2　基于标准化降水作物需水指数（SPRI）干旱等级划分

干旱等级	SPRI
无旱	-0.5<SPRI
轻旱	-1.0<SPRI≤-0.5
中旱	-1.5<SPRI≤-1.0
重旱	SPRI≤-1.5

（3）研究结果

1960～2019 年，东北春大豆营养生长期高频率的干旱灾害在研究区中部发生较为广泛，其余地区呈现零散斑块分布。东北春大豆营养生长期低频率的干旱灾害发生分布范围较小。东北春大豆营养生长期与生殖生长并进期干旱灾害发生高频率地区分布在黑龙江北部，内蒙古东四盟东部和南部地区，其余地区呈现零散分布。近 60 年来，东北春大豆生殖生长期干旱灾害发生频率较高的区域位于研究区西南地区，东部地区干旱灾害发生频率较低。从东北春大豆生长季轻、中、重干旱灾害发生频率空间分布上可看出，研究区中度干旱发生频率较高，轻度干旱发生频率次之，重度干旱发生频率最低（图 2-12、图 2-13）。

图 2-12　1960～2019 年东北春大豆营养生长期、营养生长与生殖
生长并进期、生殖生长期干旱灾害发生频率

2.1.2　谷子干旱灾害影响及分布规律

1. 影响评价

（1）试验设计

在谷子的各类研究中，抗旱性研究是一个很重要的方向。本试验以"双谷七

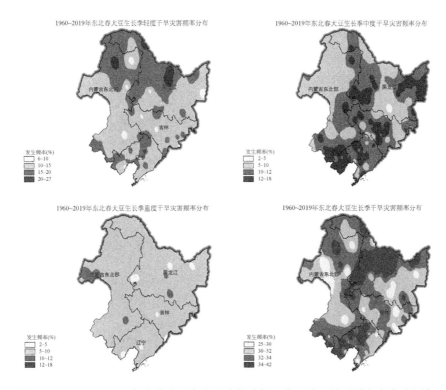

图 2-13　1960~2019 年东北地区春大豆生长季轻、中、重、总干旱灾害发生频率

号"为试验品种,设计不同水分梯度下的干旱胁迫试验,在不同强度的干旱胁迫下,探讨谷子农艺性状与抗旱性的相关性,揭示谷子的干旱灾害致灾机理,构建基于田间试验的谷子脆弱性曲线;同时对模型进行本地化校验,获得输入模型的基本指标数据,构建基于 CERES-Millet 模型的脆弱性曲线。

试验前首先对试验地土壤情况进行调查,包括土壤质地、有机质含量等。其次根据相关文献,确定干旱胁迫处理梯度划分,安装自动化滴灌装置进行水分胁迫处理。根据试验设计进行小区地块划分。因模型运行要求而需要记录的数据如下。

气象资料:逐日太阳辐射量,日最高、最低温度,降水量等。

土壤资料:经纬度、土壤分类、剖面层数、坡度、表土颜色、粘粒、壤粒、沙粒、石砾、容重、饱和导水率等。

田间管理资料:作物种植地区、播种日期、播种深度、密度、灌溉日期、灌溉量及灌溉方式、施肥日期、品种及数量、收获日期等。

　　试验品种选用"双谷七号"，采用垄作等距点播方式，与普通谷子播种方式一致（垄间距 25cm，行距 20cm，株距 10cm）。播种时每株谷子施 20g 复合肥、田间管理水平与当地常规生产水平相当。试验共分 12 个小区（1.5m×2m），各小区间设置 0.5m 隔水带，防止水分相互渗透。水分处理时段根据谷子发育阶段划分为前期（播种-拔节期）、中期（拔节-抽穗期）和后期（抽穗-成熟期）。试验中采用单生育期受旱处理，而后恢复正常供水，以确保其生长。本试验共设置 4 个灌溉处理，以满足谷子不同发育期的水分胁迫需求。利用普锐森社管式土壤墒情监测仪（GPRS 型），实时监控土壤水分含量。利用自动化滴灌系统进行灌溉。

　　正常（CK）：土壤含水量占田间最大持水量的 75%±5%；轻度干旱（D1）：土壤含水量占田间最大持水量的 65%±5%；中度干旱（D2）：土壤含水量占田间最大持水量的 55%±5%；重度干旱（D3）：土壤含水量占田间最大持水量的 35%±5%。

　　谷子干旱胁迫试验设计图如图 2-14 所示。

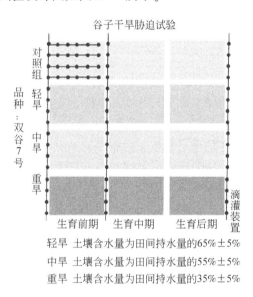

图 2-14　谷子干旱胁迫试验设计图

　　按照《农业气象观测规范》详细记录了作物发育期所要求观测的内容，测量指标主要有田间指标（土壤含水量、物候期等）、植株形态指标（株高、叶面积指数、叶片数、覆盖度、NDVI、干鲜重、茎基粗等）、产量指标（单穗粒重、千粒重）、叶片相对含水量、叶绿素荧光、光响应曲线、叶绿素含量等（表 2-3）。

表 2-3　谷子干旱胁迫试验测量指标

测量指标		测量方式
田间指标	土壤含水量	采用土壤水分测定仪每 7 天测一次，每个小区均测定 0~40cm 土层含水量，每 20cm 为一层，从播种至作物收获
	物候期	记录主要生育期，以 50% 植株进入某一时期认定该小区进入此时期
植株形态指标	株高	植株停止生长后，选取小区内生育正常的 5 株，测量由地面到雄穗顶端的高度，求其平均值（cm）
	叶面积指数	利用作物长势仪测定叶面积指数
	茎基粗	用游标卡尺测量近地面茎节中部直径，重复三次取平均值
	叶片数	同一组取三株代表植株，计算植株叶片数量，取平均值
	覆盖度	利用作物长势仪测定
	NDVI	利用作物长势仪测定
	干鲜重	同一组取三株代表植株，胁迫开始前及结束后各测量一次，烘箱105℃杀青30min，之后烘箱85℃烘干至恒重称重（g）
产量指标	单穗粒重	将 30 个穗称穗重后再脱粒称重，计算平均每穗粒重（g）
	千粒重	随机数出 3 个 1000 粒种子称重求平均值（g）
叶片相对含水量		取各重复样株叶片称鲜重 0.1g，浸入水中 12h 后称饱和重，然后烘干称干重，计算相对含水量 EWC% =（叶片鲜重−干重）/（水饱和重−干重）×100%
叶绿素荧光		利用 FMS-2 便携调制式荧光仪测定叶绿素荧光参数
光响应曲线		利用 LI-6800 光合测定仪测定
叶绿素（SPAD）含量		使用 JC-YLS 叶绿素测定仪测定叶片叶绿素相对含量

谷子试验场地与谷子生长及指标测量过程如图 2-15 和图 2-16 所示。

图 2-15　谷子试验场地

图 2-16　谷子抽穗期指标测量过程图

（2）干旱对谷子生理生化指标的影响

不同干旱胁迫处理下谷子株高的差异性显著，总体呈现逐步上升的趋势。对照组的谷子株高高于干旱胁迫处理下的谷子株高，且干旱胁迫程度越高，谷子株高越低，这是因为干旱缺水抑制了茎秆的伸长，从而抑制谷子植株的高度（图 2-17）。

不同干旱胁迫对谷子顶叶叶面积有显著影响。总体来看干旱胁迫下谷子顶叶叶面积呈现先急速上升后略有下降的趋势，后期下降可能是由后期叶片衰老残缺引起的。不同干旱处理间同期顶叶叶面积的值有很大的差异。与对照组在 8 月 15 日顶叶叶面积达到最大值相比，轻度、中度干旱顶叶叶面积达到最大值的时间略有提前，而重度干旱顶叶叶面积达到最大值的时间有所延后（图 2-18）。

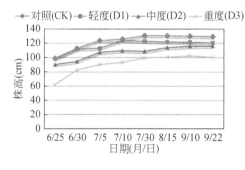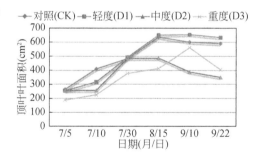

图 2-17　干旱胁迫对不同时期　　　　　图 2-18　干旱胁迫对不同时期谷子
谷子株高的影响　　　　　　　　　　　顶叶叶面积的影响

干旱胁迫处理下早期谷子鲜重差异较小，随着谷子生长，不同程度干旱胁迫处理下的谷子鲜重呈现较大的差异，总体表现为轻度干旱处理组的鲜重大于重度干旱胁迫组的鲜重，并且该差异一直保持至成熟期。干旱胁迫处理早期谷子干重差异较大，在 7 月 30 日各处理组间的差异最为显著，尤其是重度干旱胁迫处理组谷子干重明显小于其他处理组；但到成熟期时，各干旱胁迫处理组谷子干重差异不显著，基本保持一致（图 2-19）。

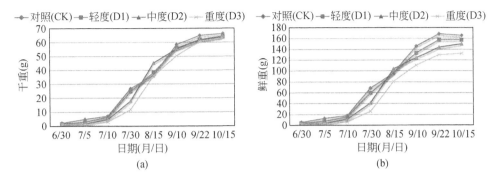

图 2-19　干旱胁迫对不同时期谷子干重（a）及鲜重（b）的影响

谷子千粒质量的各个处理间均有较显著差异。不同干旱胁迫下的千粒质量均低于对照组，重度干旱胁迫的千粒质量最低。这是因为谷子水分利用关键期水分较少，使得谷子穗分化减少，灌浆受到严重影响，从而使得谷子粒数下降（图 2-20）。

与对照组相比，不同干旱胁迫显著降低了谷子叶片的 SPAD 值。其中，轻度干旱胁迫对 SPAD 值的影响甚微，这可能是由于谷子较为耐旱，轻度水分胁迫对其生长发育没有较大的影响；中度、重度干旱胁迫下 SPAD 较对照组有明显下降，分别较对照组下降了 10.4% 和 19.2%，重度干旱胁迫下 SPAD 值最小可达33.1（图 2-21）。

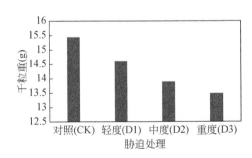

图 2-20　干旱胁迫对谷子千粒重的影响

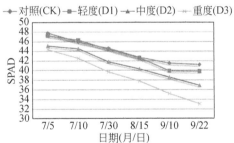

图 2-21　干旱胁迫对不同时期
谷子叶片 SPAD 值的影响

随着观测时间的推移，不同干旱胁迫下谷子净光合速率均先增大后减少，在第 21 天观测值最大，此时对照组的净光合速率可达 55.18。与对照组相比，轻度、中度、重度干旱胁迫均使谷子净光合速率有不同程度的降低，且随着干旱胁迫程度的加重，其与对照组的差值越大，在第 21 天观测时，轻度、中度、重度干旱胁迫下谷子的净光合速率分别降低了 4.78%、18.99% 和 23.88%（图 2-22）。

随着观测时间的推移，不同程度干旱胁迫下谷子最大光化学效率不尽相同，对照组在第 21 天观测时最大光化学效率值最大，为 0.789，而轻度、中度、重度干旱胁迫处理均在第 48 天观测时最大光化学效率值最大，分别为 0.776、0.752 和 0.749。总体而言，与对照组相比，轻度、中度、重度干旱胁迫均使谷子最大光化学效率降低，在第 21 天观测时，轻度、中度、重度干旱胁迫下谷子的最大光化学效率分别降低了 1.90%、4.82% 和 7.22%（图 2-23）。

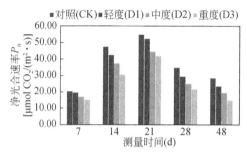

图 2-22　干旱胁迫对不同时期
谷子叶片净光合速率的影响

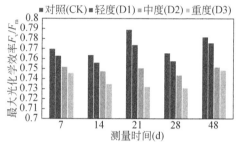

图 2-23　干旱胁迫对不同时期
谷子叶片最大光化学效率的影响

2. 分布规律

(1) 研究区概况及数据来源

选择北方谷子一作区的 11 个省为研究区，该区位于昆仑山、阿尔金山、祁连山及秦岭淮河线以北，包括东北地区（黑龙江、吉林、辽宁）、华北地区（内蒙古、河北、山西、山东、河南）和西北地区（陕西、甘肃、宁夏），面积约占全国总面积的 44%。研究区内海拔变化较大，年均温在 5.6 ~ 13.7℃，年均降水量在 150 ~ 1100mm。谷子通常于 5 月播种，9 月收获（李效珍等，2009），此阶段研究区内大部分地区气候温暖，日照充足，降水充沛（邱美娟等，2020），具有适宜谷子生产的气候环境（图 2-24）。

气象数据来源于国家气象信息中心，包括 1960 ~ 2019 年研究区内 314 个气象站观测所得的逐日平均气温（℃）、最高气温（℃）、最低气温（℃）、降水量（mm）和平均风速（m/s）等，对于其中个别缺测值采用线性插值法进行补全。地理信息数据包括研究区高程 DEM 数据（分辨率为 1km×1km），来源于中国科学院资源环境科学与数据中心（http：//www. resdc. cn/Default. aspx）。作物数据包括谷子产量数据，来源于研究区各省统计年鉴。

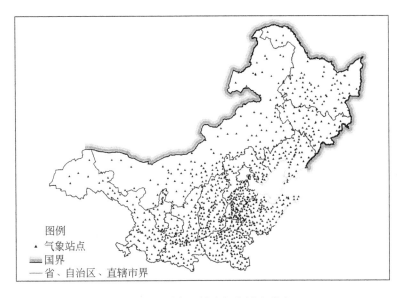

图2-24　研究区域内气象站点分布

（2）研究方法

针对中国北方谷子特定生育期的作物系数（表2-4）计算了中国北方谷子的标准化降水作物需水指数（SPRI）并确定了谷子干旱灾害划分等级（表2-5）。

表2-4　谷子各生育期作物系数

生育期	播种–拔节期	拔节–抽穗期	抽穗–成熟期
作物系数 K_c	0.64	1.20	0.68

表2-5　标准化降水作物需水指数（SPRI）干旱等级划分

干旱等级	SPRI
无旱	$-0.5 < \text{SPRI} \leq 0.5$
轻旱	$-1.0 < \text{SPRI} \leq -0.5$
中旱	$-1.5 < \text{SPRI} \leq -1.0$
重旱	$\text{SPRI} \leq -1.5$

（3）研究结果

为分析中国北方谷子生长季干旱灾害空间分布特征，利用SPRI指标对干旱进行识别，并结合等级划分对谷子不同生育阶段不同程度干旱频率进行计算。空间分布图由ArcGIS中的反距离权重插值法完成。

　　1960~2019 年，中国北方谷子不同生育阶段干旱灾害发生的频率均在 20% 以上，多数地区的发生频率在 30%~35%，极少数地区干旱发生频率能达到 40% 以上。其中，在生育前期，干旱灾害发生频率总体较高，发生频率在 35% 以上的地区占研究区总面积的 15.46%，其分布较为分散，研究区内每一个省份均有零星存在，山西、山东两地存在面积较大；发生频率在 20%~30% 的地区同样零散分布，占研究区总面积的 11.20%。在生育中期，干旱灾害发生频率在 35% 以上的地区较生育前期有所减少，总体分布在研究区东部，以河南、山西、河北与辽宁等地为主，占研究区总面积的 11.79%；发生频率在 20%~30% 的地区存在面积相对较小，仅为研究区总面积的 3.50%。在生育后期，干旱灾害发生频率在 35% 以上的地区较生育中期略微减少，占研究区总面积的 11.07%，大部分存在于甘肃北部与宁夏南部，其余各省份也均有少量存在。在整个生育期内，干旱灾害发生频率均在 40% 以下，发生频率在 20%~30% 的地区主要位于内蒙古北部、黑龙江中部等地，占研究区总面积的 7.69%；发生频率在 35%~40% 的地区主要位于内蒙古西南部、甘肃中南部等地，占研究区总面积的 8.75%；其余地区干旱灾害的发生频率均在 30%~35%（图 2-25）。

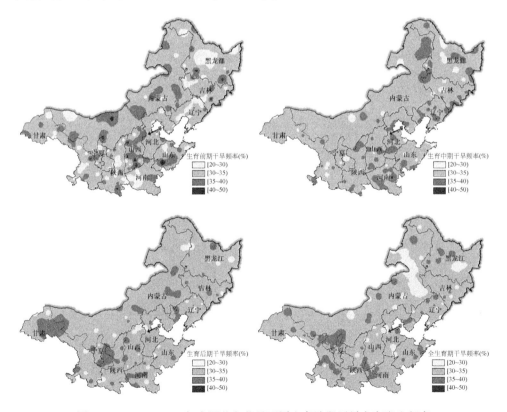

图 2-25　1960~2019 年中国北方谷子不同生育阶段干旱灾害发生频率

1960~2019 年, 中国北方谷子全生育期不同程度干旱灾害发生的频率均在 0~25%。其中, 轻度干旱发生频率最高, 研究区 38.55% 区域发生频率在 15% 以上, 主要分布在研究区南部, 以河南、山东、山西和陕西为主; 发生频率在 10% 以下的区域极少, 仅占研究区总面积的 1.51%。中度干旱发生频率较轻度干旱而言有所降低, 研究区 98.63% 区域发生频率在 15% 以内; 发生频率在 15%~ 20% 的区域零星分散在整个研究区内, 所占面积极小; 研究区内不存在发生频率在 20% 以上的区域。重度干旱发生频率最低, 研究区全域发生频率均在 15% 以下, 96.65% 区域发生频率在 10% 以下, 3.35% 区域发生频率在 10%~15%, 主要分布在甘肃西北部和内蒙古西部 (图 2-26)。

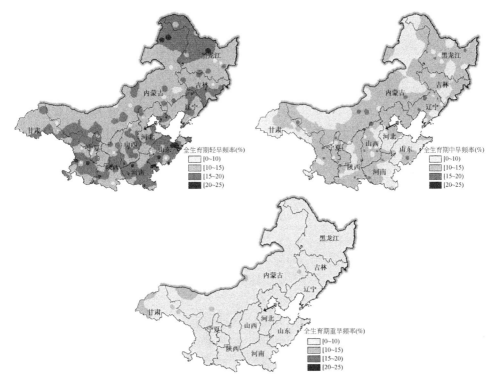

图 2-26　1960~2019 年中国北方谷子全生育期不同程度干旱灾害发生频率

2.1.3　马铃薯干旱灾害影响及分布规律

1. 影响评价

(1) 试验设计

大田试验在位于吉林省长春市吉林农业大学设施农业基地 (43°48′37.54″N,

125°24′37.39″E) 及长春市九台区试验基地 (44°08′41.27″N, 125°47′5.26″E)
进行, 试验站地区地势平坦开阔, 全年平均降水量在 399.7~576.7mm, 相对湿
度达 52%~61%, 降水较为集中在每年的 5~9 月, 占全年总降水量的 70% 以上。
年平均蒸发量可达 1500~1700mm, 为年均降水量的 3 倍。多年平均气温 4.9℃,
年日照时数在 2800~3000h。

从土壤–作物–大气系统出发, 以作物不同生育阶段为切入点, 对马铃薯不
同发育阶段进行干旱胁迫处理, 根据灾害综合风险形成机理, 耦合田间试验数据
和作物生长模型进行马铃薯干旱灾害动态风险评价研究, 研究气候变暖背景下干
旱灾害对马铃薯的危害, 以及进行抗逆品种筛选, 减少干旱带来的损失, 增加马
铃薯的经济效益, 为生产上防御气候变化下干旱灾害, 制定技术措施提供科学
依据。

为杜绝试验前自然降雨对试验结果的影响, 前期测定各试验田 0~50cm 土层
的含水量, 以含水量最高的试验田为目标进行平行灌溉, 保证各试验田的初始含
水量相同。将 0.5m 深的土层平均分为 5 层取样。分析土壤颗粒、测定土样的凋
萎含水率、田间持水率、饱和含水率、容重等。种植前测定土壤的初始含水率和
N、P 含量。对试验田土地进行地虫清除工作, 并对于选择的 3 个马铃薯品种进
行催芽和切块。

选取早熟 (费乌瑞它、尤金), 中熟 (克新 1 号) 两种熟制三个品种。采用
高垄种植的方法, 播种密度实行双行起垄种植, 南北走向, 保证受光均匀, 地温
一致。深松后耙平起垄, 垄底宽 80~90cm, 垄高 25cm。垄距 80cm。株距 20~
25cm, 播种密度为每亩 5000~6000 株。施用优质农家肥 30000kg/hm², 硫酸钾
复合肥 420kg/hm²、过磷酸钙 900kg/hm²、尿素 90kg/hm², 其他管理与大田相
同。共设置 4 个灌溉处理。这 4 种处理被设计来满足作物的部分水分胁迫需求。
利用普锐森社管式土壤墒情监测仪 (GPRS 型), 实时监控土壤水分含量。利用
自动化滴灌系统进行灌溉。具体水分胁迫处理如下:

正常 (CK): 土壤含水量占田间最大持水量的 70%±5%; 轻度干旱 (T1):
土壤含水量占田间最大持水量的 50%±5%; 中度干旱 (T2): 土壤含水量占田间
最大持水量的 40%±5%; 重度干旱 (T3): 土壤含水量占田间最大持水量的
25%±5%。

马铃薯干旱胁迫试验设计图如图 2-27 所示。

按照《农业气象观测规范》详细记录作物发育期所要求观测的内容, 测量
指标主要有田间指标 (土壤含水量、物候期)、植株形态指标 (株高、叶面积指
数、叶片数、覆盖度、NDVI、干鲜重、茎基粗等)、产量指标 (块茎鲜重、块茎
数量、块茎长宽、块茎干重等)、叶绿素荧光、光响应曲线、叶绿素含量等
(表 2-6)。

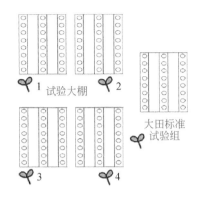

图 2-27　马铃薯干旱胁迫试验设计图

表 2-6　马铃薯干旱胁迫试验测量指标

	测量指标	测量方式
田间指标	土壤含水量	每 7 天测一次，采用土壤水分测定仪，每个小区均测定 0 ~ 40cm 土层含水量，每 20cm 为一层，从播种至作物收获
	物候期	记录主要生育期，以 50% 植株进入某一时期便认定该小区进入此时期
植株形态指标	株高	植株停止生长后，选取小区内生育正常的 5 株，测量由地面到雄穗顶端的高度，求其平均值（cm）
	叶片数	通过计数法计算
	茎基粗	用游标卡尺测量近地面茎节中部直径，重复三次取平均值
	叶面积指数	利用作物长势仪测定
	覆盖度	利用作物长势仪测定
	NDVI	利用作物长势仪测定
	干鲜重	同一组取三株代表植株，胁迫开始前及结束后各测量一次，烘箱105℃杀青 30min，之后烘箱85℃烘干至恒重称重
产量指标	块茎鲜重	每组随机取 5 块果实块茎，重复取样 3 次，取相近数的平均数（g）
	块茎数量	每组随机取 3 株，求其平均值
	块茎长宽	测量从基部到顶端的长度，求其平均值（cm）
	块茎干重	每组随机取 5 块果实块茎，重复取样 3 次，取相近数的平均数（g）
	叶绿素荧光	利用 FMS-2 便携调制式荧光仪测定叶绿素荧光参数
	光响应曲线	利用 LI-6800 光合测定仪测定
	叶绿素（SPAD）含量	使用 JC-YLS 叶绿素测定仪测定叶片叶绿素相对含量

马铃薯播种及数据测量过程如图 2-28 和图 2-29 所示。

图 2-28 马铃薯播种过程

图 2-29 马铃薯数据测量过程

（2）干旱对马铃薯生理生化指标的影响

播种–幼苗期块茎只包括根茎与种薯块，不同胁迫下无显著差异。随着生育期的推进，除重度干旱胁迫组之外其他组的块茎积累量迅速增加，且增幅较大。幼苗–开花期、开花–成熟期的平均块茎干重增加明显，表明第二生育期开始是马铃薯生长的旺盛阶段，也是提高产量的关键时期。不同干旱胁迫处理下的马铃薯茎干重随着生育进程的推进呈增长趋势，但增长幅度不同。随着生育期的推进，除重度干旱胁迫组之外其他组的块茎积累量迅速增加，且增幅较大，差距也愈来愈大，到开花–成熟期无显著性差异。表明第二生育期开始是马铃薯生长的旺盛阶段，地上部的生长减缓，水分胁迫对马铃薯开花–成熟期的茎干重造成的影响不显著。不同干旱胁迫处理下的马铃薯叶干重随着生育进程的推进呈增长趋势，但增长幅度不同。随着生育期的推进，除重度干旱胁迫组之外其他组的块茎积累量迅速增加，且增幅较大。第三生育期与第二生育期一样是马铃薯生长的旺盛阶段（图 2-30）。

不同干旱胁迫处理下的马铃薯株高随着生育进程的推进呈增长趋势，但增长幅度不同。胁迫初期，不同干旱胁迫处理下的株高无显著差异。随着胁迫时间的延长，不同干旱胁迫处理下的差距逐渐加大到无显著差异。因为开花–成熟末期马铃薯植株较成熟，生长缓减，干旱胁迫造成的影响不显著（图 2-31）。

在不同生育期，不同程度的干旱胁迫生育期外其他时间中，重度干旱组的叶面积指数最小。在幼苗–开花期胁迫的马铃薯叶面积指数不尽相同，各生育期中

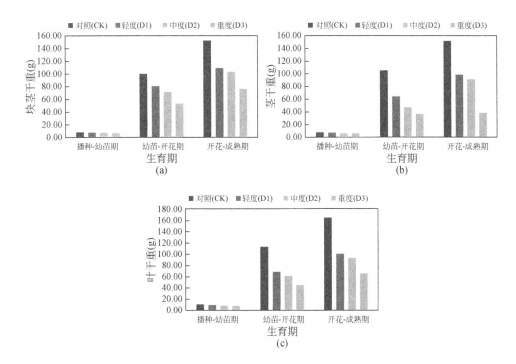

图 2-30　干旱胁迫对不同生育期马铃薯块茎干重（a）、茎干重（b）及叶干重（c）的影响

对照组的叶面积指数最大，除第一处理间叶面积差距也逐渐变大。进入开花-成熟期后，干旱胁迫下各处理下的叶面积指数差距较小，无太大显著差异。但是在胁迫末期，重度胁迫组出现部分萎蔫现象，造成了叶面积指数的减少，但影响并不显著。这是由于开花-成熟期末期马铃薯生长已基本停止，叶片生长已基本定型，生长速度较缓慢，因此遭受不同程度水分处理后对马铃薯叶片生长的影响较小，不同处理间无显著差异（图 2-32）。

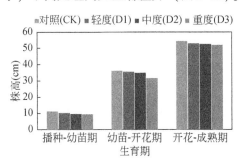

图 2-31　干旱胁迫对不同生育期
马铃薯株高的影响

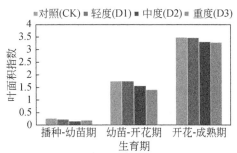

图 2-32　干旱胁迫对不同生育期马铃薯叶
面积指数的影响

在不同生育期，不同程度的干旱胁迫下马铃薯SPAD值均先增大后减少。幼苗–开花期SPAD值为马铃薯整个生育期中的最高值，对照组平均值可高达50以上。在各个生育期中，轻度干旱胁迫对SPAD值的影响较小。这是因为马铃薯是旱地作物，水分需求很低。马铃薯整个生育期中，重度干旱胁迫下SPAD的变化幅度最大（图2-33）。

在不同生育期，不同程度干旱胁迫的马铃薯净光合速率不尽相同，在开花–成熟期生育期的初期观测值最大，此时对照组平均值可达25以上，表明是马铃薯生长较旺盛的时候。与对照组相比，轻度、中度、重度干旱胁迫均使马铃薯净光合速率有不同程度的降低，且随着生育期发展，干旱胁迫组与对照组的差值越大（图2-34）。

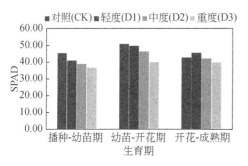

图2-33　干旱胁迫对不同生育期
马铃薯叶片SPAD值的影响

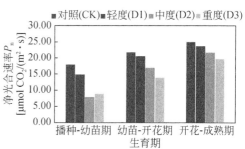

图2-34　干旱胁迫对不同生育期
马铃薯叶片净光合速率的影响

在不同生育期，不同程度的干旱胁迫下马铃薯最大光化学效率均先增大后减少。幼苗–开花期时最大光化学效率最大，对照组可达0.8以上，而轻度、中度、重度干旱胁迫处理均在播种–幼苗期观测时最大光化学效率值最大，分别为0.83、0.80和0.77。总体而言，与对照组相比，轻度、中度、重度干旱胁迫均使马铃薯最大光化学效率降低，且随着生育期增加，其干旱胁迫组值与对照组的差值不断增大（图2-35）。

2. 分布规律

(1) 研究区概况及数据来源

我国马铃薯产区分为北方一作区、中原二作区、南方冬作区和西南混作区4个产区，其中北方一作区是长久以来的主要产区以及种薯产区，占中国马铃薯产量50%。包括黑龙江、吉林、内蒙古、河北、山西、陕西、甘肃、宁夏、新疆十个省和自治区（图2-36）。冬夏温差大，四季气温变化分明，主要是温带大陆性气候和温带季风气候。全年降水量少，年降水量50～1000mm，分布很不均匀。

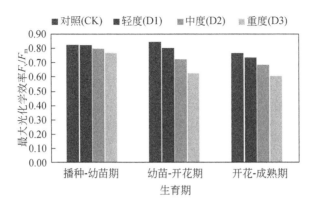

图 2-35　干旱胁迫对不同生育期马铃薯叶片最大光化学效率的影响

而且季节分配不均，北方地区年降水量多在 400～800mm，降水集中在 7、8 月，这两月是北方地区的汛期。每年的春季少雨，常有干旱，春旱严重。夏季多雨。无霜期在 110～180d，年平均温度 -4～10℃，≥5℃ 积温在 2000～3500℃，东北地区的西部、内蒙古自治区的东南部及中部狭长地带、宁夏回族自治区中南部、黄土高原西北部半干旱地带，雨量少而蒸发量大，干燥度 (K) 在 1.5 以上；东北中部和黄土高原东南部则为半湿润地区，干燥度多在 1～1.5；而黑龙江省的大小兴安岭山区的干燥度只有 0.5～1.0。由于本区夏季气候凉爽，7 月份平均温度在 24℃ 以下，日照充足，昼夜温差大，故适于马铃薯生育，栽培面积约占全国马铃薯栽培面积的 50% 左右。本区拥有"中国马铃薯之乡"称号的有甘肃省定西市安定区、黑龙江省讷河市、宁夏西吉县、河北省围场县、内蒙古武川县、陕西省定边县。并且因为产块茎的种性好，成为了中国著名的种薯基地（陈伊里等，2007；孙爽等，2021）。

从中国气象数据共享网上获取内蒙古、黑龙江、辽宁等马铃薯北方一作区10 省气象站点 1960～2019 年共 60 年的逐日逐月的平均温度、降水量等气象数据，编写数据处理程序，对数据进行筛选和处理，剔除时间序列缺失超过 5 年的站点，剔除数据连续缺失大于 10d 气象站点数据、月份序列缺失 4～10 月任意一月的年份。对于数据缺失在 10d 以内的站台，用前一日与后一日的各气象要素平均值替代。将 60 年气象数据分为前后两个时间段，分别为 1960～1989 年和1990～2019 年。

（2）研究方法

马铃薯生长期间对于水分的需求，每个生长季都不同，早期耐旱、中期喜水、后期怕涝。只有各生育期得到马铃薯生理需水量要求的充分水分供应才能实现作物的优质高产。分析马铃薯北方一作区干旱灾害的时候，将不同生育期作物

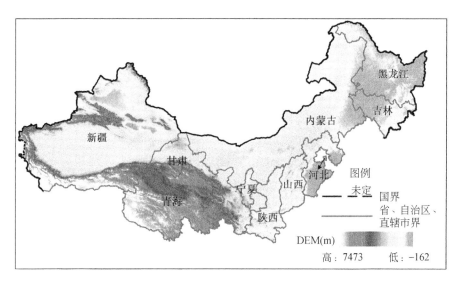

图2-36　研究区位置

需水量加入计算，构建了表征马铃薯干旱的标准化降水作物需水指数（standardized precipitation requirement index，SPRI）（王国强，2017）。

中国马铃薯北方一作区左右跨度较大，气候资源不同，生育期为4~10月。

①播种-幼苗期：4~5月中旬，种薯休眠阶段后经过播种，依靠自身的营养生根发芽长出幼苗，也称为自养阶段。块茎播种后在适宜的条件下才能萌发。块茎发芽的最低温度为5~6℃，最适温度是15~17℃。从播种到出苗所需时间和土壤温度高低有密切关系，在适宜的温度范同内，温度愈高，出苗所需时间愈短。提早播种，因土壤温度过低，幼根和幼芽生长缓慢或停止而延长出苗期。种薯发芽出苗除受土壤温、湿度影响外，还与贮藏期的温度变化有关。播前贮藏温度低于8℃，块茎播种后发芽较慢，所以播前应将低温下贮藏的种薯移至12℃以上条件下晒种。这样出苗速度快，芽苗健壮。块茎上不同部位的芽眼发芽快慢也不同，一般是顶部芽眼发芽早，出苗快，生长也最旺盛。相反，愈近脐部的芽眼发芽愈迟，出苗慢，生长较弱。

②幼苗-开花期：5月中旬至6月，出苗后通过光合作用制造有机物，利用根系吸收水分和无机元素，形成完整的植株生长体系，直到开花达到植株的最大繁茂，即异养阶段。从幼苗出土，其绿色茎叶即开始利用光合作用制造养分，发育良好的根系从土壤中吸取足够的水分和无机元素，以供植株各部分生长利用。随着植株中养分的分配和根、茎、叶的生长发育，才形成完整的植株生长体系，直到开花达到植株最大繁茂。一般在出苗后20d左右，地下各节的匍匐茎就都长

出，并横向伸长。出苗后一个月左右，植株开始现蕾，与此同时，匍匐茎的顶部开始膨大形成小块茎。现蕾期是生产管理的一个重要标志，即开始起垄培土，若培土过迟，就会在培土过程中损伤小薯而影响产量。现蕾后 15d 左右开始开花，地上部茎叶生长进入盛期，叶面积迅速增大。盛花期是地上部茎叶生长最旺盛时期，此后，地上部生长趋于停止，制造的养分不断向块茎输送。

③开花–成熟期：7~10 月，地上部停止生长，块茎迅速膨大，积累养分到成熟，即块茎形成、成熟阶段。地下茎的顶端相继膨大形成块茎，直径一般在 1~3cm，此阶段称为块茎形成增长期，后地上茎叶生长基本停止，基部叶片自下而上逐渐衰老变黄，开始枯萎，块茎大小基本定型，进入淀粉积累阶段。

表 2-7 为各阶段马铃薯作物系数。

表 2-7　马铃薯作物系数

生育阶段	生育前期	生育中期	生育后期
K_c	0.5	1.15	0.75

（3）研究结果

中国北方农业的发展制约因素之一是缺水，所以大部分地区会进行灌溉。分析 1960~2019 年马铃薯北方一作区不同生育期干旱灾害发生可知，其中以幼苗–开花期干旱灾害为主，多分布于内蒙古、新疆和青海地区。中度干旱灾害在每个生育期都基本全覆盖了新疆，半覆盖内蒙古、青海、甘肃和黑龙江以及陕西。极高危险性则较少，分布于甘肃、青海和黑龙江较少地区。分析 1960~2019 年中国北方马铃薯一作区干旱灾害发生频率可知：①轻度干旱灾害中度频率差不多覆盖了整个北方一作区。②中度干旱灾害主要发生在新疆中南部地区、青海西北部地区和内蒙古西部地区，整体区域不多。③重度干旱灾害中度频率差不多覆盖了半个北方一作区，其中新疆、内蒙古和黑龙江较多（图 2-37、图 2-38）。

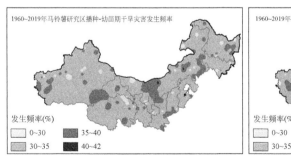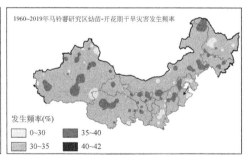

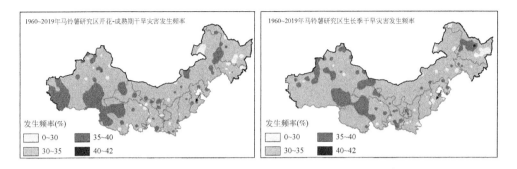

图 2-37　马铃薯北方一作区 1960~2019 年生长季干旱灾害发生频率

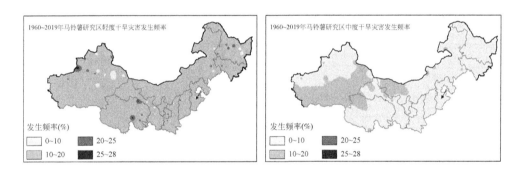

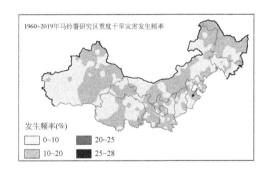

图 2-38　马铃薯北方一作区 1960~2019 年不同程度干旱灾害发生频率

2.1.4　花生旱涝害影响及分布规律

1. 影响评价

(1) 试验设计

以黄淮海地区花生干旱灾害以及涝渍灾害为研究对象，把多源数据作为基础，研究黄淮海区域花生旱涝时空演变特征，以及花生在不同生育期受不同水分胁迫时生理指标和产量的变化规律，为提高黄淮海地区旱涝灾害风险调控和管理能力，花生生产合理用种及抗旱育种提供依据。

试验于 4 月 10 日至 5 月 10 日进行播种，选取个头饱满、充实的荚果晒 2 ~ 3d，除去外壳，选择 5cm 土温稳定在 12℃ 以上或连续 5d 地表温度 15℃ 的时间进行播种。花生播种前对每组土壤施尿素和磷酸二铵各 500g，其他管理按一般大田正常进行。共选择早熟（远杂 12 号，白沙 1016 号）、晚熟（鲁花 8 号）两种熟制三个品种。

①洪涝胁迫试验。采用盆栽的方法，将花生种子播于内径 35cm、高 35cm 的塑料桶中，平均每桶播种 3 粒，出苗后进行定苗，每桶留苗一株。将未进行水淹处理的样本设置为对照组。每个处理 3 次重复，3 种淹没时间，按花生的 3 个品种分成 3 个大区块，每个大区块是由 3 个 6m×0.5m 的小区块组成的，分别种植 3 个花生品种。利用土壤温湿度速测仪，及时监控土壤水分含量。利用水槽进行淹水处理（表 2-8）。

表 2-8　花生洪涝胁迫水分处理梯度

水淹历时 (d)	苗期	开花期	结荚期
3	S_1	F_1	P_1
5	S_2	F_2	P_2
7	S_3	F_3	P_3
对照组	CK_1	CK_2	CK_3

②干旱胁迫试验。采用盆栽法，共设置 4 个重复，3 个处理，1 组对照。将花生种子播于内径 35cm、高 35cm 的塑料桶中，平均每桶播种 3 粒，定苗时每桶留苗一株。将未进行干旱胁迫处理的样本作为对照组。利用普锐森社管式土壤墒情监测仪（GPRS 型），实时监控土壤水分含量。利用自动化滴灌系统进行灌溉。具体水分胁迫处理如下：

对照（CK）：土壤相对含水量70%±5%；轻度干旱（T1）：土壤相对含水量50%±5%；中度干旱（T2）：土壤相对含水量35%±5%；重度干旱（T3）：土壤相对含水量20%±5%。

花生旱涝胁迫试验设计图如图2-39所示。

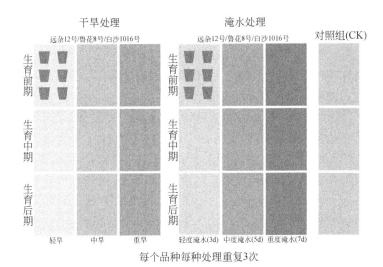

图2-39　花生旱涝胁迫试验设计图

③测量指标。按照《农业气象观测规范》详细记录作物发育期所要求观测的内容，测量指标主要有田间指标（土壤含水量、物候期）、植株形态指标（株高、叶面积指数、叶片数、覆盖度、NDVI、干鲜重、茎基粗等）、产量指标（荚果产量、出籽率、百粒重）、生化指标（超氧化物歧化酶、丙二醛、氮代谢相关酶、衰老酶活性）、品质指标（籽仁粗蛋白、籽仁粗脂肪、脂肪酸）、叶绿素荧光、光响应曲线、叶绿素含量等（表2-9）。

表2-9　花生旱涝胁迫试验测量指标

测量指标		测量方式
田间指标	土壤含水量	每7天测一次，采用土壤水分测定仪，每个小区均测定0~40cm土层含水量，每20cm为一层，从播种至作物收获
	物候期	记录主要生育期，以50%植株进入某一时期便认定该小区进入此时期

续表

测量指标		测量方式
植株形态指标	株高	测量从子叶节至主茎顶端生长点的高度
	叶片数	同一组取三株代表植株，计算植株叶片数量，取平均值
	茎基粗	用游标卡尺测量近地面茎节中部直径，重复三次取平均值
	叶面积指数	利用作物长势仪测定
	覆盖度	利用作物长势仪测定
	NDVI	利用作物长势仪测定
	干鲜重	同一组取 3 株代表植株，胁迫开始前及结束后各测量一次，烘箱105℃杀青30min，之后烘箱85℃烘干至恒重称重
产量指标	荚果产量	株荚果重×1 平方米株数
	出籽率	用取回样本调查，计算公式为：出籽率＝（籽粒干重/试样干重）×100%
	百粒重	每个处理取籽粒 100 粒称重，重复取样 3 次，求其平均数（g）
生化指标	超氧化物歧化酶	采用邻苯三酚自氧化法测定
	丙二醛	采用硫代巴比妥酸法测定
	氮代谢相关酶	采用陈薇、张德颐活体法测定硝酸还原酶活性
	衰老酶活性	采用林植芳方法测定 MDA 含量
品质指标	籽仁粗蛋白	采用凯氏定氮法测定
	籽仁粗脂肪	采用索氏抽提法测定
	脂肪酸	采用气相色谱法测定
	叶绿素荧光	利用 FMS-2 便携调制式荧光仪测定叶绿素荧光参数
	光响应曲线	利用 LI-6800 光合测定仪测定
	叶绿素（SPAD）含量	使用 JC-YLS 叶绿素测定仪测定

花生播种、水淹试验处理及数据测量过程如图 2-40、图 2-41 和图 2-42 所示。

图 2-40　花生播种过程

图 2-41　花生苗期水淹处理

图 2-42　花生试验数据测量过程

（2）旱涝胁迫对花生生理生化指标影响

①涝渍胁迫。总体而言，花生地上部分鲜重与生长时间成正比，苗期–花针期为花生地上部分生长的主要时期。苗期、花针期地上部分鲜重与胁迫时间呈正比，结荚期与此相反，且在花针期进行 7d 水分胁迫的地上部分鲜重达到整个处理的最大值，这表明花针期进行一定程度的胁迫可以使花生植株健壮。图 2-43 表明地下部鲜重与生长时间呈正比，同对照组相比。苗期 3d、5d 的胁迫使得地下部分鲜重分别降低了 2.8%、9.4%，7d 的胁迫则使其升高了 78.2%，说明在花生苗期进行短时间水分胁迫可以促进其根系向深层土壤生长截获更多的水分供花生植株利用，缓解水分胁迫，减轻其对产量的影响。

植物地上部分与地下部分的生长是相互依赖的，它们之间不断进行物质、能量和信息的交流。地上部分与地下部分的生长还出现相互制约的一面，主要表现在它们对水分和营养的竞争上，这种关系可以用根冠比的变化反映出来。作物受

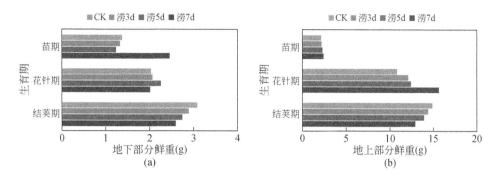

图 2-43　水淹对不同生育时期花生地下部分鲜重（a）及地上部分鲜重（b）的影响

到水分胁迫的时候生长会受到抑制，节间缩短，节数减少，叶片变小，细胞结构更加紧密。苗期地上部分鲜重生长优于其他生育期，而花针期与结荚期地上及地下部分生长趋同（图 2-44）。

图 2-45 显示，同对照组处理相比，进行水分胁迫会使花生的产量明显降低，降低程度与胁迫时间成反比。在花生产量形成的关键期结荚期变化较为明显，同对照组相比，水分胁迫处理 3d、5d、7d 分别使花生的产量降低了 17.4%、23.7%、34.8%，结荚期淹水对荚果产量影响更大，是有效果数和荚果饱满度共同作用的结果。

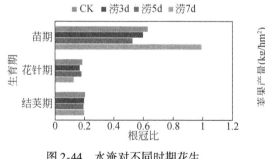

图 2-44　水淹对不同时期花生
根冠比的影响

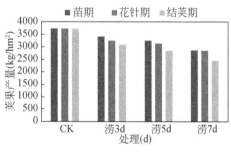

图 2-45　水淹对不同生育期花
生荚果产量的影响

图 2-46 表明，对照组净光合速率大小顺序为苗期>花针期>结荚期。而其他水分处理与该结果相反，并随着胁迫时长增加而降低，同对照组相比，涝渍处理 3d 使得苗期净光合速率提高了 25%，而处理 7d 则使结荚期的净光合速率降低了 38.8%。短时间的水分胁迫可使不同生育期的净光合速率有所升高，而胁迫时间过长则会使其显著降低，减少截留光合有效辐射，降低光能利用效率。

从生育期上来看，对照组花生结荚期的实际光化学效率较高，表明结荚期为光合性能提高的关键时期，同时该时期的实际光化学效率与胁迫时间成反比，相对于对照组，结荚期进行 3d、5d、7d 的水分处理使得其值分别降低了 30.7%、42.7%、56%，发生该现象的原因可能是由气孔、非气孔因素导致的（图 2-47）。

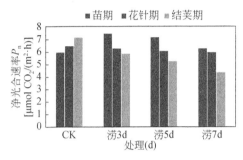

图 2-46　水淹对不同生育期花　　　　　图 2-47　水淹对不同生育期花
生叶片净光合速率的影响　　　　　　　生叶片实际光化学效率的影响

从图 2-48 可以看到，叶片 MDA 含量随着胁迫时长的增加而增加。在相同水分胁迫的条件下，花针期 MDA 的含量比苗期分别下降 38.7%、33.3%、35.6%，在水分亏缺最敏感的花针期进行水分胁迫会使其含量明显降低，结束胁迫复水后在结荚期显著增加。

整体而言淹水会使叶片 SOD 含量增加，这种现象与胁迫时间成正比，同其他发育期相比，在花生苗期进行较长时间的胁迫处理（7d）会使 SOD 发生较为显著的变化，在花针期进行短时间胁迫（3d）处理也会发生此现象。涝渍处理 3d 使得 SOD 含量呈增加的趋势，为短期涝渍发生引起旺长提供可能（图 2-49）。

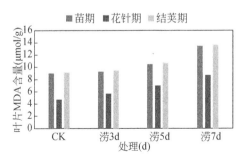 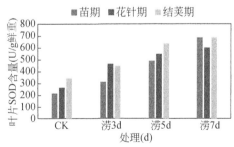

图 2-48　水淹对不同生育期花　　　　　图 2-49　水淹对不同生育期花生
生叶片中丙二醛（MDA）含量的影响　　叶片中超氧化物歧化酶（SOD）含量的影响

②干旱胁迫。花生受到不同程度的干旱胁迫后，株高均明显降低，随着干旱胁迫程度的加重，株高降低幅度增大。出苗后 30d 时，处理组间差异不显著。出苗后 77~108d，对照组的花生株高与受到不同干旱胁迫下的株高呈显著差异（图 2-50）。

受到不同程度的干旱胁迫后，花生地上部分干物质重量均有不同程度降低，随着时间推移，受干旱胁迫越重的干物质重量越低。出苗后 52d 之前，各处理组地上部分干物质重量的走势基本重合，在出苗后 88d，花生的地上部分干物质积累量在各处理上均达到最大，但不同处理间干物质重量的差异很大，干旱胁迫明显降低了花生地上部干物质的形成与积累（图 2-51）。

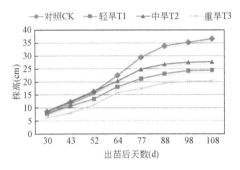

图 2-50　干旱胁迫对不同时期
花生株高的影响

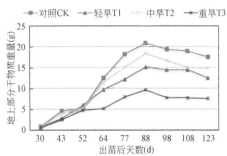

图 2-51　干旱胁迫对不同时期
花生地上部分干物质重量的影响

不同干旱处理情景下，花生的产量指标均有所不同，相互间差异显著。百果重方面，随着干旱胁迫程度的加重，花生百果重出现明显的下降，其中重度干旱胁迫对其影响最大，其百果重较对照组下降了 21.2%。百仁重方面的结果与百果重的结果表现出一致性（图 2-52）。

随着生育期的推进，花生的净光合速率（P_n）呈现出先增大后减小的变化趋势，在结荚期净光合速率达到最大值。而在不同干旱胁迫下，花生的净光合速率均有不同程度的降低，且随着干旱胁迫程度的加重，其与对照组的差值增大。结荚期，在重度干旱胁迫影响下花生净光合速率较对照组减少了 58.56%（图 2-53）。

在干旱胁迫条件下，各生育期测得的最大光化学效率（F_v/F_m）均有较为显著的差异。在苗期，各干旱胁迫处理下花生的最大光化学效率较小，不同干旱胁迫对其影响也较小。而在花针期与结荚期，各干旱胁迫处理下花生的最大光化学效率较苗期明显升高，不同干旱胁迫对其影响也变大（图 2-54）。

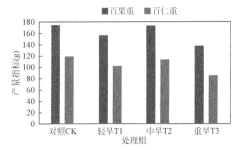

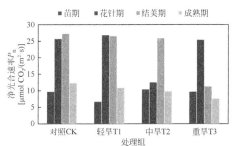

图 2-52　干旱胁迫对花生产量
指标的影响

图 2-53　干旱胁迫对不同生育
期花生叶片净光合速率的影响

丙二醛（MDA）含量的高低可以反映花生叶片细胞膜脂过氧化水平，与植株的衰老和细胞受损程度密切相关，MDA 含量越高，细胞膜受损程度越大，叶片衰老加剧。随着生育期的推进，花生叶片中 MDA 含量持续升高。叶片中丙二醛（MDA）含量随干旱胁迫程度的加重，在不同时期表现不同。花针期和结荚期叶片中丙二醛（MDA）随着干旱胁迫的加重而升高，说明这两个阶段是花生生长发育的关键阶段，对水分需求较大（图 2-55）。

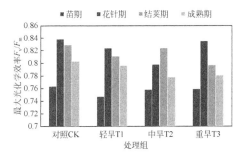

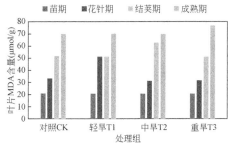

图 2-54　干旱胁迫对不同生育期
花生叶片最大光化学效率的影响

图 2-55　干旱胁迫对不同生育期
花生叶片中丙二醛（MDA）含量的影响

不同干旱胁迫下，花生叶片中超氧化物歧化酶（SOD）的活性均呈现先升高再降低的趋势，从苗期到结荚期持续升高，在结荚期达到最大值，从结荚期到成熟期开始下降。叶片超氧化物歧化酶（SOD）的活性因胁迫强度的不同而不同，但总体而言各时期表现基本一致，干旱胁迫使得叶片中超氧化物歧化酶（SOD）的活性下降。与对照组相比，干旱胁迫使花针期和结荚期超氧化物歧化酶（SOD）的活性显著下降，说明花针期和结荚期对水分胁迫最为敏感（图 2-56）。

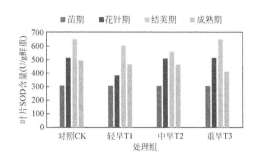

图 2-56 干旱胁迫对不同生育期花生叶片中超氧化物歧化酶（SOD）含量的影响

2. 分布规律

（1）研究区概况及数据来源

黄淮海地区土地总面积为 $4.08×10^5 km^2$，占全国土地总量的 4.3%，由黄淮平原、鲁中南丘陵、胶东丘陵、冀鲁豫低洼平原和燕山太行山山麓平原等 5 个自然生态区组成，其中耕地面积为 $2.15×10^7 hm^2$，占全国耕地总面积的 16.3%。黄淮海地区东邻黄海、渤海，西倚太行山、豫西山地，南靠长城，北踞淮河，行政区划分包括北京、天津、河北、河南、山东、安徽和江苏 5 省 2 市，共 369 个县（市、区）。黄淮海地区地处我国东北亚经济圈，环渤海经济圈横跨其中，其不仅是欧亚大陆桥的桥头堡，更是我国重要的农产品生产加工基地。黄淮海地区属温带大陆性季风气候，四季分明，≥10℃ 积温在 3600 ~ 4800℃，全年无霜期 170 ~ 200d，年降水量 500 ~ 950mm，旱、涝、沙、碱等为制约黄淮海地区农业发展的主要环境限制因素。2010 年，该区域花生播种面积约 $2×10^6 hm^2$，占全国花生总播种面积的 58%；花生产量约 $8×10^6 t$，占全国花生总产量的 62%（郭洪海等，2010；山仑等，2011）。

研究所采用的数据主要包括气象数据和作物数据。气象数据来源于国家气象信息中心，包括黄淮海地区 186 个地面观测气象站点（图 2-57）1960 ~ 2019 年观测的日最高气温和日最低气温、逐日平均温度和逐日降水量等。作物数据来源于研究区内各省市统计年鉴和中国农业技术网，包括 1960 ~ 2019 年黄淮海地区花生的播种面积、年产量、年均单产数据以及春花生生长阶段的划分情况。

（2）研究方法

针对黄淮海花生特定生育期的作物系数计算了黄淮海花生的标准化降水作物需水指数（SPRI）并确定了花生旱涝灾害等级指标体系（表 2-10、表 2-11）。

图 2-57　研究区域内气象站点分布

表 2-10　花生作物系数

黄淮海花生	作物系数 K_c
生育前期	0.5
生育中期	1.15
生育后期	0.6

表 2-11　标准化降水作物需水指数（SPRI）旱涝等级划分

旱涝等级	SPRI
重涝	$1.5 < SPRI \leqslant 2.0$
中涝	$1.0 < SPRI \leqslant 1.5$
轻涝	$0.5 < SPRI \leqslant 1.0$
无旱	$-0.5 < SPRI \leqslant 0.5$
轻旱	$-1.0 < SPRI \leqslant -0.5$
中旱	$-1.5 < SPRI \leqslant -1.0$
重旱	$SPRI \leqslant -1.5$

（3）研究结果

①花生干旱灾害空间分布特征。

在花生出苗期–幼苗期，干旱灾害发生频率最高的地区仅在黄河流域和淮河流域的某一小块区域；干旱灾害发生频率高的地区集中在黄河流域北部、海河流域东北角和淮河流域的中部及北部；干旱灾害发生频率较高的地区涵盖了黄淮海研究区的绝大部分区域；干旱灾害发生频率较低的地区主要有黄河流域的南部和淮河流域的中部和南部。

在花生开花下针期，干旱灾害发生频率最高的地区仅在黄河流域的北部；干旱灾害发生频率高的地区有黄河流域的北部地区、海河流域的中部地区和淮河流域的西南角及东南角；干旱灾害发生频率较高的地区比花生生育期前期的地区有所增多；干旱灾害发生频率中等的地区集中在黄淮海三个流域交汇区域。

在花生结荚期–饱果期，干旱灾害发生频率最高的地区仅出现在海河流域的东北角；干旱灾害发生频率高的地区有黄河流域的北部和西部、海河流域的东北部和中部及海河流域的西北部；干旱灾害发生频率较高的地区仍涵盖了黄淮海研究区的绝大部分区域；干旱灾害发生频率较低的地区集中在黄河流域中部和淮河流域中部（图 2-58）。

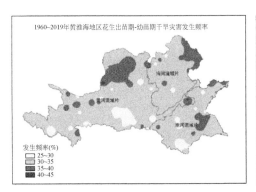

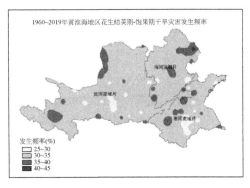

图 2-58　1960～2019 年黄淮海地区花生不同生育期干旱灾害发生频率

综合近60年来花生全生育期来看，干旱灾害发生频率最高的地区存在于黄河流域北部的小片区域；干旱灾害发生频率高的地区有黄河流域的西部、西北部、北部和中部某些区域、海河流域的北部和淮河流域的东北部；干旱灾害发生频率较高的地区一直涵盖了整个黄淮海研究区；干旱灾害发生频率不高的地区零散分布在黄河流域、海河流域的中南部和淮河流域的西北部分地区（图2-59）。

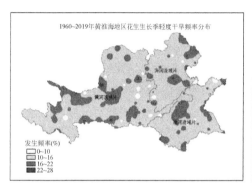
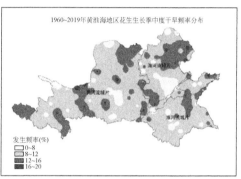
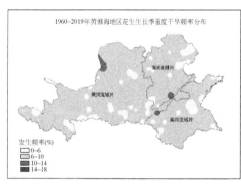
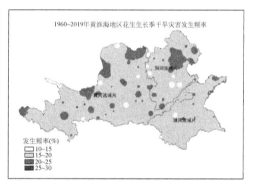

图2-59　1960～2019年黄淮海地区花生全生长期干旱（轻、中、重、总）灾害发生频率

②花生涝害空间分布特征。

在花生的生育前期，涝害发生频率最高的地区分散存在于黄河流域和淮河流域各部以及海河流域的东北角；涝害发生频率高的地区有黄河流域北部和西部、淮河流域的北部和东部和海河流域的处中心区域的各处；涝害发生频率较高的地区有黄河流域北部、中部、西部、淮河流域西部和海河流域中心地区；涝害发生频率较低的地区分布于黄河流域中部和西部以及淮河流域南部。

在花生的生育中期，涝害发生频率最高的地区存在于黄河流域的中部和海河流域的中部和东部；涝害发生频率高的地区有黄河流域的大部分、海河流域的北部和淮河流域的中部；涝害发生频率较高的地区存在于黄河流域的西部、海河流域的中部和淮河流域的北部、西南部和东部。涝害发生频率低的地区仅在于海河流域东南角和淮河流域中部。

在花生的生育后期，涝害发生频率最高的地区零散分布在黄河流域的西部和北部、海河流域的北部及淮河流域北部；涝害发生频率高的地区有黄河流域西部、东北部、海河流域的东部和淮河流域的中心大部分地区；涝害发生频率较高的地区有黄河流域中部地区、海河流域的中部地区和淮河流域的北部和南部；涝害发生频率较低的地区分散分布在黄河流域的南部、海河流域的东南角和淮河流域的东部（图 2-60）。

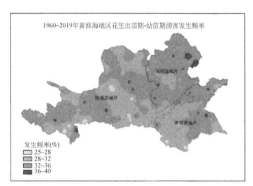
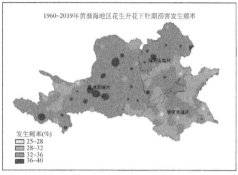
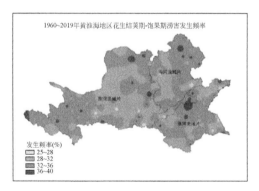

图 2-60　1960～2019 年黄淮海地区花生不同生育期涝害发生频率

综合近 60 年来花生的涝害频率来看，涝害高发区集中在黄河流域的中部、中西部和北部部分地区、海河流域的北部和淮河流域的北部；涝害发生频率高的地区涵盖了黄河流域大部分地区、海河流域的东部地区和淮河流域的北部及南部；涝害发生频率较高的地区有黄河流域的西部、东部、海河流域南部和淮河流域南部；涝害发生频率较低的地区仅存在于黄河流域西部和东部少部分地区和海河流域中部小片区域（图 2-61）。

图 2-61 1960～2019 年黄淮海地区花生全生育期涝害（轻、中、重、总）发生频率

2.2 园艺经济作物气象灾害影响及分布规律

2.2.1 猕猴桃冷热害试验

为测定猕猴桃高温热害等级阈值，采用人工气候箱模拟不同温度等级与高温持续时间，进而划分猕猴桃高温轻、中、重和极端热害等级。最后，对研究区1960～2020 年日最高温度与高温持续时间进行统计，计算轻、中、重度和极端高温事件发生概率，以此作为危险性指标。

猕猴桃高温胁迫试验于 2020～2021 年在吉林省长春市吉林农业大学设施农业基地设立的经济作物气象灾害风险评估试验基地进行。选择陕西省主栽品种"翠香"进行研究，2020 年在温室大棚中种植猕猴桃幼苗，待生长一年后，选择长势一致，无病虫害，叶片数量相近树苗，移栽入塑料盆中，于 2021 年进行高温热试验（图 2-62）。

图 2-62　试验温室大棚及猕猴桃种植情况

2.2.2　猕猴桃冷热害分布规律

（1）研究区概况与研究方法

①研究区概况及数据来源。中国是猕猴桃主要原产地，资源十分丰富，全世界 66 个猕猴桃种中有 62 个原产于中国。秦岭北麓、秦巴山区是猕猴桃原生地，也是全国最大的集中产区，资源优势突出。陕西、云南和贵州等地在猕猴桃种植方面，面积成逐年递增的趋势，各级政府、农业技术专家和农民们非常关心猕猴桃种植气候适应性。研究表明，农业生产的稳定受到全球变暖事件的直接影响，同时也影响农业生产的可持续性。在过去 20 年，全球气候的变暖异常也导致作物种植系统，各种布局的变化。根据这些情况，目前的条件下，我们开展关于猕猴桃的气候适应性研究，不仅是为了满足种植面积的要求，同时可以避免盲目扩大种植面积，减少由此产生的负面市场价格波动的影响。

猕猴桃的生育阶段可划分为萌芽期、现蕾期、始花期、果实成熟期、落叶期、休眠期和伤流期。

本书选择猕猴桃种植的主要省份进行猕猴桃气候适宜性区划，分别为陕西省、云南省、贵州省、四川省和重庆市。

贵州省地处云贵高原东部斜坡过渡带，介于 103°36′ ~ 109°35′E、24°37′ ~ 29°13′N，平均海拔 1107m。省内山地居多，山高谷深，地域分异明显，素有 "八山一水一分田" 之说。属于高原季风湿润气候，常年雨量充沛，气候温和，植物繁茂，在植物需水量大的时期正值雨季，热量的有效性较高。

被称为天府之国的四川，位于中国西南，地处长江上游，介于东经 92°21′ ~ 108°12′ 和北纬 26°03′ ~ 34°19′，面积 48.6 万 km²。全省地貌东西差异大，地形复杂多样，气候的地带性和垂直变化十分明显。该区热量条件好，全年温暖湿润，年均温 16 ~ 18℃，积温 4000 ~ 6000℃，气温日较差小，年较差大，冬暖夏热，无霜期 230 ~ 340d；盆地云量多，晴天少，全年日照时间较短，年日照仅 1000 ~ 1400h；雨量充沛，年降雨量 1000 ~ 1200mm，50% 以上集中在夏季，多夜雨。川西北高山高原属于高寒气候区。

陕西省位于中国西北部，地处东经 105°29′ ~ 111°15′ 和北纬 31°42′ ~ 39°35′。地域南北长，东西窄，南北长约 880km，东西宽约 160 ~ 490km。全省纵跨黄河、长江两大流域。省内气候差异很大，由北向南渐次过度为温带、暖温带和北亚热带。年平均降水量 576.9mm，年平均气温 13.0℃，无霜期 218d 左右。复杂多样的气候特点和地形地貌，孕育出万千物种和世间珍奇，堪称自然博物馆。陕西是中国栽培猕猴桃面积最大的省份，其种植区主要分布在秦岭以北的山前洪积扇区，该区属暖温带半湿润半干旱气候。

云南省气候有北热带、南亚热带、中亚热带、北亚热带、暖温带、中温带和高原气候区等 7 个温度带气候类型。云南气候兼具低纬气候、季风气候、山原气候的特点。云南省是目前记录的猕猴桃种质资源最丰富的省份。气候的区域差异和垂直变化大，年温差小，日温差大。由于地处低纬高原，空气干燥而比较稀薄，各地所得太阳光热的多少除随太阳高度角的变化而增减外，也受云雨的影响。夏季，最热天平均温度在 19 ~ 22℃ 左右；冬季，最冷月平均温度在 6 ~ 8℃ 以上。年温差一般为 10 ~ 15℃，但阴雨天气温较低。一天的温度变化是早凉、午热，尤其是冬、春两季，日温差可达 12 ~ 20℃。降水充沛，干湿分明，但分布不均。虽然气候条件适宜，但地理环境的落差使其对猕猴桃的适宜种植区呈现零星散落分布。

从中国气象数据共享网（http://cdc.nmic.cn/home.do）获取四川省、陕西省、云南省、贵州省和重庆市气象站点 1960 ~ 2019 年共 60 年的逐月、逐日累年气温、降水、相对湿度、日照时数等数据。编写数据处理程序，对数据进行筛选和处理，剔除时间序列缺失超过 5 年的站点，剔除数据连续缺失大于 10d 气象站点数据、月份序列缺失 4 ~ 9 月任意一月的年份，最终得到 158 个气象站点数据。对于数据缺失在 10d 以内的站台，用前一日与后一日的各气象要素平均值替代。

将 60 年气象数据分为前后两个时间段，分别为 1960 ~ 1989 年和 1990 ~ 2019 年，计算各站点 30 年平均无霜期、≥10℃ 活动积温、5 ~ 8 月日照时数、最热（7 ~ 8）月平均温度等数据。

土壤数据来自中国土壤数据库（http://vdb3. soil. csdb. cn/）。土壤侵蚀数据来自地理国情监测云平台（http://www. dsac. cn/）。

数字高程模型（DEM）为 ASTER GDEM 数据，下载自中国地理空间数据云（http://www. gscloud. cn/），在 ArcGIS 10. 2 平台对该数据进行处理，从而获得研究区坡度及坡向。

历史灾情数据来自《陕西省统计年鉴》《中国气象灾害年鉴》《中国灾害性天气气候图集（1961 ~ 2006 年）》《中国干旱、强降水、高温和低温区域性极端事件》《中国气象灾害大典——陕西卷》。

猕猴桃种植面积及产量数据来自《陕西省统计年鉴》《中国农村统计年鉴》《中国区域经济统计年鉴》。

农业生产条件、社会经济数据和猕猴桃产量及播种面积数据来源于 1990 ~ 2019 年《陕西省统计年鉴》《中国农村统计年鉴》《中国区域经济统计年鉴》。

②研究方法。猕猴桃为雌雄异株的大型落叶木质藤本植物，作为多年生果树，猕猴桃可能会在一年的两个时期遭遇低温冷害，分别为越冬期冻害（11 ~ 2 月）和春季芽膨大期冻害（3 月下旬 ~ 4 月下旬）（王振兴等，2015；马丽等，2017）。同时，猕猴桃喜温但不耐高温，夏季 7、8 月常常遭受高温日灼伤害（石颜通等，2019；孙宏莱等，2021）。通过收集气象数据与地形数据，对猕猴桃越冬期冻害、芽膨大期冻害和夏季高温日灼伤害分布进行研究，表 2-12 为猕猴桃主要气象灾害致灾因子等级指标。

表 2-12　猕猴桃主要气象灾害致灾因子等级指标

灾害类型	分析时段	致灾因子	承载等级指标及灾损系数	
			等级	指标
越冬冻害	11 ~ 2 月	极端最低气温 T_D（℃）	轻	$-10 < T_D \leqslant -8$
			中	$-15 < T_D \leqslant -10$
			重	$T_D \leqslant -15$
芽膨大期冻害	3 月下旬 ~ 4 月下旬		轻	$-1.5 < T_D \leqslant 0$
			中	$-3 < T_D \leqslant -1.5$
			重	$T_D \leqslant -3$

续表

灾害类型	分析时段	致灾因子	承载等级指标及灾损系数	
			等级	指标
夏季高温日灼	6~7月	极端最高气温 T_C（℃）	轻	$35 \leqslant T_C < 38$（3~4d）
			中	$35 \leqslant T_C < 38$（5~8d）
			重	$35 \leqslant T_C < 38$（9d及以上）或 $38 \leqslant T_C$（2d及以上）

（2）软枣猕猴桃冷热害形成机理

①孕灾环境。陕西省平均海拔为1127m，平均海拔最高与最低的地区分别为宝鸡市（1351m）和渭南市（675m）。整体上，陕西省地势呈现出南北高、中部低的特点。同时，地势由西向东逐渐倾斜。北山和秦岭把陕西分为三大自然区域：北部是陕北高原、中部是关中盆地、南部是秦巴山区。陕北高原地区位于"北山"以北，是中国黄土高原的中心部分。地势西北高、东南低，总面积9.25×10⁴km²。关中盆地号称"八百里秦川腹地"，位于陕西省中部地区，北依北山，南靠秦岭，西起宝鸡，东至潼关，面积为2.21×10⁴km²。地势相对平坦，土质肥沃，水肥资源丰富，利于农业发展。秦巴山区位于陕西省南部，面积为8.36×10⁴km²。是长江上游一个重要的生态屏障，水、热、林、草资源极为丰富。北部地区以盆地为主，南部为大巴山区。

②致灾因子。由于陕西省特殊的地理条件，境内气候差异很大。年平均气温为13.2℃，年平均降水量为576.9mm，无霜期为218d左右。陕西省整体属于大陆季风性气候，由于南北跨度大，境内南北间气候差异明显。陕西省温度的变化呈现出由南向北逐渐降低的趋势。陕北地区平均温度为7~12℃，关中地区为12~14℃，陕南地区为14~16℃。受季风气候影响，陕西省四季分明。年降水量的空间分布情况为南多北少，受山地地形影响，由南向北递减。陕北地区冬季寒冷干燥，春季干燥多风，由于较为干旱，春季陕北多沙尘天气。夏季陕北降雨较多，7、8月多雨，天气湿热，秋季秋高气爽。关中一年四季降水分配比较均匀，冬季较寒冷，夏季较为炎热，春季降水量较多，因此沙尘天气很少，夏季降水量占比重最大，秋季9、10月多连阴雨天气，7、8月为主汛期。陕南地区属于亚热带季风气候，1月平均气温在零上，高于秦岭以北地区，主汛期6~9月，夏季多暴雨，9月秋雨季节，冬季阴冷，连阴雨也较多。

③承灾体。陕西省土壤类型多种多样，且土壤地带性分布规律明显。陕南地区分布的黄褐土，土质致密，耕作层以下，通气空隙少，对作物生长有一定的抑制作用。陕西省表（耕）层土壤中含有砂砾或砂石的，约占总土壤面积的

40.98%，全省大部分土壤质地较好。从土壤肥力来看，陕北及陕南地区地力较差，土壤肥力水平较低。关中盆地地区土壤肥力较高。同样，陕北地区土壤有效水较低，常受干旱影响。

秦岭北麓是猕猴桃最佳种植区，也是全国猕猴桃产业风向标，陕西省猕猴桃产业在全国乃至世界都占有一席之地。《2020 中国猕猴桃产业发展报告》中显示，陕西省猕猴桃产业全国排名第一，规模约占全国的 40%。2017～2019 年，其种植面积累年扩增，产量呈现波动增长的趋势。2019 年，全省共有猕猴桃种植面积 585km²，产量达 1.07×10⁶t。在陕西省水果产量中，2019 年猕猴桃产量位居第二，仅次于苹果。目前，陕西省猕猴桃产业发展集中度较高，西安市和宝鸡市的猕猴桃产量占陕西省总产量的 87% 左右。陕西省猕猴桃生产投入不断上涨，经济收益波动幅度较大。2018 年，陕西省猕猴桃生产投入为 129.3 元/km²，经济收益为 373.3 元/km²。

（3）软枣猕猴桃冷热害分布规律

①软枣猕猴桃越冬期冻害。越冬期冻害是陕西猕猴桃生产中最为普遍也是最主要的气象灾害，主要集中在初挂果果园和长势过旺的果园。越冬期冻害主要分布在秦岭山区海拔 1000～1400m 的山区，以及关中北部和西部海拔 800～1000m 的大部分地区。该区域中度冻害发生约 2 年一遇，同时存在 2～6 年一遇的重度冻害。中度风险区主要分布在陕南米仓山、大巴山、秦岭南麓海拔 800～1000m 的台塬和关中平原北部海拔 500～800m 的地区及关中平原东部海拔 500m 以下部分地区，该区域中度越冬期冻害 2 年一遇，同时存在 3～5 年一遇的轻度冻害。秦岭南麓、米仓山、大巴山以北海拔 600～800m 的大部区域和关中平原处在轻度风险区，轻度冻害 2～5 年一遇。陕南汉江流域海拔 600m 以下区域基本无风险，该区处在北亚热带季风气候区，冬季气温较关中高，猕猴桃越冬期寒潮降温幅度较小（图 2-63）。

②软枣猕猴桃芽膨大期冻害。芽膨大期冻害同样集中在陕西省北部和四川省东北部地区。陕西猕猴桃种植区 3～4 月的冷空气过程占到全年的 1/3，此时正值猕猴桃芽膨大期，因此常受到冻害影响，从而影响产量和品质。通过分析发现榆林市与延安市芽膨大期冻害发生概率最高，其中中度冻害 3～4 年一遇，同时存在 3～5 年一遇的重度冻害。中等概率冻害发生区主要分布在关中北部及秦岭南麓的部分地区，其中陕南中度概率区海拔较高，关中区地理位置略偏北，该区重度冻害 5～12 年一遇，中度冻害 8～12 年一遇（图 2-64）。

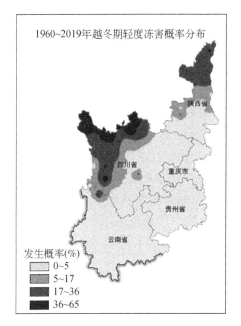

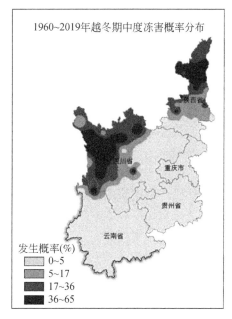

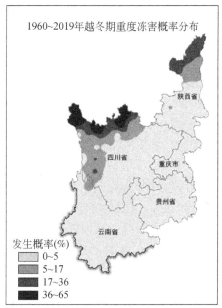

图 2-63　1960～2019 年研究区猕猴桃越冬期冻害发生概率

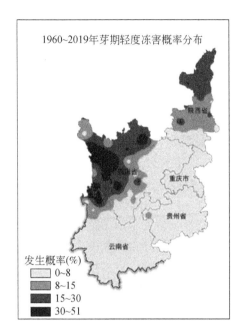

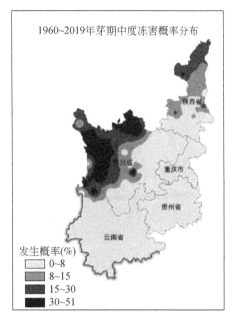

图 2-64　1960～2019 年研究区猕猴桃芽膨大期冻害发生概率

③软枣猕猴桃夏季高温日灼。晚熟猕猴桃的幼果期和果实膨大期遇到夏季高温过程，易造成果实灼伤，较为严重的可引起落叶落果，严重影响其品质及贮藏性。夏季日灼伤害主要集中在陕西中部，重庆市周边和云南省中部地区。日灼灾害呈现逐渐加重的趋势，呈现出从东北向西南逐步扩大的趋势。

猕猴桃的日灼灾害概率基本以无和极低为主，其中基本无日灼灾害发生区域主要分布在秦岭南麓及米仓山、大巴山海拔约1100m以上的山区，关中西部和北部海拔约1000m以上的山区。该区域夏季高温日数少，持续时间短，偶有轻度日灼灾害发生。发生日灼概率较低区（2%～7%）主要分布在关中南部、北部和西部以及陕南海拔500～1000m的区域，该区以苔塬、丘陵为主，猕猴桃果实膨大期，轻度日灼灾害2～7年一遇，同时存在3～4年一遇的重度和中度日灼灾害。重庆市及四川省达州、广安市、遂宁市等地及云南省中部小范围为中概率区（7%～14%）。而日灼灾害高发区（14%～48%）主要分布在关中中东部，除日灼较低概率发生区以外的大部分平原川道地区。另外，云南省玉溪市周边也是日灼灾害高发区，该区地势略低、地形以河谷川道为主，夏季受下沉气流影响，高温日数较多，持续时间较长，在猕猴桃果实膨大期易形成高温与干旱相互胁迫的形势，造成猕猴桃膨大期水分欠缺，中度日灼灾害2～3年一遇，同时存在3～4年一遇的重度灾害（图2-65、图2-66）。

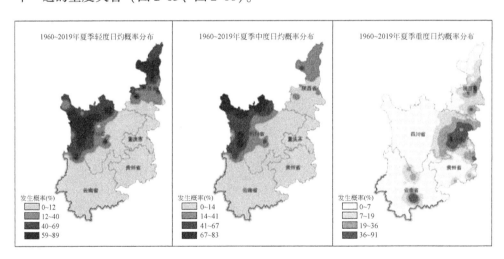

图2-65　1960～2019年研究区猕猴桃夏季高温日灼发生概率

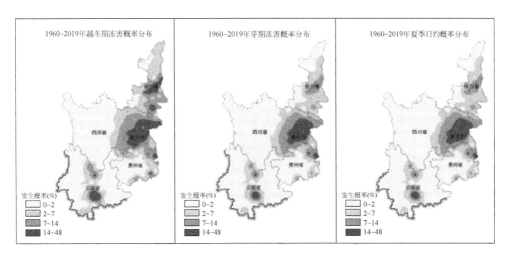

图 2-66　1960～2019 年研究区猕猴桃灾害发生概率

2.3　特色林果作物气象灾害影响及分布规律

选择浙江省茶树春霜冻害为代表，研究特色林果作物气象灾害影响及分布规律。春霜冻害是威胁浙江省茶树生长的主要自然灾害，茶树春霜冻害历史记录资料分析是研究茶树春霜冻害的重要手段，研究茶树春霜冻害发生的时空分布是评估茶树春霜冻害风险的重要基础。本节基于自然灾害与灾害风险理论，围绕茶树春霜冻害的形成机理，分析影响茶树春霜冻害的因素，在利用 MODIS LST 数据对浙江省最低气温进行估算的基础上，探讨与分析浙江省茶树春霜冻害空间分布及时间变化规律。

2.3.1　研究区概况与研究方法

1. 研究区概况

浙江省地处我国东南沿海、欧亚大陆与西太平洋的过渡地带，春季受大陆性西北季风和海洋性东南季风的交替影响，位于 27°02′～31°11′N、东经 118°01′～123°10′E，总面积 1.02×10⁵km²，2020 年常住人口 6468 万人，其中第一产业从业人口 208 万人，茶、桑、果类经济作物生产总值占农业生产总值的 29.2%。

浙江省位于浙闽丘陵东北部，区域地形起伏较大，东北部地势平坦，钱塘江冲击形成杭嘉湖平原和宁绍平原，仅占全省面积的23.2%，其余大部分区域为丘陵山地，崇山峻岭，从东北向西南分布天目山、千里岗、龙门山、会稽山、仙霞岭、洞宫山、仓括山、雁荡山，全省海拔最高可达 1800m。

2. 数据来源

本研究结合多源数据、多尺度数据进行研究，主要选用了气象数据、遥感数据、土地利用类型数据、作物统计数据及社会统计数据。表 2-13 为研究涉及使用数据的类型、内容、来源以及时间年限。

表 2-13　数据集及来源

数据类型	数据内容	数据来源	时间序列
气象数据	降水量、平均气温、最低气温、风速、水汽压等	中国气象数据网/国家气象科学数据中心（http：//data. cma. cn/）	2001 ~ 2020 年
遥感数据	MODIS 地表温度数据（LST）	美国国家航空航天局地球数据中心（https：//earthdata. nasa. gov/）	2003 ~ 2020 年
	归一化植被指数（NDVI）	美国国家航空航天局地球数据中心（https：//earthdata. nasa. gov/）	2002 ~ 2020 年
	数字高程数据（DEM）	美国地质调查局（https：//www. usgs. gov/）	
	中国土地利用遥感监测数据	资源环境科学与数据中心（https：//www. resdc. cn/data. aspx？DATAID = 335）	2020 年
其他数据	中国土壤有机质数据集	国家青藏高原科学数据中心（http：//data. tpdc. ac. cn/zh-hans/）	2018 年
	茶树种植面积及产量、农业生产及社会经济相关统计数据	《浙江省统计年鉴》《杭州市统计年鉴》《湖州市统计年鉴》等浙江省各市统计年鉴	1998 ~ 2019 年
	历史灾情数据	《2001 ~ 2018 中国气象灾害年鉴》、《浙江省气象灾害统计年鉴》、官方新闻互联网站（https：//www. zjol. com. cn/）等	2001 ~ 2019 年

（1）气象数据

从中国气象数据共享网上获取浙江省 23 个气象站点，2001 ~ 2020 年共 20 年的逐日气温、降水、相对湿度、日照时数等数据。编写数据处理程序，对数据进行筛选和处理。

（2）遥感数据

遥感数据主要包括 MODIS 的地表温度数据（LST）、归一化植被指数数据（NDVI）、数字高程数据（DEM）和中国土地利用遥感监测数据（LUCC）。

MODIS 的地表温度数据（LST）：使用 Aqua 卫星（版本 6）上的每日 MODIS 夜间 LST 产品（MYD11A1），空间分辨率为 1km。Aqua 卫星每天下午 1：30 和上午 1 : 30 左右从南向北反向运行，以往的研究证实 MYD11A1 能够更精确地用于预测最低温度的空间分布。使用广义分裂窗口算法从 MODIS 热光谱和中红外光谱区域检索 MODIS LST 产品修正大气影响。将 2003 ~ 2020 年每日 MYD11A1 的两张图像（h27v06 和 h28v06）重新投影到 Albers 锥形等面积（ACEA）投影，然后合并、调整大小和镶嵌，以获得与研究期间每天的研究区域完全一致的数据集。

归一化植被指数数据（NDVI）：使用 Aqua 卫星 MYDND1D 计算得到 500m NDVI 五天合成产品，计算方法为取月内每五天的最大值。五天合成产品数据既能够充分反映真实的情况，又减少了云污染的影响。

数字高程影像数据（DEM）：该数据集为基于最新的 SRTM V4.1（shuttle radar topography mission，SRTM）数据拼接、整理生成的 30m 分省数据。数据采用 WGS84 椭球投影。利用 DEM 栅格数据，通过运用 ArcGIS 中实现 DEM 的提取，并在 DEM 的基础上，建立坡度（slope）和坡向（aspect）的模型。

中国土地利用遥感监测数据（LUCC）：数据为 2018 年更新的基于美国陆地卫星 Landsat TM 影像，通过人工目视解译生成 30m 分辨率的土地利用类别栅格数据。数据包含 6 个一级分类类型和 25 个二级分类类型，研究中主要考虑一级类型林地中的其他林地，其中包含茶园、果园、桑园等园地，浙江省全域广泛种植茶树，基于统计数茶树种植面积，将该类型用地作为研究中茶树的种植区域。

（3）其他数据

土壤有机质数据集包括 pH、有机质含量、阳离子交换量、根系丰度、总氮（N）、总磷（P）、总钾（K）、碱解氮、速效磷、速效钾、结构等土壤理化性质，信息分辨率为 30″（赤道处约 1km）。

统计数据来源于书籍和浙江省及气象局官方网站。用于风险评估的多源数据以 30m 空间分辨率数据为基础，通过 ArcMap 将栅格转点后，将多源数据提取至点进行分析计算。

3. 研究方法

（1）MODIS 缺失值插补方法

从时空二维度插补 LST 数据更符合气象数据的时空特性。

①时间序列插补——线性插值。线性插值在数据时间变化平稳时，插值效果较好。利用线性插值的方法对时间序列上的缺失值进行内插，时间参考为前两日和后两日。设缺失为 x_i 时间的 LSTy_i，前两日和后两日的时间和 LST 表示为 (x_{i-2}, y_{i-2})、(x_{i-1}, y_{i-1})、(x_{i+1}, y_{i+1})、(x_{i+2}, y_{i+2})，则 y_i 可以表示为一次多项式：

$$y_i = a_0 + a_{i-2} y_{i-2} + a_{i-1} y_{i-1} + a_{i+1} y_{i+1} + a_{i+2} y_{i+2} \tag{2-10}$$

式中，a_0、a_{i-2}、a_{i-1}、a_{i+1}、a_{i+2} 为常数，通过计算可得。通过 Python 中安装 Xarray 库的 Interp 程序实现时间序列的线性插补。

②空间插值——反距离权重（IDW）。根据地理学第一定律，一切事物都与其他事物有关，且与近处的事物的相关性比与远处的事物的相关性更高。以 LST 缺失值点与已知点之间距离平方的反比为权重，已知点与 LST 缺失值点距离越小所占权重越高，其表达式为

$$Z = \frac{\sum_{i=1}^{n} \frac{Z_i}{d_i^2}}{\sum_{i=1}^{n} \frac{1}{d_i^2}} \tag{2-11}$$

式中，Z 为 LST 估算值；Z_i 为第 i 个已知点的 LST 值；d_i 为第 i 个已知点 y 与 LST 缺失值点之间的距离；n 为样本总数。基于 IDW 的空间插值方法通过 ArcMap 软件实现。

MODIS 地表温度数据（LST）能够精细化空间的地表的温度分布，但由于 3～4 月正值冷暖锋频繁交汇的长江中下游春季连阴雨时节，因云污染造成的缺失值较多，因此应对缺失值进行重建和插补。

目前已经开发了三种主要方法来解决由云覆盖导致的 LST 数据的缺失问题（Wu et al., 2019）。基于空间信息的方法，通常根据目标像素与其相邻晴天像素之间的空间相关性提出，Jin 等（2000）提出物理算法，根据表面能量平衡方程从相邻的像素计算目标像素的表面温度，或使用克里金、反距离权重和样条函数等空间插值方法（Ke et al., 2013；崔晓临，2018）。该方法准确性取决于周围像素的可用性。基于多时间信息的方法，依赖于目标像素的时间序列信息回复丢失的 LST 信息，利用时间相近的 Aqua 和 Terra，相互进行插补（Yao et al., 2021），或将其与日温循环模型结合重建 LST 的日循环（Duan et al., 2014）。结合空间和时间信息的混合方法（Yu et al., 2019；Yang et al., 2019；Wang et al., 2019），时空混合法不仅能够提高计算精度，并且能够填充缺失区域较大的 LST 数据集。

经过比较空间和时间信息相结合的方法更适合对浙江省 3～4 月的 LST 缺失值进行插补，首先将时间序列的信息进行整合，将缺失值前两天和后两天的值根据时间序列方法进行插补，若目标像素在连续 5 天内均缺失，则利用反距离权重方法进行空间插值，从而得到完整的 LST 数据集。

（2）支持向量机

支持向量机（support vector machine，SVM）由 Vapnik 首先提出，SVM 的主要思想是建立一个分类超平面作为决策曲面，使得正例和反例之间的隔离边缘被最大化；SVM 是结构风险最小化的近似实现。从线性可分的最优分类发展起来的 SVM，在小样本、非线性问题中能够在有限样本中得到最优解。

支持向量机体系结构如图 2-67 所示。

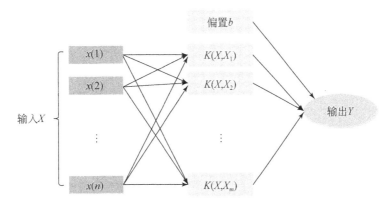

图 2-67　支持向量机体系结构

其中 K 为核函数，这里使用的是径向基核函数：

$$K(x,x_i)=\exp(-\gamma\|x-x_i\|^2),\gamma>0 \tag{2-12}$$

使用林智仁教授开发设计的 LIBSVM 软件包（Chang et al.，2011），依托 Matlab 平台运行程序，以实现 SVM 的运行与计算过程。截至 2021 年 12 月 17 日，LIBSVM 的最新版本为 3.25（2021 年 4 月更新），该软件包可以在 https：// www. csie. ntu. edu. tw/ ~ cjlin/libsvm/免费获得。

利用 SVM 拟合日最低气温模型中需要先将插补好的 MODIS LST 数据的值提取到气象站点上作为输入模型的 $x(1)$，同时将辅助数据海拔 $x(2)$、坡向 $x(3)$、坡度 $x(4)$、纬度 $x(5)$、距水体距离 $x(6)$ 提取到相应的气象站点上作为模型的输入，气象站测得的日最低温度（Y）作为模型的输出，通过训练得到日最低气温拟合模型。

（3）M-K（Mann-Kendall）检验

M-K 检验是一种无分布检验方法，是研究事物长时间序列变化趋势的主要方法，研究利用 M-K 检验的方法分析 3~4 月最低温度的变化情况，其具体计算方法如下：

时间序列 α 具有 n 个样本量，构造秩序列如下：

$$s_k=\sum_{i=1}^{k}r_i(k=2,3,\cdots,n) \tag{2-13}$$

式中，$r_i=\begin{cases}1 & x_i>x_j \\ 0 & x_i\le x_j\end{cases}(j=1,2,\cdots,i)$

易知，秩序列 s_k 是第 i 个时刻数值大于第 j 个时刻时数值个数的累加。

在随机时间序列的假设下，定义统计量：

$$\mathrm{UF}_k = \frac{\left[s_k - E(s_k) \right]}{\sqrt{\mathrm{Var}(s_k)}}(k = 1, 2, \cdots, n) \qquad (2\text{-}14)$$

式中，$\mathrm{UF}_1 = 0$，$E(s_k)$ 和 $Var(s_k)$ 分别是 s_k 的均值和方差，且 x_1，x_2，$\cdots$，x_n 相互独立时，它们具有相同连续分布，可以由如下公式推算：

$$E(s_k) = \frac{k(k-1)}{4}(2 \leqslant k \leqslant n) \qquad (2\text{-}15)$$

$$\mathrm{Var}(s_k) = \frac{k(k-1)(2k+5)}{72}(2 \leqslant k \leqslant n) \qquad (2\text{-}16)$$

UF_k 为标准正态分布，按照时间序列 X（x_1，x_2，$\cdots$，x_n）的顺序，计算出的统计量序列，设定显著性 α，若 $\mathrm{UF}_i > U_\alpha$ 则表明序列存在明显的趋势变化。

再按时间序列 X 的逆序（x_n，x_{n-1}，$\cdots$，x_1），重复上述过程，并且令 $\mathrm{UB}_k = \mathrm{UF}_k$（$k = n$，$n-1$，$\cdots$，$1$），$\mathrm{UB}_1 = 0$。

若 UF_k 和 UB_k 的值大于 0，表明序列呈上升趋势，小于 0 则表明呈下降趋势。当超过临界线时，表示上升或下降趋势显著，超过临界线的范围确定为出现突变的时间区域。如果 UF_k 和 UB_k 在临界线之间出现交点，则交点对应的时刻是突变开始的时间（徐建华，2014）。研究中通过 Matlab 软件编程实现这一算法。

（4）线性倾向率

用于计算观测数据的长时间序列的变化倾向，采用一元线性回归分析：

$$y_i = a + bt_i, i = 1, 2, \cdots, n \qquad (2\text{-}17)$$

式中，a、b 分别为回归常数和回归系数，其中 b 表示预测的气候变量 y 的趋势倾向，若 $b < 0$ 表示减少的趋势，若 $b > 0$ 则表示增加的趋势。

回归系数 b 的最小二乘法估计为

$$b = \frac{\sum\limits_{i=1}^{n} y_i t_i - \dfrac{1}{n}\left(\sum\limits_{i-1}^{n} y_i \right)\left(\sum\limits_{i=1}^{n} t_i \right)}{\sum\limits_{i=1}^{n} t_i^2 - \dfrac{1}{n}\left(\sum\limits_{i=1}^{n} t_i \right)^2} \qquad (2\text{-}18)$$

回归系数 b 的大小决定了变化趋势是否明显，$|b|$ 越大，表明序列的变化趋势越明显。

（5）日最低气温估算

空气温度（以下称为 T_{air}）通常在距离地面 1.5m 的遮光处测量，是广泛应用于环境研究中的关键变量。气象站测量提供准确的时间离散 T_{air} 信息，但描述其在连续的大面积区域的空间异质性的能力有限。T_{air} 测量值的空间插值是研究者们大量使用的方法，但是误差较大，经常导致空间模式结果不具有代表性，无论采用何种方法，插值精度都高度依赖于站网密度和参数的时空变化尺度。

MODIS LST 数据的使用可以大大提高对 T_{air} 时空格局的估计精确度，LST 和 T_{air} 有很强的相关性，但两者具有不同的物理意义、大小、测量技术、对大气条件和昼夜相位的响应。LST 和 T_{air} 之间的递减率由复杂的表面能量平衡控制，温度递减率在昼夜循环中变化很大，并且模式受昼夜长度变化的季节性影响，白天地表温度普遍高于气温，夜间则相反，分别导致气温高估和低估。在白天，很大一部分能量是由太阳辐射驱动的地面再发射长波辐射产生的。在夜间，由于缺少太阳辐射对热红外信号的影响，因此夜间 T_{air} 估算更简单。通过使用支持向量机根据 MODIS LST 和辅助数据估算 T_{air} 的最小值 T_{min}，是研究茶树春霜冻时空分布的前提。

①辅助数据选取。使用了对 LST 与 T_{min} 之间的关系有直接或间接影响的辅助变量，通过两两指标间相关性和指标间多重共线性检验，去除了相关性和多重共线性较高的变量，最终保留的变量为海拔、坡向、坡度、纬度、距水体距离。

长期以来，地形一直被认为是冷空气温度的关键决定因素，海拔和坡度是霜冻和霜冻风险研究中常用的地形变量。当空气靠近地表冷却时，冷空气排放和汇集发生在平静条件下，比周围大气密度大，向谷底下沉，并可以聚集在景观中的低点和凹陷处。由于地表异质性对近地表温度空间变化的影响，霜冻的空间发生可以与地表特征联系起来。由于地形的高低起伏，形成的局部环流，影响着温度的空间分布，因此地形被认为是解释霜冻模式的重要驱动力（赵伟等，2016）。在小尺度范围，复杂地形中温度分布的主要控制参数是海拔，气温递减率在一般情况下设置为 0.65℃/m，但也会因地表长波辐射等因素上下波动，甚至产生逆温现象。王敬文等（2021）的研究发现归一化植被指数、地形和海拔与地表温度存在较高相关性，并与地表温度呈负相关关系。坡向和地形的曲率通过影响太阳辐射率和局地环流，使低温分布产生差异，何珏霖等（2018）将坡向划分为 8 个方向，分析不同坡向的温度分布及变化情况，得出在其研究区的东坡、西坡、东南、西南、南坡的平均温度较高，且温度随海拔变化的速率小。Mahmoudi（2014）关于伊朗霜冻特征的研究发现，与纬度和经度相比，海拔是影响初霜日空间频率的最有效因素。

将坡向按顺时针方向分为 8 个方向，按照危险性程度并赋值，如表 2-14 所示。

此外距水体距离也影响霜冻发生，河流与湖泊等大面积水域附近的茶园，由于水和土壤在比热、透明度和密度方面的物理性质不同，水体比陆地需要更多的时间来升温和降温，并增加周围的大气湿度。这会导致大水体和沿海地区附近的测量温度幅度较小。因此计算了到海岸线距离和距河流湖泊的距离，创建距水体距离变量（Benali et al.，2021）。

表 2-14 坡向赋值

坡向	角度范围	值
东北坡 NE	22.5°~67.5°	4
东坡 E	67.5°~112.5°	3
东南坡 SE	112.5°~157.5°	2
南坡 S	175.5°~202.5°	1
西南坡 SW	202.5°~247.5°	2
西坡 W	247.5°~292.5°	3
西北坡 NW	292.5°~337.5°	4
北坡 N	337.5°~22.5°	5

研究区浙江省位于东南沿海，东临太平洋，拥有广阔的海岸线，因此在计算距水体距离时，包括距海岸线距离和距河流湖泊距离两个方面，使用 ArcMap 将两个要素叠加为一个线图层，通过近邻分析工具，计算各栅格点到最邻近线的距离，作为距水体距离变量。

②最低温度拟合。在对前人关于温度拟合研究深入学习的基础上，选择了有效性强、计算简单、理论完善的 SVM 模型（Moser et al., 2015；Hung et al., 2014；孟田华等，2020）。通过 Matlab 平台安装的 LIBSVM 软件包实现基于 ε-SVR 的最低温度拟合。

在研究中共选取了 10000 个支持向量，分别使用 70%/30% 的比例分为校准和验证数据集，每个数据集都是通过对整个观测集随机重采样多次（折刀法）来定义的。模型的参数包括惩罚参数 c 和函数参数 g，通过交叉验证方法确定。使用均方根误差和平方相关系数评价模型性能。

最终得到最佳的惩罚参数 c 为 64，g 为 0.5。模型的均方根误差和平方相关系数分别为 0.863 和 91.69%。

2.3.2 浙江省茶树春霜冻害形成机理

（1）孕灾环境

霜冻害孕灾环境是指霜冻害危险性、承灾体所处的外部环境，是自然环境和人为环境共同组成的综合环境系统，孕灾环境的稳定度是标定区域孕灾环境的定量指标。

研究区春季处于冬季风向夏季风转换的交替季节，南北气流交汇频繁，低气压和锋面活动加剧。在春季回暖期，抗寒性弱的茶树萌发幼芽，当北方冷寒流强势侵入时，经常会遭受大面积霜冻和区域性冻害。霜冻不仅会造成茶芽生长延迟，影响价格和品质，严重时造成茶芽死亡，使农民遭受更大的损失（孟仲等，2019），研究区土壤主要以酸性的红壤和黄壤为主，有机质和氮、磷、钾等养分较高，适宜茶树、果树等经济作物的种植，多分布在丘陵和山地，占浙江省面积70%以上，土壤条件较好，促进茶树良好生长，有益于提高植株体的霜冻害抵抗性。河谷与平原多为水稻土，沿海有盐土和脱盐土分布，几乎不种植茶树及其他作物。

植被分布受地形和气候影响，东部平原河谷地区大面积种植水稻，西部地区以旱地为主；丘陵山地地区广布亚热带针叶林和常绿阔叶林为主，海拔较高地区分布针叶林和落叶阔叶林（图2-68）。

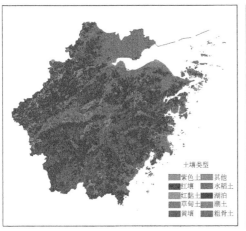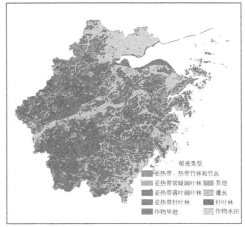

图2-68 浙江省土壤植被类型分布

（2）致灾因子

致灾因子是灾害的危险性因子，是孕灾环境中孕育出的变异因子，会造成财产损失、资源与环境破坏等不利影响。导致茶树霜冻害的致灾因子是最低温度，最低温度的阈值和持续时间决定着霜冻害发生的强度，霜冻害的强度和频次是影响危险性的重要因素。

①浙江省3~4月最低温度变化趋势。研究以杭州市气象站点为例，分析浙江省1991~2020年3~4月最低气温变化趋势。分别将每个月划分为上旬、中旬、下旬三个阶段。

根据图2-69显示，3、4月处于春季回暖期，气温波动幅度大，两个月的六个阶段的最低温度均呈现上升趋势，其中3月下旬到4月上旬的趋势较明显，倾向率分别为5.9%和6.5%，符合全球增温的气候背景。虽然中下旬最低温度能平均维持在较高的温度水平，但在1998年和2005年最低温度低于0℃，往往使因气候变暖而物候提前的茶树幼芽遭受更为严重的灾害损失。

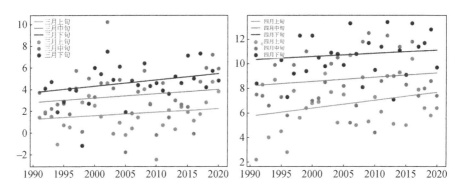

图2-69 1991~2020年3、4月杭州站点最低气温分布及变化趋势

图2-70为1991~2020年浙江省3~4月全省最低温度变化M-K突变检验图。从检验结果中可知3~4月最低温并没有因气候变暖而显著上升，而呈现出波动的变化，其中最大值为2020年的1.9℃，最小值为2005年的-4.1℃。UB和UF在2019~2020附近出现了交叉点，说明在此期间为一个温度的突变点，在此之前的增温趋势不明显，之后的3~4月最低气温变化可能将会呈现较明显的增加趋势。

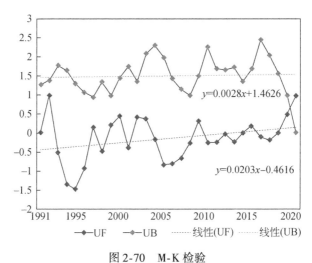

图2-70 M-K检验

②浙江省最低温度变化趋势空间分布。进一步分析了浙江省2003~2020年3~4月各旬空间最低温度的变化趋势，在每个栅格点上提取最低温度曲线进行趋势分析，结果如图2-71所示。

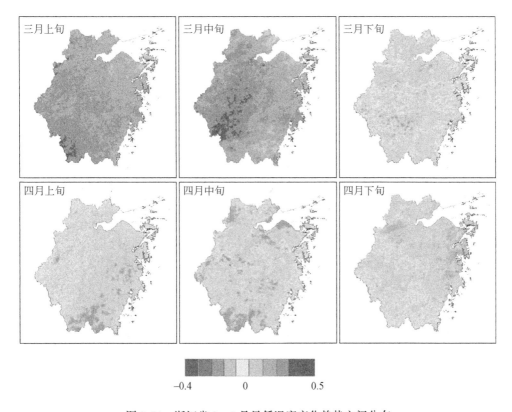

图 2-71　浙江省 3～4 月最低温度变化趋势空间分布

可以看出，三月上、中旬全省范围的最低温度呈升高的趋势，其中三月上旬最大趋势为 0.48，三月中旬最大趋势为 0.55；温度上升趋势较大的区域在丽水、金华和衢州等地。三月下旬浙江省中部及南部最低温度呈下降趋势，北部呈上升趋势，但趋势不明显，90% 的地区其最低温趋势集中在 −0.09～0.07。四月上旬除西北部分地区最低温度趋势略微升高外，大部分地区呈现下降趋势，尤其是南部区域，最低温度降低趋势值达到 −0.29，到四月中旬最低温度降低趋势的地区进一步扩大，因此需要在茶树生产管理中，注意对四月中上旬的轻中度春霜冻害加强管理和防范。四月下旬空间最低气温趋势在北部及沿海的大部分地区呈上升趋势，西南部区域呈轻微下降趋势，整体趋势较平稳分布在 −0.2～0.27。

（3）承灾体

承灾体是灾害的作用对象，一般包括生命和经济两个部分，危险性要施加在承灾体上，才能意味着灾害的发生。作物霜冻害的主要承灾体，其中茶树的霜冻害受霜冻害影响最大，造成的损失更高，其直接表现为茶叶产量和品质的降低，进而影响区域茶叶生产的良性发展。

　　茶叶是浙江省农业传统的经济作物，其茶产业规模和产值均位列我国前列、进口和出口量位居我国首位（翁蔚等，2021）。浙江省是中国四大茶区中"江南茶区"的重要绿茶种植区域。以"龙井43""鸠坑"等品质佳、经济效益高的春茶是茶农的主要种植对象。2000年以来，浙江省大力发展名优茶，特早茶树良种得到大面积推广，2020年浙江省名优茶产量、产值分别高达$10.2×10^4$ t、213.4 $×10^8$ 元，分别占全省总量的53.18%、89.43%。春季是浙江茶产业最重要的茶叶产季，其产值占全年茶业产值的75%，春霜冻害是威胁茶产业稳健发展的主要自然灾害（图2-72）。

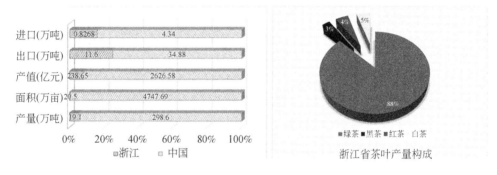

图 2-72　浙江省茶叶生产概况

（4）霜冻害事件

　　通过查询气象灾害统计年鉴和利用互联网官方新闻网站查找2000年以来的浙江省茶树春霜冻害事件（表2-15）。

表 2-15　浙江省茶树春霜冻害事件

时间	区域	霜冻过程最低温度（℃）
2006年3月12日~14日	丽水市、绍兴市、金华市、温州市、永嘉县、淳安县	−4
2007年3月6日~8日	杭州市	1.8
2009年3月13日~14日	杭州市	2.6
2010年3月8日~10日	浙江省中北部	−4~−2
2010年3月15日	杭州市	
2010年4月14日~16日	全省大部分地区	
2013年4月7日~8日	杭州市、吉安县	5.1

时间	区域	霜冻过程最低温度（℃）
2013 年 3 月 2 日 ~ 3 日	杭州市、武义县	0.3
2016 年 3 月 10 日 ~ 12 日	全省大部分地区	2 ~ 4
2017 年 3 月 1 日 ~ 3 日	全省大部分地区	−6.8 ~ 2
2018 年 3 月 10 日	嵊州市、江山市、遂昌县、诸暨市绍兴市、宁波市、武义县	
2018 年 4 月 8 日	长兴县、安吉县、杭州市、开化县、绍兴市、宁波市、丽水市	0 ~ 2
2019 年 4 月 1 日	绍兴市、宁波市、杭州市	−0.9 ~ 0.5
2021 年 4 月 5 日	诸暨市	2 ~ 4
2021 年 3 月 21 日 ~ 23 日	杭州市、越城区、诸暨县、上虞区、柯桥区、新昌县、嵊州市、富阳区、余杭市、淳安县、桐庐区、临安县、湖州市、安吉市、长兴县、德清县等 16 地	−2 ~ 0

注：2010 年和 2018 年的茶树春霜冻事件缺少最低温度的说明。

2010 年、2016 年和 2017 年发生的茶树春霜冻事件造成的损失和影响的范围较大，波及全省大部分地区。统计数据中近年的数据较多且内容更细化，说明对茶树霜冻事件的关注提高。搜集数据过程中，发现近年来茶树的监测预警技术处于持续提高中，浙江省能够在霜冻害来临之前，做出及时的霜冻害预警预报。

2.3.3　茶树春霜冻害分布规律

（1）茶树春霜冻害指标

①茶树春霜冻害指标确定。气温是反映霜冻事件是否发生和严重程度的重要依据。在对衡量茶树春霜冻害是否发生以及不同程度的春霜冻害的温度阈值划分上，不同学者经过了大量的试验验证分析。Hao 等（2018）利用人工气候室对茶树进行"倒春寒"低温胁迫试验，对茶树新梢的转录和代谢进行比较，提出 4℃是茶树遭受春霜冻害的阈值温度。同时，娄伟平（2020）认为 3 ~ 4 月为茶树萌芽期，在此期间，气温骤降至 4℃以下，萌发的叶芽受冻即为春霜冻害。李仁忠等（2016）学者在 2013 ~ 2014 年期间以浙江省 4 个主要栽种茶树品种作为试验对象进行低温霜冻胁迫试验，在原有的《茶树霜冻等级》的基础上，结合浙江省的茶树种植条件提出了新的茶树春霜冻害等级标准，包括气象指标（每小时最低气温和持续小时数）、茶树受灾状况和新梢叶芽受害率，比原有的标准更加符合实际情况。

但在研究大范围精细化空间温度分布时，难以获取逐小时的温度数据，难以计算低温持续小时数，因此在前人研究的基础上（沈天琦等，2018），选择了更适合本书的茶树春霜冻害等级划分方法（表2-16）。

表2-16　茶树春霜冻害等级划分

茶树春霜冻害等级	最低温度阈值	受灾特性
轻度	$2 < T_{min} \leqslant 4$	新梢芽或叶受冻变褐色、略有损伤，嫩叶出现"麻点、麻头"，边缘变紫红、叶片呈黄褐色；新梢芽叶受灾率小于20%
中度	$0 < T_{min} \leqslant 2$	新梢芽或叶受冻变褐色，叶尖发红，并从叶尖开始蔓延到叶片中部，茶芽不能展开，嫩叶失去光泽、芽叶枯萎、卷缩；新梢芽叶受灾率为20%~50%
重度	$-2 < T_{min} \leqslant 0$	新梢芽或叶受冻变暗褐色，叶片卷缩干枯，叶片易脱落；新梢芽叶受灾率为50%~80%
特重	$T_{min} \leqslant -2℃$	新芽叶尖或叶尖受冻全变褐色、芽叶成片焦枯；新梢和上部枝梢干枯，枝条表皮裂开；新梢芽叶受灾率大于80%

②茶树春霜冻害评估指标计算。按照表2-16划分的阈值进行计算，某区域平均一年中的3~4月出现各等级春霜冻害的次数，为区域中各等级霜冻害发生的频次，其计算公式如下：

$$D_i = \frac{N_i}{n}(i = 1,2,3,4) \tag{2-19}$$

式中，i 表示茶树春霜冻害的不同等级，1、2、3、4分别对应轻、中、重、特重。N_i 表示等级为 i 的春霜冻害发生的次数，n 表示资料的时间序列。

参照王晾晾（2012）和陈凯奇（2016）等提出的霜冻害强度指数计算方法，计算出不同春霜冻害等级的频率，同时计算不同等级春霜冻害发生时对应的日最低气温的组中值，计算春霜冻害强度频率指标 S 为

$$S = \sum_{i=1}^{4} \frac{D_i}{n} \times G_i \tag{2-20}$$

式中，D_i 为不同等级春霜冻害的频次；n 为统计的年数；G_i 为将各区域的春霜冻事件按照春霜冻害程度分为4组，每组中最低气温的组中值。

将 G_i 标准化处理，以消除负值对结果产生的影响。

$$x = \frac{x_{max} - x}{x_{max} - x_{min}} \tag{2-21}$$

（2）茶树不同等级春霜冻害频次时空分布特征

①茶树不同等级春霜冻害空间分布。根据茶树春霜冻等级的划分原则，分别计算了2003~2020年浙江省3月的春霜冻害发生的频次，如图2-73所示。

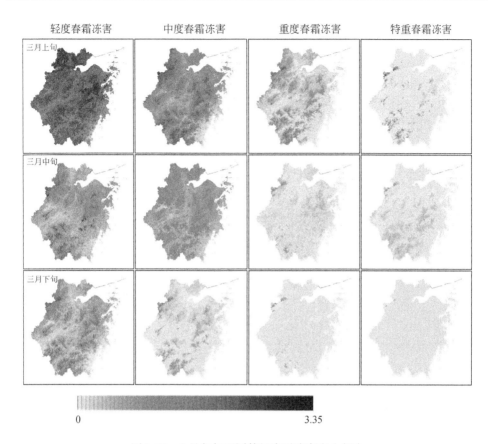

图 2-73　3 月各旬不同等级春霜冻害发生频次

　　轻度春霜冻害频率随时间变化逐渐降低，三月上旬灾害频率高的区域主要为纬度较高的地区和西北部天目山和东部会稽山、四明山、天台山等海拔较高的地区，平均每年发生 2.6～3.35 次轻度春霜冻害，河谷和平原地区的轻度春霜冻害发生频率较低，平均每年发生 0.42～1.67 次轻度春霜冻害。三月中旬和下旬轻度春霜冻害向海拔高的区域集中，和海拔有良好的相关性，海拔与春霜冻害频次相关性为 86.73%，三月下旬浙江省东南部受东南季风和纬度影响地势低平地区不发生霜冻害。中度霜冻害在三月上旬主要分布在海拔较高的丘陵山地地区，发生频次最高的地区位于天目山，年均发生 2.12 次中度春霜冻害，3 月中旬中度春霜冻害频次进一步降低，年均最高发生 1.71 次，67.65% 区域年均低于 0.3 次，三月下旬浙江省中南部平原低缓的地区不发生中度春霜冻害，占总区域的 22%。重度春霜冻害在三月上旬分布广泛，但频次较低，72.37% 的区域年平均重度春霜冻害发生 0.5 次以下；三月中旬发生重度春霜冻害最高的地区为年均 1.24 次，

80%的地区17年来发生重度春霜冻害的次数不超过3次；三月下旬发生重度春霜冻害的区域骤然减少，零星分布在海拔高于1000m的区域。特重春霜冻害发生频次和区域较少，三月上中下旬不发生特种春霜冻害的面积分别占总区域面积的50%、36%和96.3%。

　　如图2-74所示，4月春霜冻害频次进一步降低，轻度霜冻害仅在湖州市西部地区发生频次较高，平均最高发生2.65次，74.4%的地区2003～2020年4月轻度霜冻害发生不超过8次；中度春霜冻害零散分布在高海拔区域，且年均最高不超过两次。重度和特重春霜冻害仅在4月上旬有零星分布，且多为无法居住和进行农业生产的山体顶部，对生产生活的影响极小。

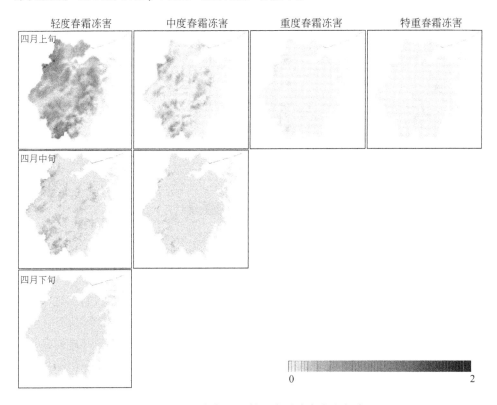

图2-74　4月各旬不同等级春霜冻害发生频次

　　计算区域内每个栅格的春霜冻害发生频次（图2-75），轻度春霜冻害发生频次较高，尤其在海拔高的区域年均发生6～9次轻度春霜冻害，中西部的金华、衢州，以及东部台州和温州发生轻度春霜冻次数较少年均发生1.7～2.5次。中度春霜冻害除西北部天目山地区海拔较高外，65.95%的区域中度霜冻害年均频次低于两次。重度霜冻害虽在浙江省区域内广泛分布，但频次较低，69.3%的区域发生频次在 0.58 次以下。特重春霜冻害在东部沿海及内陆海拔较低的河谷区域不发生，不发生区域占总面积的 27.75%。

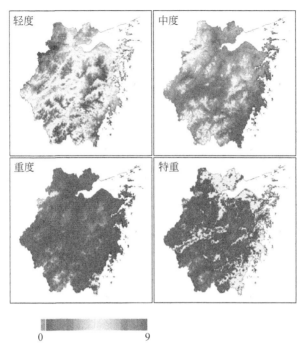

图 2-75　浙江省春霜冻害年均发生频次

②茶树不同等级春霜冻害时间变化趋势。通过计算浙江省每年春霜冻害发生不同程度春霜冻害的频次，分析不同程度春霜冻害的时间变化趋势，如图 2-76 所示。从图 2-76（a）可以看出，在 3 月特重度霜冻害发生的频次较高，这是因为在计算过程中以整个区域的温度的最小值作为判断区域是否发生以及发生了何种程度春霜冻害的标准，因此得到的霜冻发生的频次及程度较大，3 月发生特重春霜冻害频次最高的年份为 2005 年和 2001 年，高达 20 次，而 2018 年和 2020 年则频次较少只有 3 次；从变化趋势上来看，轻、中、重度春霜冻害呈上升趋势，其趋势值分别为 0.186、0.091 和 0.175，而特重春霜冻害呈较强的下降趋势，其趋势值为 -0.568，整体春霜冻严重程度有降低的趋势。4 月春霜冻害主要以轻度和中度为主，轻度春霜冻害在 2020 年发生次数最多为 9 次，中度春霜冻害在 2004 年发生次数最多为 7 次；从时间趋势来看，轻度春霜冻害呈增加趋势，趋势值为 0.117，而中度春霜冻害呈下降趋势，趋势值为 -0.221，重度和特重春霜冻害趋势不明显且发生次数较少。

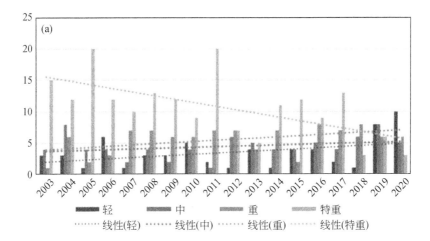

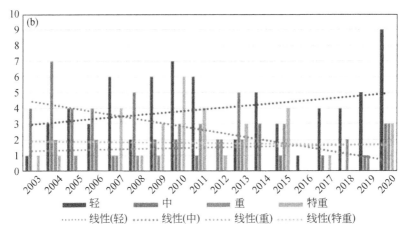

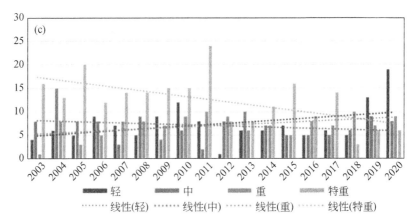

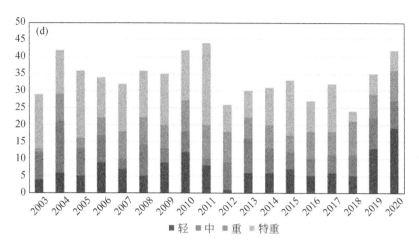

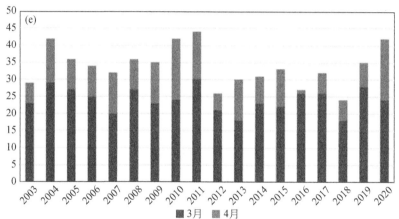

图 2-76　2003~2020 年 3~4 月不同等级春霜冻害发生频次及趋势

（a）3 月，（b）4 月，（c）3 月和 4 月之和，（d）每年发生的不同春霜冻害等级

次数情况，（e）每年 3、4 月发生的春霜冻害次数情况

　　春季（3 月和 4 月）特重春霜冻害占所有发生霜的冻害的比例较高，且呈现出明显的下降趋势，趋势值为 -0.58；其次占比较高的为轻度春霜冻害并呈上升趋势，中度春霜冻害与重度春霜冻害占比较低，分别呈下降和上升趋势，且趋势不明显，趋势值分别为 -0.13 和 0.21。从图 2-76（d）可知春霜冻害发生总次数的变化情况，春霜冻害发生次数最低和最高的年份分别为 2018 年和 2011 年，2012~2019 年春霜冻害的发生次数维持在了一个较低的水平。在研究的时间范围内区域春霜冻害发生次数虽然波动起伏，但整体呈下降的趋势，趋势值为 -0.21。图 2-76（e）中对 3、4 两个月进行比较发现，3 月发生春霜冻害的次数

明显高于4月，尤其2016年4月之发生了一次春霜冻事件。

（3）茶树春霜冻害强度时空分布特征

①茶树春霜冻害强度空间分布。计算了各点的春霜冻害发生强度，使用自然断点划分春霜冻害强度等级。图2-77显示浙江春霜冻害强度分布情况，浙江省东部温州市大部和台州、舟山、宁波沿海以及浙江省中部衢州、金华和绍兴春霜冻害强度值在0.03~0.8，强度低；而杭州、湖州西部和宁波、台州东部以及丽水大部分地区强度高，尤其是丽水48%区域的春霜冻害强度值大于1.4，处于较高的春霜冻害强度水平，区域强度最大值出现在杭州市北部的天目山山顶区域。总体上春霜冻害强度分布与海拔相关性强而与纬度、距海距离相关性较低（图2-77）。

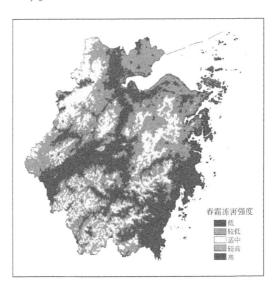

图2-77　茶树春霜冻害强度分布

此外，按照茶树春霜冻害强度的定义，分别计算分析3、4月茶树春霜冻害强度空间分布情况（图2-78），其分布规律与总春霜冻害强度一致，尤其3月春霜冻害强度对总春霜冻害强度贡献最高，占总强度的88.7%。4月春霜冻害强度低，东部沿海区域强度值为0，强度值最高为0.954。

②茶树春霜冻害强度变化趋势。计算2003~2020年各栅格的春霜冻害强度并拟合趋势变化发现（图2-79），除东南部极小区域外，全省春霜冻害强度为下降趋势，尤其以海拔高的地区下降趋势明显，下降趋势值为-2.09~-0.15。

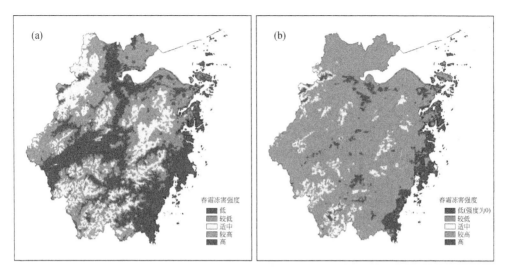

图 2-78　3、4 月茶树春霜冻害强度空间分布

(a) 3 月,(b) 4 月

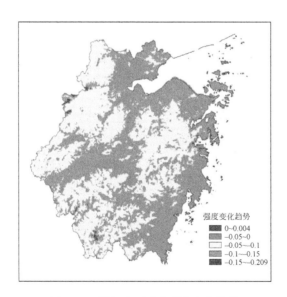

图 2-79　浙江春霜冻害强度变化趋势

2.4　热带经济作物气象灾害影响及分布规律

2.4.1　研究区概况及数据来源

1. 研究区概况

广西地处中国地势第二台阶中的云贵高原东南边缘，两广丘陵西部，南临北部湾海面。西北高、东南低，呈西北向东南倾斜状。山岭连绵、山体庞大、岭谷相间，四周多被山地、高原环绕，中部和南部多丘陵平地，呈盆地状，有"广西盆地"之称。总体是山地丘陵性盆地地貌，分山地、丘陵、台地、平原、石山、水面6类。山地以海拔800m以上的中山为主，海拔400~800m的低山次之，山地约占广西土地总面积的39.7%；海拔200~400m的丘陵占10.3%；海拔200m以下地貌包括谷地、河谷平原、山前平原、三角洲及低平台地，占26.9%；水面仅占3.4%。区内喀斯特地貌广布，集中连片分布于桂西南、桂西北、桂中和桂东北，约占土地总面积的37.8%，发育类型之多世界少见（胡宝清等，2011）。

广西地处低纬度，属亚热带季风气候区和热带季风气候。气候温暖，雨水丰沛，光照充足。夏季日照时间长、气温高、降水多，冬季日照时间短、天气干暖。受西南暖湿气流和北方变性冷气团的交替影响，干旱、暴雨、热带气旋、大风、雷暴、冰雹、低温冷（冻）害气象灾害较为常见。各地年平均气温17.5~23.5℃。桂林市大部及隆林、靖西、德保、乐业、凤山、南丹、罗城、三江、融安、金秀等地气温在20.0℃以下，最低的金秀为17.5℃，最高的涠洲岛为23.5℃（温克刚等，2007）。农业资源广泛开发在低地和平原地区，而甘蔗主要种植在耕作层比较浅薄的丘陵盆地和半山区坡地，属于典型的雨养旱作农业（苏永秀等，2006）。因此在极端气候事件日益严峻的背景下，易受干旱灾害的影响。此外，广泛的喀斯特地貌地区水容易下渗，地表蓄水性能弱，容易造成地表干旱，而甘蔗主产区喀斯特地貌分布广泛，因此比周边地区更容易形成干旱灾害。

2. 数据来源

本书结合多源数据、多尺度数据进行研究，主要选用了气象数据、遥感数据、土地利用类型数据、作物统计数据及社会统计数据。甘蔗种植直接受气候条件的影响（苏永秀，2006）。本书所需的气象数据从国家气象信息中心（http://data.cma.cn/）获取。我们结合广西甘蔗的生长环境和气候特征，选取了与甘蔗密切相关的气候因子，包括气温、降水、日照时数、风速和相对湿度等。

为了分析与量化气候变化下干旱对甘蔗产量的影响程度，从广西统计局

（http：//tjj. gxzf. gov. cn/）和各地级市统计年鉴的数据集中获得了甘蔗市（县）级产量和播种面积数据。我们将获得的数据处理为同一单位（公吨/公顷）。在 1990 年至 2019 年，由于各县甘蔗产量记录的长度不同，我们决定排除缺失数据大于连续 5 年的数据。此外，通过统计年鉴、文献调研等方式收集了广西甘蔗生育期、灾情等数据，为构建灾情数据库做准备。

3. 研究方法

（1）干旱指数的计算

标准化降水蒸散指数（SPEI）作为一种气象干旱指数，在估计干旱对作物生产方面的表现优于其他干旱指数。SPEI 的计算中考虑了降水量和参考作物蒸散量，有利于农业干旱的研究。因此在区域和全球尺度范围内，SPEI 已被广泛用于分析气象干旱对农业生产的影响。我们基于 Thornthwaite 方法计算了 SPEI 指数。

我们通过广西气象站点降水量（P）和参考作物蒸散量（ET_0）的差值来实现 SPEI 的值。具体计算过程如下。

①计算气候水平：

$$D_i = P_i - \mathrm{PET}_i \tag{2-22}$$

式中，P_i 为降水，PET_i 为潜在蒸发量，参考 GB/T 20481—2006 "气象干旱等级" 标准推荐的 Thornthwaite 方法求得：

$$\mathrm{PET} = 16K - \left(\frac{10T_i}{H}\right)^a \tag{2-23}$$

式中，T_i 为月平均温度，H 为年热量指数，K 是根据纬度和月份计算的修正系数；

参考 GB/T 20481—2006 "气象干旱等级" 标准推荐的 Thornthwaite 方法求得 a 为常数。当月平均 $T_i \leqslant 0$，则月热量指数 $H_i = 0$，月潜在蒸散量 $\mathrm{PET}_i = 0$。

②构建不同时间尺度的水分盈亏指数累积序列 $X_{i,j}^K$：

$$X_{i,j}^K = \sum_{i=13-k+1}^{12} D_{i-1,l} + \sum_{i=1}^{j} D_{i,l}(j < k) \tag{2-24}$$

$$X_{i,j}^K = \sum_{l=i-k+1}^{12} D_{i,l}(j \geqslant k) \tag{2-25}$$

式中，$X_{i,j}^K$ 为时间尺度，取 k 个月时第 i 年的 j 月之前的 $k-1$ 个月与当月水分亏缺量之和。

③采用三参数的 log-logistic 概率密度函数对 $X_{i,j}^K$ 数据序列进行拟合。

$$f(x) = \frac{\beta}{\alpha}\left(\frac{x-\gamma}{\alpha}\right)^{\beta-1}\left[1+\left(\frac{x-\gamma}{\alpha}\right)^{\beta}\right]^{-1} \tag{2-26}$$

式中，α、β 和 γ 分别为尺度参数、形状参数和 Origin 参数，$f(x)$ 为概率密度函数。上述参数可通过线性矩法求得。D 系列的概率分布函数由下式给出：

$$F(x) = \left[1 + \left(\frac{\alpha}{x-\gamma} \right)^{\beta} \right]^{-1} \tag{2-27}$$

④对③中得到的数据序列进行标准化正态分布转换，得到相应时间尺度下的 SPEI 值：

$$\text{SPEI} = w - \frac{c_0 + c_1 w + c_2 w^2}{1 + d_1 w + d_2 w^2 + d_3 w^3} \tag{2-28}$$

$$w = \sqrt{-2\ln(P)} \tag{2-29}$$

当累积概率 $P \leqslant 0.5$ 时，$\qquad P = F(x) \tag{2-30}$

当 $P \geqslant 0.5$ 时，

$$P = 1 - F(x) \tag{2-31}$$

⑤SPEI 等级划分如表 2-17 所示。

表 2-17　SPEI 干旱程度等级划分

等级	SPEI 范围	类型
1	SPEI $\geqslant -0.5$	无旱
2	$-1 <$ SPEI < -0.5	轻度干旱
3	$-1.5 <$ SPEI $\leqslant -1$	中度干旱
4	$-2 <$ SPEI $\leqslant -1.5$	严重干旱
5	SPEI $\leqslant -2$	极端干旱

（2）气候产量与产量波动的计算

一般情况下，农业产出过程主要受气候因素和社会科技因素影响，获得气象产量才能更准确地研究气候变化对农作物产量的影响，因此，为了消除农田管理技术等非气候因素导致的产量增长趋势，使用线性回归对甘蔗产量数据进行去趋势化处理，生成以公吨/公顷为单位的气象产量。

$$Y_c = Y - Y_t \tag{2-32}$$

式中，Y 为实际单产，Y_t 为趋势产量，Y_c 为气象产量，是受气候要素影响的波动产量分量，能够反映逐年有利或不利的气候条件及其对产量的影响。可进一步计算产量波动，表达方式为

$$Y_r = \frac{Y - Y_t}{Y_t} \tag{2-33}$$

式中，Y_r 为产量波动率，产量波动率为负值的年份即为减产年，大小为减产率。一般产量波动率可以用实际产量偏离趋势产量的百分比表示。

（3）M-K（Mann-Kendall）检验

M-K 检验是一种无分布检验方法，是研究事物长时间序列变化趋势的主要方法，研究利用 M-K 检验的方法分析 3~4 月最低温度的变化情况，其具体计算方法如下：

时间序列 a 具有 n 个样本量，构造秩序列如下：

$$s_k = \sum_{i=1}^{k} r_i (k = 2,3,\cdots,n) \tag{2-34}$$

式中，$r_i = \begin{cases} 1 & x_i > x_j \\ 0 & x_i \leqslant x_j \end{cases}$ $(j = 1, 2, \cdots, i)$

易知，秩序列 s_k 是第 i 个时刻数值大于第 j 个时刻时，数值个数的累加。

在随机时间序列的假设下，定义统计量：

$$UF_k = \frac{[s_k - E(s_k)]}{\sqrt{Var(s_k)}} (k = 1,2,\cdots,n) \tag{2-35}$$

式中，$UF_1 = 0$，$E(s_k)$ 和 $Var(s_k)$ 分别是 s_k 的均值和方差，且 x_1，x_2，$\cdots$，x_n，相互独立时，它们具有相同连续分布，可以由下式推算：

$$E(s_k) = \frac{k(k-1)}{4} (2 \leqslant k \leqslant n) \tag{2-36}$$

$$Var(s_k) = \frac{k(k-1)(2k+5)}{72} (2 \leqslant k \leqslant n) \tag{2-37}$$

UF_k 为标准正态分布，按照时间序列 X（x_1，x_2，$\cdots$，x_n）的顺序，计算出统计量序列，设定显著性 α，若 $UF_i > U_\alpha$ 则表明序列存在明显的趋势变化。

再按时间序列 X 的逆序（x_n，x_{n-1}，$\cdots$，x_1），重复上述过程，并且令 $UB_k = UF_k$（$k = n$，$n-1$，$\cdots$，1），$UB_1 = 0$。

若 UF_k 和 UB_k 的值大于 0，表明序列呈上升趋势，小于 0 则表明呈下降趋势。当超过临界线时，表示上升或下降趋势显著，超过临界线的范围确定为出现突变的时间区域。如果 UF_k 和 UB_k 在临界线之间出现交点，则交点对应的时刻是突变开始的时间。研究中通过 Matlab 软件编程实现这一算法。

2.4.2　甘蔗干旱灾害分布规律

（1）干旱指数的模拟验证

进一步对本书所用的干旱指数进行检验。首先，基于自然灾害形成理论，将研究区干旱发生频次与强度相乘，得到了干旱危险性评价模型。其次，将 25 个代表站的平均减产率与研究期（1989~2019 年）危险性评价模型得到的甘蔗干旱危险性指数进行相关分析和回归分析。如图 2-80 可见，干旱危险性值与甘蔗减产率之间具有显著的正相关关系，R^2 达 0.641，通过 0.01 显著性检验，即干旱危险性值越高，甘蔗减产率越大。由此可见，本研究采取的 SPEI 干旱指数可以较好地反映广西地区甘蔗受旱情况。

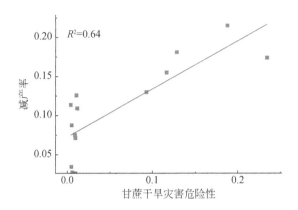

图2-80 甘蔗干旱危险评估结果验证图

(2) 产量趋势变化分析

为了探讨气候变化与甘蔗产量的变化关系，进一步分析了甘蔗产量的趋势变化（图2-81）。近59年来广西甘蔗产量数据时间序列呈逐年上升趋势。结合产量突变检验发现，1987年前后 UF 和 UB 线交叉，出现产量的突变点，突变之后产量增产幅度大幅度上升。这与我国的改革开放之后加大社会生产力投入，农业机械化、化肥施用等密切相关。因此，结合干旱指标年长，将 1989 ~ 2017 年作为基准期研究，有利于易剔除改革开放前后的影响差异。

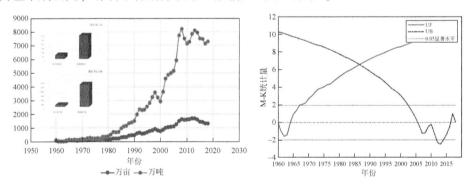

图 2-81 广西甘蔗产量波动

(3) 甘蔗干旱灾害空间分布特征

为了更进一步了解甘蔗不同生育期 SPEI 发生频率的空间变化趋势，通过 ENVI 5.0 和 ArcGIS 4.2 等软件实现了对异常事件发生频率的计算及空间化

（图2-82）。结果表明，总体上，干旱频率甘蔗成熟期为最高、分蘖期和苗期次之、茎伸长期和全生育期最低。我们发现在成熟期，崇左市、防城港市、北海市、钦州市和榆林市干旱高发（干旱发生率44%）。在分蘖期，钦州市和榆林市的干旱发生率36%。在甘蔗苗期，百色市和贵港市部分地区干旱发生率最高可达36%。相比之下，茎伸长期和全生育期的甘蔗主产区干旱事件发生率普遍低。

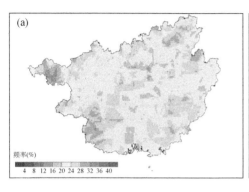
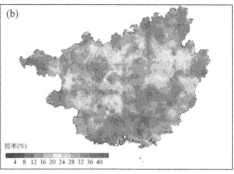
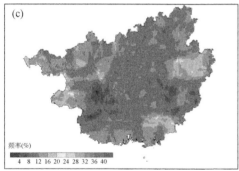

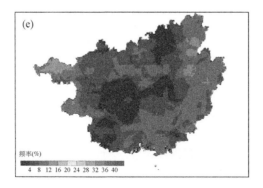

图 2-82　1960～2019 年广西甘蔗干旱灾害发生频率空间分布

参 考 文 献

陈凯奇，米娜．2016．辽宁省玉米低温冷害和霜冻灾害风险评估．气象与环境学报，32（01）：
　　89-94.

陈伊里，石瑛，秦昕．2007．北方一作区马铃薯大垄栽培模式的应用现状及推广前景．中国马
　　铃薯，（05）：296-299.

崔晓临，程赟，张露，等．2018．基于 DEM 修正的 MODIS 地表温度产品空间插值．地球信息
　　科学学报，20（12）：1768-1776.

郭洪海，杨丽萍，李新华，等．2010．黄淮海区域花生生产与品质现状及发展对策．中国农学
　　通报，26（14）：123-128.

何珏霖．2018．基于 Landsat-8 数据的山地地表温度地形效应分析．成都：成都理工大学．

何英彬，姚艳敏，李建平，等．2012．大豆种植适宜性精细评价及种植合理性分析——以东北
　　三省为例．中国农业资源与区划，33（1）：11-17.

胡宝清，毕燕．2011．广西地理．北京：北京师范大学出版社．

李仁忠，金志凤，杨再强，等．2016．浙江省茶树春霜冻害气象指标的修订．生态学杂志，
　　35（10）：8.

李效珍，鲁巨，王孔香，等．2009．大同地区谷子生产的气候条件评述．中国农业气象，
　　30（S2）：227-229.

娄伟平，吴利红，姚益平，等．2020．茶树春季低温冷害和霜冻灾害的区别．中国茶叶，
　　42（10）：42-45.

马丽，郭廷松，陈学森，等．2017．软枣猕猴桃对低温胁迫的生理响应．Agricultural Science &
　　Technology，18（05）：767-770+776.

孟田华，卢玉和，丁少军，等．2020．基于 SVM 的温度预测回归模型．现代计算机，（20）：3-
　　6+13.

孟仲，杨栋，金志凤，等．2019．4 月 1 日低温霜冻对浙江省茶叶生产的影响．浙江农业科学，
　　60（08）：1397-1400.

潘晓卉．2019．东北地区大豆生产布局变化及影响因素分析．长春：中国科学院大学（中国科
　　学院东北地理与农业生态研究所）．

邱美娟，刘布春，刘园，等．2020．中国北方苹果主产省降水分布特征分析．中国农业气象，
　　41（5）：263-274.

山仑，吴普特，康绍忠，等．2011．黄淮海地区农业节水对策及实施半旱地农业可行性研究．
　　中国工程科学，13（04）：37-42.

沈天琦．2018．茶叶春霜冻灾害精细化概率评估．南京：南京信息工程大学．

苏永秀，李政，孙涵．2006．基于 GIS 的广西甘蔗种植气候区划．中国农业气象，27（3）：
　　252-255.

孙宏莱，李翠莹，刘畅，等．2021．软枣猕猴桃栽培园常见危害及其防治措施．耕作与栽培，
　　41（05）：66-71.

孙爽，王春乙，宋艳玲，等．2021．我国北方一作区马铃薯高产稳产区分布特征．应用气象学

报, 32（04）：385-396.

王国强. 2017. 1961～2015 年黄土高原地区玉米生育期干旱演变特征及风险区划. 兰州：西北
　　师范大学.

王敬文, 赵微, 叶江霞, 等. 2021. 应用 Landsat 8 数据分析山地地表温度格局及影响要素. 东
　　北林业大学学报, 49（05）：97-104.

王晾晾, 杨晓强, 李帅, 等. 2012. 东北地区水稻霜冻灾害风险评估与区划. 气象与环境学报,
　　28（05）：40-45.

王振兴, 艾军, 陈丽, 等. 2015. 软枣猕猴桃叶片光系统 II 活性对不同温度的响应. 西北植物
　　学报, 35（02）：329-334.

翁蔚. 2021. 2020 年及 2021 年上半年中国茶叶市场概况. 中国茶叶, 43（09）：74-76.

赵伟, 李爱农, 张正健, 等. 2016. 基于 Landsat 8 热红外遥感数据的山地地表温度地形效应研
　　究. 遥感技术与应用, 31（01）：63-73.

Benali A, Carvalho A C, Nunes J P. et al. 2012. Estimating air surface temperature in Portugal using
　　MODIS LST data. Remote Sensing of Environment, 124：108-121.

Duan S B, Li Z L, et al. 2014. Direct estimation of land-surface diurnal temperature cycle model pa-
　　rameters from MSG-SEVIRI brightness temperatures under clear sky conditions. Remote Sensing of
　　Environment, 150：34-43.

Hao X Y, Tang H, Wang B, et al. 2018. Integrative transcriptional and metabolic analyses provide
　　insights into cold spell response mechanismsm young shoots of the tea plant. Tree Physiology,
　　38（11）：1655-1671.

Hao X Y, Wang B, Wang L, et al. 2018. Comprehensive transcriptome analysis reveals common and
　　specific genes and pathways involved in cold acclimation and cold stress in tea plant leaves. Scientia
　　Horticulturae, 240：354-368.

Hung C H, Anders K, Paul S, et al. 2014. Mapping maximum urban air temperature on hot summer
　　days. Remote Sensing of Environment, （154）：38-45.

Jin M, Dickinson R E. 2000. A generalized algorithm for retrieving cloudy sky skin temperature from
　　satellite thermal infrared radiances. Journal of Geophysical Research：Atmospheres, 105：27037-
　　27047.

Ke L, Ding X, Song C. 2013. Reconstruction of time-series MODIS LST in Central Qinghai-Tibet
　　plateau using geostatistical approach. IEEE Geoscience and Remote Sensin Letters, 10：1602-
　　1606.

Mahmoudi P. 2014. Mapping statistical characteristics of frosts in Iran. International Archives of the
　　Photogrammetry, Remote Sensing & Spatial Information Sciences. 1ST ISPRS INTERNATIONAL
　　CONFERENCE ON GEOSPATIAL INFORMATION RESEARCH, 40（2）：175-180.

Moser G, Martino M D, Serpico S B. 2015. Estimation of air surface temperature from remote sensing
　　images and pixelwise modeling of the estimation uncertainty through support vector machines. IEEE
　　Journal of Selected Topics in Applied Earth Observations & Remote Sensing, 8（1）：332-349.

Wang P, Tang J, Ma Y, et al. 2021. Mapping threats of spring frost damage to tea plants using satellite-based minimum temperature estimation in China. Remote Sensing, 13 (14): 2713.

Wu P, Yin Z, Yang H, et al. 2019. Reconstructing geostationary satellite land surface temperature imagery based on a multiscale feature connected convolutional neural network. Remote Sensing, 11 (3): 300.

Yang G, Sun W, Shen H, et al. 2019. An integrated method for reconstructing daily MODIS land surface temperature data. IEEE Journal of Selected Topics in Applied Earth Observations and Remote Sensing, 12: 1026-1040.

Yao R, Wang L, Huang X, et al. 2021. A robust method for filling the gaps in MODIS and VIIRS land surface temperature data. IEEE Transactions on Geoscience and Remote Sensing, 59 (12): 10738-10752.

Yu W, Tan J, Ma M, et al. 2019. An effective similar-pixel reconstruction of the high-frequency cloud-covered areas of Southwest China. Remote Sensing, 11 (3): 336.

第3章　主要经济作物气象灾害综合风险动态评价与区划技术

3.1　主要经济作物气象灾害风险形成机制及动态表达理论

3.1.1　经济作物气象灾害风险理论基础

1. 风险

风险（risk）作为一个重要的科学论题，其概念于19世纪末最早出现在西方经济领域中，指从事某项活动结果的不确定性。目前风险已广泛应用于环境科学、自然灾害、经济学、社会学、建筑工程等各个领域。利用风险手段进行灾害研究，可以达到防患于未然的目的。国际标准组织（ISO 13702—1999）定义风险是衡量危险性的指标，风险是某一有害事故发生的可能性及其后果的综合；黄崇福（1999）认为风险是与某种不利事件有关的一种未来情景。虽然对于"风险"目前仍没有统一的定义，但其基本意义是相同或相近的，比较具有代表性的观点主要有：①风险是损失发生的不确定性；②风险是事件未来可能结果发生的不确定性；③风险是指可能发生损失的损害程度的大小；④风险是实际结果与预期结果的偏差；⑤风险是一种可能导致损失的条件；⑥风险是指损失的大小和发生的可能性；⑦风险是未来结果的变动性等。这些观点出于不同的目的，从不同角度对风险进行了定义和描述。然而，这些定义大多是在特定的环境，针对具体的风险问题而提出的。理论上的界定模糊，各种不同内涵和外延的风险概念随意出现，不具有实际的指导意义。

总体来说，不期望事件发生可能性和不良结果是赋予风险一词较为典型的含义。风险最一般的意义可以表示为事件发生的概率及其后果的函数。可以看出，风险包含着三个方面的含义：不利事件、发生的概率和可能产生的后果。

2. 灾害与灾害风险

灾害作为重要的可能损害之源，是各类风险和风险管理研究的重要讨论对象。联合国国际减灾战略（UN/ISDR）（2004）定义灾害为由于群体或社会机能的严重受损引起的广泛的人员、物质、经济和环境的损失，且此类损失超出了受影响群体或社会使用自有资源所能应付的能力范围。从灾害的定义可看出灾害具有自然和社会的双重属性。目前，对于自然灾害的理解基本趋于一致，即认为自然灾害是孕灾环境下各种致灾因子共同作用于承灾体（人类系统等）的后果，构成要素主要为致灾源和受灾体。黄崇福（2009）认为自然灾害是由自然事件或力量为主因造成的生命伤亡和人类社会财产损失的事件。

灾害学研究中的风险与其在经济和保险领域中的概念有所不同。这主要是由于灾害系统更复杂，灾害风险的影响因素更多。目前，对于灾害或自然灾害风险的理解还存在一定分歧。近年来国内外灾害风险研究机构和学者提出了一系列灾害或自然灾害风险的概念及表达式，可归纳为3个方面：①从风险自身角度，将灾害风险定义为一定概率条件的损失；②从致灾因子的角度，认为灾害风险是致灾因子出现的概率；③从灾害系统理论的角度定义灾害风险。通过对致灾因子的研究，更多的重视人类社会经济自身的脆弱性在灾害形成中的作用，认识到人类自身活动会对灾害造成"放大"或者"减缓"的作用，将灾害风险定义为致灾因子和脆弱性的结合。针对目前国际上较有影响的18个灾害风险的定义，黄崇福等（2010）将其归纳为三类，即可能性和概率类定义、期望损失类定义和概念公式类定义，并就其存在的问题进行了归纳，指出：①可能性和概率类定义的核心是用"损失的概率"来定义"风险"，其内涵仅仅是某种概率。由于风险的内涵绝不仅限于概率，"损失的概率"只能作为某些风险的描述工具，所以"概率"不能定义"风险"；②期望损失类定义认为风险是一种对灾害后果（人员伤亡、财产损失等）的"预期"或"期望值"。由于"预期"是个模糊的概念，因而此类定义无法表达风险的内涵；③概念公式类定义是一个在特定意义下的灾害风险的计算公式，有悖于逻辑学上"定义是一个肯定陈述句"的基本要求，因而不能作为定义使用。结合自然灾害的定义，黄崇福等（2010）提出了以情景为基础的自然灾害风险的定义，即自然灾害风险是由自然事件或力量为主因导致的未来不利事件情景。倪长健等（2013）认为该定义仍存在一些不足之处：①未能充分揭示自然灾害风险和自然灾害系统二者间的关系；②未充分表征自然灾害风险的基本内涵，即自然灾害风险的本质特征；③情景是人们脑海中思维抽象的场景或图画，具有一定的模糊性，故以情景为基础的自然灾害风险定义不便于为定量的风险评估提供明确的依据。为此，倪长健在对现有自然灾害风险定义进行系统总结的基础上，重新甄别了自然灾害风险系统的组成要素及其作用机制，并结合风险的内涵及定义的相关规则给出了自然灾害风险的新定义，即自然灾害风险是由自然灾害系统自身演化而导致的未来损失的不确定性，其最本质、最核心的内涵有三个，即"未来性""不利性"和"不确定性"。

3. 区域灾害系统理论

自然灾害是指因自然变异造成人类和社会经济损失的事件。目前，国内外对自然灾害形成机理的研究主要存在以下几种理论：致灾因子论、承灾体论、孕灾环境论和区域灾害系统论。致灾因子论、承灾体论、孕灾环境论都是从单一因子的角度描述自然灾害的形成过程，只强调了自然灾害形成的主导因素而忽略了次要因素，因此，这 3 种理论都相对片面。

区域灾害系统论认为灾害是致灾因子、孕灾环境和承灾体共同作用的结果，三者缺一不可。史培军（2002）提出区域灾害系统（D）的结构体系（图 3-1）是由致灾因子（H）、孕灾环境（E）、承灾体（S）复合组成的，即 $D = H \cap E \cap S$。并认为致灾因子、孕灾环境和承灾体这三个要素在灾害的形成过程中具有同等的重要作用。

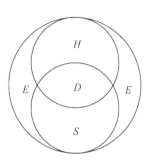

图 3-1　自然灾害形成
机制示意图

4. 农业气象灾害风险理论

农业生产作为一种经济行为，是在一定的风险之上进行的，由于各种风险（社会、自然）影响，对于农业生产经营者可产生两种不同的后果：①在有利的条件下达到预定的经济目标或者较小的损失；②在不利的条件下付出风险代价。各种农业生产方案，由于生产要求和气象条件的矛盾性可能导致多种农业气象灾害，从风险的角度来说，农业气象灾害是农业风险的重要来源，这就为我们从风险的角度研究农业气象灾害提供了现实的基础。

农业气象灾害一般是指农业生产过程中导致作物显著减产的不利天气或气候异常的总称，是不利气象条件给农业造成的灾害。农业气象灾害是危害农业生产最主要的自然灾害，它与农业经济效益紧密相关。与气象灾害概念不同，农业气象灾害是结合农业生产遭受灾害而言的，即农业气象灾害是指大气变化产生的不利气象条件对农业生产和农作物等造成的直接和间接损失。

农业气象灾害风险与农业气象灾害是量变与质变的关系。霍治国等定义农业气象灾害风险是指在历年的农业生产过程中，由于孕灾环境的气象要素年际之间的差异引起某些致灾因子发生变异，承灾体发生相应的响应，使最终的承灾体产量或品质与预期目标发生偏离，影响农业生产的稳定性和持续性，并可能引发一系列严重的社会问题和经济问题。张继权和李宁（2007）认为农业气象灾害风险是指农业生产和农作物遭受不同强度气象灾害的可能性及其受灾后可能造成的损失程度。农业气象风险和农业气象灾害存在的辩证关系是进行农业气象灾害研究的基础，也是进行农业气象灾害防治的切入点。

农业气象灾害风险的特征是由风险的自然属性、社会属性、经济属性所决定的，是风险的本质及其发生规律的外在表现，主要包括以下几点：

①随机性。这来源于不利气象条件（气象事件）具有随机发生的特点。一方面，农业气象灾害的发生不仅受各种自然因素的影响，除了气象要素本身的异常变化外，而且农业气象灾害的发生、程度、影响大小还与作物种类、所处发育阶段和生长状况、土壤水分、管理措施、区域和农业系统的防灾减灾能力以及社会经济水平等多种因素密切相关，其发生具有一定的随机性和不确定性。另一方面，由于客观条件的不断变化以及人们对未来环境认识的不充分性，导致人们对农业气象灾害未来的结果不能完全确定。

②不确定性。农业气象灾害的发生在时间、空间和强度上具有不确定性。

③动态性。气象事件的程度和范围及农业气象灾害大小是随时间动态变化的，农业气象灾害风险在空间上是不断扩展的。

④可规避性。通过发挥承灾体的主观能动性和提高防灾减灾能力，可降低或规避农业气象灾害风险。

⑤可传递性。农业气象灾害风险具有从单一灾害向其他灾害传递的可能性，从而形成灾害链。

5. 农业气象灾害综合风险形成机理研究

农业气象灾害是指农业生产在气象因子发生变异的影响下农作物受到损失的过程。农业气象灾害风险指气象因子发生变异的概率与其造成损失程度的乘积。联合国人道主义事务部（UNDHA，1991）认为自然灾害风险的定义是在一定区域和给定时段内，由于特定的自然灾害而引起的人民生命财产和经济活动的期望损失值，并将自然灾害风险表达为危险性和脆弱性之积；Shook（1997）认为危险性是灾害风险形成的关键因子和充分条件，没有危险性就没有灾害风险，认为灾害风险大小应该表述为危险性与脆弱性之积，并进一步解释了风险表达式中为什么危险性和脆弱性只能相乘而不能相加的原因。因此，农业气象灾害风险可以表述为（图3-2）：

$$R = f(H, V) = H \times V \tag{3-1}$$

式中，R 为农业气象灾害风险；H 为致灾因子危险性；V 为承灾体脆弱性。

多々納裕一（2003）认为一定区域自然灾害风险是由自然灾害致灾因子的危险性、承灾体的暴露性、脆弱性三个因素（图3-3）相互综合作用而形成的。农业气象灾害风险三因子数学表达式为：

$$R = f(H, E, V) = H \times E \times V \tag{3-2}$$

式中，R 为农业气象灾害风险；H 为致灾因子危险性；E 为承灾体暴露性；V 为承灾体脆弱性。

图 3-2　农业气象灾害风险
形成二因子示意图

图 3-3　农业气象灾害风险
形成三因子示意图

　　张继权等认为农业气象灾害风险是气象灾害的危险性，承灾体的暴露性、脆弱性、防灾减灾能力这四个因子共同作用的结果（图 3-4）。其数学表达式为：

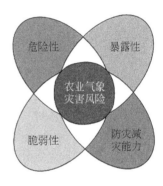

$$R = f(H, E, V, C) = H \cap E \cap V \cap C \qquad (3\text{-}3)$$

式中，R 为农业气象灾害风险；H 为致灾因子危险性；E 为承灾体暴露性；V 为承灾体脆弱性；C 为承灾体防灾减灾能力。其中危险性是由致灾因子的强度和频率决定的，对于致灾因子危险性的分析与评价可以从致灾因子的频率和强度两方面进行。暴露性是指承灾体的暴露程度；脆弱性是指承灾体由于

图 3-4　农业气象灾害风险
形成四因子示意图

致灾因子的作用造成损失的程度；防灾减灾能力是指从灾害中恢复或应对灾害的能力。

　　在构成农业气象灾害风险的四项要素中，危险性、暴露性和脆弱性与风险生成的作用方向相同，而防灾减灾能力与风险生成的作用方向是相反的，即特定地区防灾减灾能力越强，灾害危险性、暴露性和脆弱性生成农业气象灾害风险的作用力就会受到限制，进而减少灾害风险度。研究农业气象灾害风险中四个因子相互作用规律、作用方式以及动力学机制对于认识农业气象灾害风险具有重要作用。

6. 灾害风险评价研究

　　灾害风险分析与评价属于预测未来的范畴，但又与传统的灾害预测不同。预测是针对某一对象，判断在未来某时间点或时间段内，某种程度的灾害是否会发生；风险与评价分析则是针对某一对象，判断在未来某时间点或时间段内，各种程度的灾害发生的可能性。从传统灾害预测向灾害风险分析的发展，就是从确定

性向不确定性的发展。

自然灾害风险研究是联合国在减灾进程第一阶段"国际减灾十年"（IDNDR）取得的主要成果和执行评价基础上，进入第二阶段"国际减灾战略"（ISDR）后提出的新的核心目标，已经成为当前重要的科学前沿问题之一，其中风险评价是自然灾害风险管理的关键（UN/ISDR，2004）。

3.1.2　经济作物气象灾害风险表征模型

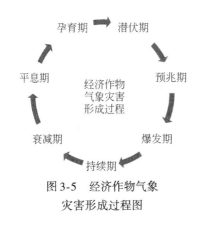

图 3-5　经济作物气象
灾害形成过程图

1. 经济作物气象灾害形成过程

经济作物气象灾害的形成在时间上有一个孕育和发展的演化过程，一般分为孕育期、潜伏期、预兆期、爆发期、持续期、衰减期和平息期 7 个阶段，构成经济作物气象灾害的一个周期（图 3-5）。但是每一次经济作物气象灾害对上述各个时期在时间长短、表现形式、严重程度方面都不尽相同，具体由各灾种而定。

2. 经济作物气象灾害风险基本概念及其内涵

经济作物气象灾害风险是指气象灾害发生给经济作物和人类社会造成损失的可能性。经济作物气象灾害既具有自然属性，也具有社会属性，无论自然变异还是人类活动都可能导致气象灾害发生。因此经济作物气象灾害风险是普遍存在的。

经济作物气象灾害风险包括 4 个基本概念。

①经济作物气象灾害风险识别，即对面临的潜在风险加以判断、归类和鉴定的过程。

②经济作物气象灾害风险分析，一是利用历史灾害资料对风险进行量化，计算大小，即给出经济作物气象灾害事件在某一区域发生的概率以及产生的后果。二是根据气象灾害致灾机理，对影响经济作物气象灾害风险的各个因子进行分析，计算出经济作物气象灾害风险指数大小。

③经济作物气象灾害风险评价，即在风险分析的基础上，建立一系列评估模型，根据经济作物气象灾害特征（致灾因子及其强度）、风险区特征和防灾减灾能力，寻求可预见的未来时期的各种承灾体的经济损失值、伤亡人数、作物成灾面积、减产量、基础设施损失状况等。

④经济作物气象灾害风险管理，即针对不同的风险区域，在经济作物气象灾害风险评价的基础上，利用经济作物气象灾害风险评价的结果判断是否需要采取

措施、采取什么措施、如何采取措施，以及采取措施后可能出现什么后果等做出判断。

3. 经济作物气象灾害风险基本特征

风险是存在于社会经济生活中的普遍现象，经济作物气象灾害是自然力和人类社会经济活动作用的后果，其基本特征往往是自然属性和社会经济属性的联合体系，经济作物气象灾害风险具有以下特征。

①客观性。经济作物气象灾害风险的存在取决于决定风险的各种不利气象因素的存在。也就是说，不管是否意识到经济作物气象灾害风险，只要决定风险的各种因素出现了，风险就会出现，它是不以人的主观意志为转移的。

②随机性和模糊性。经济作物气象灾害的发生不但受各种尺度的环流条件和天气系统的影响，而且还与地形、人类活动等因素有关，灾害发生的范围、时间和强度具有很大的不确定性，因此气象灾害风险具有很大的不确定性。同时由于经济作物气象灾害系统的复杂性和人类认识的有限性，导致评价结果的模糊不确定性。

③必然性和不可避免性。经济作物气象灾害风险的突发性，表面上看具有极大的随机性，发生的时间是偶然的，但实际上这种突发性和随机性，隐含着一定的必然性。当各种影响因素达到某一临界值时，只要有某些诱发性因素的产生，一场经济作物气象灾害就会不可避免的产生。

④区域性。不同的经济作物气象灾害类型侧重分布于不同的区域，不同区域同一经济作物气象灾害分布的强度有差异。

⑤社会性。经济作物气象灾害不但造成直接经济损失，还给社会经济造成更广泛而深刻的间接影响。

⑥可预测性与可控性。经济作物气象灾害的发生、发展与演变过程有规律可循，这一规律也随着人类对经济作物气象灾害认识的提高而提高。随着科学技术的进步，在人类对经济作物气象灾害不断的认识的前提下，经济作物气象灾害控制能力也不断增加。

⑦多样性与差异性。经济作物气象灾害风险受致灾因子、孕灾环境、承灾体在空间范围等方面都存在极大差异。

⑧迁移性。滞后性与重现性。经济作物气象灾害风险的迁移性表现在成因和结果在空间上的分离；滞后性表现在成因与结果在时间上的分离；重现性表现在单一致灾因子发生的重复性。

4. 经济作物气象灾害风险要素、机制

经济作物气象灾害风险的基本要素可以归纳为以下 5 个方面。

①承灾背景。承灾背景主要包括自然和社会经济两个方面。自然背景为大气环流和天气系统等。社会经济条件主要包括现有灾害防治能力等。这些背景因素通常被理解为风险载体对破坏或损害的敏感性。

②致灾体活动要素。灾害发生和存在与否的第一个必要条件是要有风险源。经济作物气象灾害风险中的风险源也称灾变要素，主要反映灾害本身的危险性程度，描述为危险性。经济作物气象灾害危险性的高低可表示为

$$H=f(M,P) \tag{3-4}$$

式中，H—Hazard，风险源的危险性；M—Magnitude，风险源的变异强度；P—Possibility，经济作物气象灾变发生的概率。

③承灾体特征要素。有危险性并不意味着灾害就一定存在，因为灾害是相对于行为主体—人类及其社会经济活动而言的，只有某风险源有可能危害经济作物后，对于一定的风险承担者来说，才承担了相对于该风险源和该风险载体的灾害风险。承灾体特征要素主要反映承灾体的脆弱性、承载能力和可恢复性，主要包括承灾体的种类、范围、数量、密度、价值等。经济作物气象灾害脆弱性的高低可表示为

$$V=f(p,e,\cdots) \tag{3-5}$$

式中，V—vulnerability，脆弱性；p—person，人口；e—economy，经济。

④破坏损失要素。破坏损失要素主要反映承灾体的期望损失水平，主要包括损失构成，即受灾种类、损毁数量、损毁程度、价值、经济损失、人员伤亡等。

⑤防治工程要素。防治工程要素主要包括经济作物气象灾害防治工程措施、工程量、资金投入、防治效果和预期减灾效益等。

基于以上对自然灾害风险形成机制的认识，并将其应用到经济作物气象灾害风险评价中，为建立各种经济作物灾害风险评价指标体系和模型提供了理论依据。根据上述理论建立了四因子经济作物气象灾害风险表征模型，经济作物气象灾害风险（R）的形成及其大小同样是由致灾因子的危险性（H）、承灾体的暴露性（E）和脆弱性（V）、防灾减灾能力（C）来综合影响决定。

$$R=f(H,E,V,C)=H\times E\times V/C \tag{3-6}$$

3.1.3　经济作物气象灾害风险动态评估

1. "空–天–地"一体化多源数据信息获取技术

基于空–天–地一体化的气象监测网，利用"3S"技术、无人机观测、站点监测等非接触监测手段，结合实地调查、模拟试验、计算机模拟等方法，收集经济作物气象灾害多源数据，通过对多源数据分析，指标体系提取，构建主要经济作物气象灾害综合数据库（图3-6）。

图 3-6　经济作物气象灾害综合数据库构建流程图

2. 经济作物气象灾变机理和指标体系创建

采用作物胁迫试验、数理统计、作物生长模拟、灾情反演等方法，定量刻画气象灾害对作物生长发育、产量、品质影响，揭示经济作物气象灾变机理与致灾过程，构建大气–作物–土壤一体化的作物灾害指标体系。

3. 经济作物气象灾变机理和指标体系创建

我国气象灾害发生频发，对经济作物生产影响极其严重。农业是风险性产业，经济作物气象灾害是危害经济作物生产最主要的自然灾害种类。当前经济作物气象灾害风险研究既是灾害学领域中研究的热点，又是政府当前急需应用性较强的课题。

从危险性、脆弱性、暴露性和防灾减灾能力 4 个方面出发，揭示气象灾害风险形成机制，构建风险评价指标和评价模型。并利用作物生长模型和遥感信息耦合等技术，实现新一代基于作物生长全过程的多灾种气象灾害综合风险动态评估技术，利用现代制图综合自动化和深度学习技术，研发多尺度、多情景的综合风险自动制图技术。

4. 经济作物气象灾害风险评价主要方法

经济作物气象灾害风险评价是农业气象灾害风险分析的主要内容，是综合灾害风险管理的关键途径，而所采用的评价方法、模型又是灾害风险评价的关键。当前，国内外经济作物气象灾害风险评价方法可归纳为 3 类：经济作物气象灾害风险概率评价法；经济作物气象灾害风险综合评价法；经济作物气象灾害风险情景模拟评价法。

（1）经济作物气象灾害风险概率评价方法

经济作物气象灾害概率风险评价法是根据灾害的基本致灾因子的发生概率和损失概率，应用数理统计中的概率分析方法求取灾害基本致灾因素的关联度（或重要度）或整个评价系统灾害发生概率的风险评价方法。风险是与某种不利事件有关的一种未来情景，不确定性是风险的基本特征，因而度量不确定性的方法就是风险分析的数学方法，灾害风险评价的关键是风险不确定性量化，目前概率统计分析是进行不确定性分析的最常用方法之一，未来灾害发生概率是最恰当的灾害风险程度的表达方式。因此，经济作物气象灾害风险概率评价法表征的是农业系统若干年内可能达到的气象灾害风险程度，即某地区可能发生的经济作物气象灾害的概率或超越某一概率的经济作物气象灾害最大等级，利用概率或超越概率方法分析灾情不同损失程度的概率风险或者利用灾害指标识别灾害事件在某一区域发生的概率及产生的后果。

根据风险的数学表达式，可建立灾害风险度量的一般公式：

$$R = f(可能性\ P, 不利影响\ C) \tag{3-7}$$

式中，风险 R 是不利事件发生的可能性、P 与该事件产生不利影响、C 的不确定性的函数。可能性越大、不利影响越大，则风险越高。其中的不确定性是风险存在的原因，这些不确定性主要反映在灾害过程本身的客观不确定性、风险计算模型的不确定性、模型参数的不确定性、数据的不确定性。

基于概率论与数理统计的度量是一种定量表征方式，主要是运用概率论和数理统计的方法，对某一不利事件发生的概率及产生的不利后果做出定量计算，预测出较精确并满足一定规律的结果。凡是基于概率统计方法推断出来的风险结论，均称为概率风险。

从灾害风险度量的一般公式出发，灾害风险概率计算基本公式可表达为

$$R = \int_0^\infty f(x)p(x)\,\mathrm{d}x \tag{3-8}$$

式中，$f(x)$ 为危险事件 x 发生所导致的损失程度（脆弱性函数），$p(x)$ 为危险事件 x 的概率密度函数（危险性函数）。

基于概率评价的灾害风险评价风险基本原理是将灾害风险看成是一种随机过程，假设风险概率符合特定的随机概率分布，运用特定的风险概率函数来拟合风险，以灾害发生的频率、强度、变异系数和损失等指标构建概率分布函数估算不同程度灾害发生的超越概率。

通过建立概率与损失的定量关系，可对不同程度的风险进行有效描述和划分，概率越大、损失越大，则风险越高，据此在不利事件发生的概率 P 与该事件

产生损失 C 这二维空间中划分出 3 个风险控制区间，以便风险管理者采取各种措施减小或消除不利事件发生的可能性，或减少风险事件发生时造成的损失、把可能的损失控制在一定的范围内，以避免在不利事件发生时带来的难以承担的损失。这种方法有两点特点；①损失是不确定的；②风险强弱（损失大小）由多次试验来判断。判断的方法就是统计方法。概率论从理论上保障，当样本容量 n 无穷大时，统计结果是可靠的，经验分布是统计方法之一。

选择灾害概率风险评价方法时，需要考虑所占有的资料序列，按照资料序列可以把灾害概率风险评价方法分为资料完备型和资料不完备两种。当拥有资料年代序列较长时可以采用资料完备型风险评价方法，否则采用资料不完备型风险评价方法。

①资料完备型农业气象灾害风险概率评价法

若能获得长时间序列经济作物气象事件和损失数据，就可采用概率统计方法推求经济作物气象灾害损失的概率分布曲线，从而定量灾害风险，通常称为概率风险，其定义如下：

设 $U=\{x_1,x_2,\cdots,x_n\}$ 为论域，所谓概率风险就是当随机抽样次数趋于无穷时，事件出现频率的一个极限值。如果用 L 表示自然灾害指标，记 $L=\{l_1,l_2,\cdots,l_n\}$，又设经济作物气象灾害损失超越 l_i 的概率为 $p_i(i=1,2,\cdots,n)$，则概率分布 $P=\{p_1,p_2,\cdots,p_n\}$ 称为灾害风险，即

$$P_T=\{P(l),l\in L\} \tag{3-9}$$

式中，P_T 为 T 年内关于 L 的灾害概率风险函数，而称 $P(l)$ 为灾害概率风险。

有学者曾依据美国各类自然灾害的统计分析，得到以概率形式表示的灾害风险。

a. 基于致灾因子危险性分析的经济作物气象灾害风险概率评价法

致灾因子风险估算是致灾因子危险性分析的重要环节，风险估算模型以概率模型最为普遍，基于概率评价的危险性评价模型将经济作物气象灾害风险看成是一种随机过程，假设风险概率符合特定的随机概率分布，运用特定的风险概率函数来拟合风险，以灾害发生的频率、强度、变异系数等指标构建概率分布函数估算不同程度灾害发生的超越概率。

b. 基于经济作物灾情损失分析的经济作物气象灾害风险概率评价法

利用概率或超越概率方法分析灾情不同损失程度的概率风险或者利用灾害指标识别灾害事件在某一区域发生的概率及产生的后果。经济作物灾情损失一般用受灾面积、成灾面积和减产等级等评价指标。一般是将作物产量进行去趋势化，分离出气象产量，以历（灾）年平均产量减产率、历（灾）年减产率的变异系数、基于正态拟合函数构建的减产量风险概率、产量灾损风险指数、抗灾指数等

为指标进行产量灾损评价。

②资料不完备型经济作物气象灾害风险概率评价法

由于经济作物气象灾害从致灾原因（气象要素异常）到承灾体（经济作物种植结构）具有很大的不确定性和易变性，以及与人类经济社会的相互作用构成了一个复杂巨系统，因此难以准确地估计经济作物气象灾害风险的概率分布。另外，当研究的区域较大时，比如省及以上区域，较容易获得大量的历史统计资料。然而，当研究区域较小时，比如县、区以及小流域这一级别，历史资料常常严重不足，获得的只是小样本数据。虽然许多地方经济作物气象灾害频发，历史文献记载很多，但是，这种记录在进行经济作物气象灾害风险评价时，所给记录难以定量或难以作为样本来使用。实际上，对研究区域进行数据调研时，获得的数据数量并不满足常规概率风险分析旱灾时所需要的样本集。通常的概率风险分析方法需要样本足够多，当可获得的信息较少时，统计样本得到的估计参数和总体参数之间的误差会很大，因而无法反映总体的信息，分析结果将极不稳定，甚至与实际情况相差甚远。这就要求考虑采用其他手段来对小样本进行客观风险分析。当样本不多时，所有样本提供给我们去认识风险的知识是不完备的。黄崇福（2002）将模糊数学引入风险估算，并提出了可能性风险的定义。由于不完备信息是一类模糊信息，根据信息扩散原理，一定存在一个适当的扩散函数，可以将传统的观测样本点集值化，以部分弥补资料不足的缺陷，达到提高风险估计精度的目的。由于自然灾害系统是由孕灾环境、致灾因子和承灾体共同构成的复杂系统，存在大量的不确定性和模糊性。正是研究复杂的自然灾害风险系统的需要产生了模糊信息优化处理技术。应用模糊信息优化处理技术，黄崇福（2009，2010）全面研究了孕灾环境、致灾因子、承灾体及历史灾情中不完备信息的种类、特点和模糊特性，提出了自然灾害模糊风险的概念，对其特性和计算方法进行了初步的研究，进一步完善了信息扩散原理，在其基础上建立了不完备信息条件下进行自然灾害风险评价的理论体系，以湖南省经济作物自然灾害风险评价为例，对复杂的自然灾害风险系统和简单历史灾情统计风险系统进行了研究，给出了不完备信息条件下进行风险评价的计算方法。信息扩散就是将一个传统的数据样本演变成一个模糊集合。也就是说，当样本不多时，所有的样本提供给我们去认识风险的知识并不完善，是不完备的，具有模糊不确定性。此时不应该把一个样本的信息看作确切信息，看作一个确切的观测值，而应该把它看作样本代表，看作一个集值，是一个模糊集观测样本。信息扩散原理是一个断言：假设给定了一个知识样本，用它可以估计一个关系，直接使用该样本得出来的结果称为非扩散估计，当且仅当样本不完备时，一定存在一个适当的扩散函数和一个相应的算法，使得扩散估计比非扩散估计更靠近真实关系。由于信息扩散的目的是在样本信息不完备时，挖掘出尽可能多的有用信息，提高系统风险识别精度，这种技术称为模糊信息处理技术，正成为人们处理不完备信息的重要工具。由模糊信息处理技术到的风险称为可能性风险，其定义如下：

假设灾害损失指标论域 $L=\{l\}$，T 年内灾害损失超越 l 的概率是可能性分布 $\pi(l,x)$ $(x\in[0,1])$，且存在 x_0 使 $P(l,x)=1$，则称

$$P_T=\{\pi(y,x),l\in L,x\in[0,1]\} \tag{3-10}$$

为 T 年内的灾害可能性分布函数，$P(l,x)$ 为可能性风险或模糊风险。

经济作物气象灾害风险概率评价法的优点是原理比较简单，易于从时间和空间尺度上进行比较。缺点一是将灾害风险看成一种随机过程，假设风险概率符合特定的随机概率分布，运用特定的风险概率函数来拟合风险。样本容量 n 无穷大时，统计结果是可靠的，经验分布是统计方法之一。但是，假设的统计规律一般难以充分证实。二是没有考虑对灾害不确定性的描述，而且要求掌握大量的样本资料，难以获得足够的数据资料支持风险分析，不同模型间拟合的差异也较大，可比性较差。三是人们以往对概率风险的分析，其实是假定了风险系统中的随机过程是平稳马尔可夫随机过程：不因时间的平移而改变。当评价对象和条件发生变化时，不能对评价结果进行调整，无法模拟复杂灾害系统风险的不确定与动态性，这显然与大多数经济作物气象灾害风险系统不符，导致一定的风险评价值不准。四是评价结果仅能给出最终的灾害风险大小，很难或无法反映灾害风险形成各要素之间的内部联系、演化过程、不同因素的严重程度及对评价对象风险作用程度，不利于制定灾害风险的应对策略。五是分析结果的可靠性难以得到保证。目前，人们并不能论证风险分析的结果是否可靠，只能论证分析模型是否可靠。

（2）经济作物气象灾害风险综合评价方法

经济作物气象灾害风险综合评价法是根据前述的经济作物气象灾害风险形成灾机理，利用合成法对影响灾害风险的各因子进行组合，建立灾害风险指数，也称为经济作物气象灾害风险综合指数法。

①经济作物气象灾害致灾因子危险性分析与评价

经济作物气象灾害风险致灾因子是指能够引发经济作物气象灾害的异常气象事件，也称为风险源。对经济作物气象灾害致灾因子的分析，主要是分析引发经济作物气象灾害的气象事件强度以及时空特征。在灾害研究中，通常把来自风险源的灾害风险称为危险性。风险的高低是灾害的变异强度及发生概率的函数：

$$H=f(M,P) \tag{3-11}$$

式中，H—Hazard，致灾因子的危险性，M—Magnitude，致灾因子的变异强度，P—Possibility，自然灾变发生的概率。

致灾因子危险性分析是经济作物气象灾害风险研究的一个方向，是研究给定地理区域内一定时段内各种强度的致灾因子发生的可能性、概率或重现期、发生

强度、发生区域分布等的方法。这种方法认为危险性的高低是灾害的变异强度及发生概率的函数，这种方法侧重于自然系统。

②经济作物气象灾害脆弱性分析与评价

20世纪80年代以来，人们对灾害形成中致灾因子与承灾体的脆弱性的相互作用予以关注，尤其是脆弱性研究逐步受到重视。脆弱性主要用来描述相关系统及其组成要素易于受到影响和破坏，并缺乏抗拒干扰、恢复的能力。脆弱性衡量承灾体遭受损害的程度，是灾损估算和风险评价的重要环节。脆弱性分析被认为是把灾害与风险研究紧密联系起来的重要桥梁，对灾害脆弱性的理解和表达成为灾害风险评价的核心，主要分析社会、经济、自然与环境系统相互耦合作用及其对灾害的驱动力、抑制机制和响应能力（UN/ISDR，2004）。20世纪70年代，英国学者把"脆弱性"的概念引进到自然灾害研究领域，在《自然》杂志上发表了一篇题为《排除自然灾害的自然观念》的论文指出，自然灾害不仅仅是"天灾"，由社会经济条件决定的人群脆弱性才是造成自然灾害的真正原因。脆弱性是可以改变的，应该排除自然灾害的"自然"观念，采取相应的预防计划减少损失。

脆弱性是承灾体的本身属性，通过自然灾害发生后表现出来，即自然外力作用于承灾体后的易损属性，承灾体的该属性无论自然灾害是否发生都存在。以往的研究中，与脆弱性相联系甚至混用的表述主要有暴露性、敏感性、应对能力（包括适应性）和恢复力。暴露性是致灾因子与承灾体相互作用的结果，反映暴露于灾害风险下的承灾体数量与价值，与一定致灾因子作用于空间的危险地带有关，而非承灾体本身属性，因此并不属于脆弱性的组分；敏感性强调承灾体本身属性，灾害发生前就存在；应对能力主要表现在灾害发生过程中；恢复力则为灾害发生之后表现出来的脆弱性属性。成熟的脆弱性系统理论模型，主要有下列5种，即压力释放模型、致灾因子影响脆弱性模型、Alexander（2006）提出的循环脆弱性模型、人类生态危险性模型、脆弱性地方模型。

目前，脆弱性分析方法主要包括了3类：一是基于历史灾情数据判断的区域脆弱性评价。根据灾害类型和产生后果，进行脆弱性评价。二是基于指标的区域脆弱性评价。在脆弱性形成机制和原理研究还不充分的情况下，指标合成是目前脆弱性评价中较常用的一种方法。该方法从脆弱性表现特征发生原因等方面建立评价指标体系，利用统计方法或其他数学方法综合成脆弱性指数，来表示评价单元脆弱性程度的相对大小。三是基于实际调查的承灾体脆弱性评价。该方法通过建立不同强度的致灾因子危险性与承灾体损失（率）之间的量化关系，以表格曲线数学方程等形式表示，结果精度相对较高。

经济作物气象灾害的脆弱性研究，目前主要集中在一些脆弱性指标的认识和研究；经济作物脆弱性评价方法，一般运用层次分析法、主成分分析法、灰色聚类分析、模糊综合评判法等方法加以耦合，然后通过综合权重指数模型进行运算获得脆弱度评价值。主要表现在：

一是经济作物脆弱性形成的内在机制研究。一般根据区域自然、环境、经济社会特点选取评价指标，构建多目标评价指标体系，比较分析区域脆弱性的差异。

二是影响区域经济作物脆弱性的主要因子辨识。经济作物是一个系统产业，受多种因素的影响，一些社会人文因子在经济作物脆弱性影响中往往起到关键作用。有学者认为区域经济条件是经济作物旱灾脆弱性形成的关键因素。有学者选取气候、土壤、土地利用和灌溉率 4 个因子定量评价内布拉斯加州不同区域的经济作物脆弱性空间分布状况，指出土壤持水能力和灌溉保证程度是影响该区域脆弱性的最重要因素。

三是不同灾害类型的作物脆弱性曲线构建。承灾体的脆弱性不仅与承灾体的物理或生物结构、组成物质的特性等自身性质有关，而且与致灾因子有关，通常可用致灾因子与承灾体自身性质之间的关系曲线或方程式表示，称为脆弱性曲线或灾损（率）曲线（函数），主要用来衡量不同灾种的致灾强度与其相应的损失（率）之间的关系，主要用曲线、表格或者曲面的形式来表现。

③经济作物气象灾害风险综合评价

根据经济作物气象灾害风险成形机理，经济作物气象灾害风险是危险性、暴露性、脆弱性和防灾减灾能力综合作用的结果。仅对致灾因子或承灾体的单一评价不能反映经济作物气象灾害风险产生机制。因此，从灾害风险系统角度出发，以能够定量表达灾害风险形成过程中各要素之间相互作用的动力学机制为目的的经济作物气象灾害风险评价十分必要。根据经济作物气象灾害风险形成机理，利用合成法对影响灾害风险的各因子进行组合，建立灾害风险指数，对经济作物气象灾害风险进行综合评价成为目前经济作物气象灾害风险评价的主要趋势和发展方向，并取得了系列成果。

（3）经济作物气象灾害风险情景模拟评价方法

经济作物气象灾害风险情景模拟评价法，也称为经济作物气象灾害风险动态评价法，根据经济作物气象灾害风险形成理论，基于作物生理过程，借助田间试验、人工控制模拟试验，通过 RS/GIS 技术和作物生长模型模拟技术，模拟分析经济作物气象灾害致灾因子对经济作物不同生育期与全生长过程的农作物生物学特征、产量损失、品质降低以及最终的经济损失的可能性大小，实现经济作物气象灾害风险的动态评价。这是当前经济作物气象灾害风险评价研究的主流方向，也是当前经济作物气象灾害风险评价的热点和前沿课题。该方法的优点在于：机理性强，可以从灾害风险自身机理出发细致刻画作物灾害风险程度；可以模拟任意灾害情景下的作物全生长过程风险水平，深入发掘生物学特征、产量损失、品质降低以及最终的经济损失等相关信息，较少受到实际灾情数据缺乏的限制；同时可以模拟出各种情况下如不同灾情、不同作物、不同措施等可能出现的结果，对经济作物气象灾害风险评价具有重要意义，可以为经济作物气象灾害风险评价从统计意义上的研究转向灾害风险机制上的研究提供一种思路，有广阔的应用前景。

随着计算机与信息技术的快速发展和人们对经济作物受灾机理理论认识进一步深入，作物模型在经济作物气象灾害定量评价方面取得较大进展。作物生长模型在经济作物气象灾害评价中的优势在于机理性强，可以较好地反映出作物生育进程、产量与各生育阶段温度、降水量以及土壤水分间的动态关系。

3.2　大田经济作物气象灾害综合风险动态评价与区划

3.2.1　大豆干旱灾害综合风险动态评价与区划

1. 研究区概况与数据来源

（1）研究概况

研究区域位于中国东北，包括黑龙江，吉林，辽宁和内蒙古东四盟，总面积约为 $124×10^4 km^2$。位于东北地区的东北平原是中国最大的平原，由三江平原、松嫩平原、辽河平原组成，土地肥沃，是中国重要的粮食生产基地。东北地区属于温带大陆性季风气候，夏季炎热多雨，冬季寒冷干燥。年平均降水量在 300 ~ 1000mm，年平均温度在 -3 ~ 10℃，海拔在 -264 ~ 2555m。从东南到西北，该区域从湿润地区过渡到半湿润地区和半干旱地区。2016 年东北地区大豆种植面积为 404.57×10^4 hm^2，占全国大豆播种面积的 56%（Wang R, et al., 2019a）。东北地区为中国大豆优势产区，因其纬度跨度大，地形复杂，气候资源差异显著，大豆种植种类丰富（图3-7）。

（2）数据来源

气象数据来源于国家气象信息中心，包括 1960 ~ 2020 年研究区内及周边 124 个国家级基本气象站的逐日降水量、逐日平均温度、逐日最高和最低气温、逐日平均风速、逐日湿度等。发育期数据来自于农业气象监测站，大豆生育期可分为前期、中期和后期。前期指从播种至初花期，中期指初花期至鼓粒期，后期指鼓粒期至成熟期。基础地理信息数据来自中国科学院资源环境科学与数据中心，包括行政边界、高程、土地利用等数据。大豆产量相关数据来源于各省份 1990 ~ 2019 年的统计年鉴，主要为各市、县（共 241 个）每年的大豆种植面积和产量。遥感数据来源于中国科学院计算机网络信息中心国际科学数据镜像网站的 MODIS

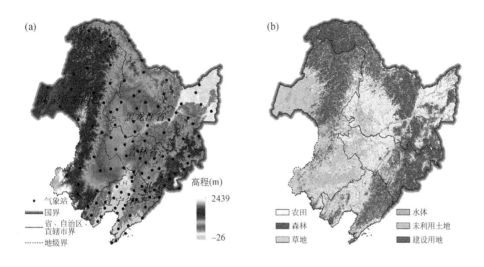

图 3-7　研究区概况

影像数据，主要为归一化植被指数和冠层温度数据。土壤剖面数据来自于联合国粮农组织和维也纳国际应用系统研究所所构建的 HWSD 数据集。土壤水分数据来自 TerraClimate 数据集。

2. 研究方法

（1）技术路线

基于干旱灾害风险形成机理，依据数据收集–模型构建–风险评价的流程，建立了大豆干旱灾害综合风险动态评价技术流程（图 3-8）。

（2）概念框架

基于自然灾害风险形成理论和干旱灾害风险形成机制，建立了大豆干旱灾害综合风险动态评价概念框架（图 3-9），由图 3-9 可知大豆干旱风险由危险性、脆弱性、暴露性和防灾减灾能力 4 个主要因子构成，每个因子又由特定的附因子组成。危险性表示引起大豆干旱的气象条件和地形地貌特征等；脆弱性由敏感性和适应性两部分组成用以描述大豆遭受干旱后的受影响程度；暴露性以实际暴露（大豆实际种植面积）和潜在暴露（农田面积与大豆种植气候适宜度）的综合来度量；防灾减灾能力表示受灾后从灾害中恢复的能力，以灌溉能力和投入水平来表示。

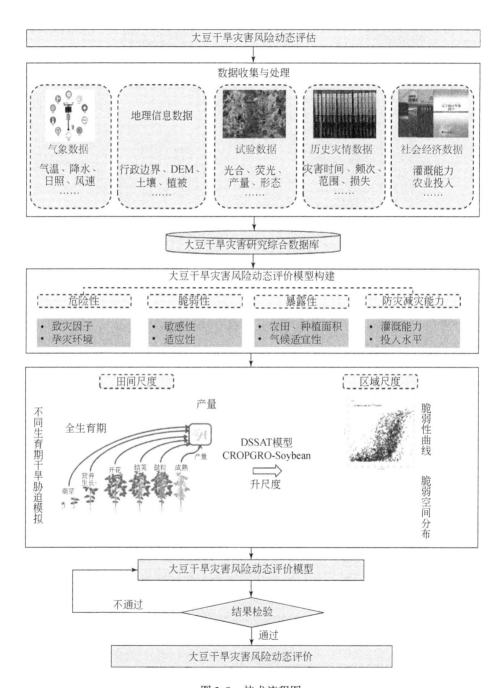

图 3-8　技术流程图

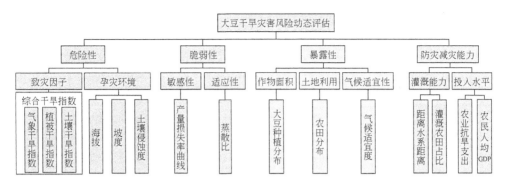

图 3-9　概念框架图

（3）指标体系

根据自然灾害风险形成四因子学说，从灾害的危险性、暴露性、脆弱性和防灾减灾能力 4 个方面，建立了大豆干旱灾害综合风险动态评价技术。依据风险评价的概念框架确定了大豆干旱灾害风险动态评价技术的指标体系（表 3-1）。

表 3-1　大豆干旱灾害综合风险动态评价技术指标体系

	主因子	副因子	具体指标	权重
大豆干旱灾害综合风险动态评价指标体系	危险性（0.43）	综合干旱指数（CDI）	气象干旱指数（SPEI）	S1：0.28，S2：0.23，S3：0.27
			植被干旱指数（VHI）	S1：0.22，S2：0.28，S3：0.27
			土壤干旱指数（SMCI）	S1：0.50，S2：0.49，S3：0.59
	脆弱性（0.31）	敏感性	不同生育期指标损失率曲线	1
		适应性	实际蒸散/参考蒸散	1
	暴露性（0.15）	实际暴露	大豆种植面积空间占比	0.84
		潜在暴露	农田面积空间占比	0.104
			大豆种植气候适宜度	0.056
	防灾减灾能力（0.11）	灌溉能力	距离水系距离	0.26
			灌溉面积/农田面积	0.63
		投入水平	农业抗旱支出	0.05
			农民人均 GDP	0.06

3. 危险性评价

（1）大豆干旱灾害危险性模型构建

①基于多源数据的综合干旱指数构建。干旱指数广泛应用于全球和区域范围

干旱灾害的评估和监测，以描述干旱灾害的持续时间、严重程度和范围等。然而，由于干旱灾害时空发生的复杂性，很难利用单一的指数来监测。在对农业干旱灾害的研究中，不仅仅要考虑气象要素的影响，还要考虑植被本身的作物需水量和土壤条件等因素，因此本研究基于土壤–作物–大气连续体系统的综合作用机制（图3-10），融合了气象数据、遥感数据和再分析多源数据，选取基于考虑降水和大豆需水量的标准化降水蒸散发指数（standardized precipitation evapotranspiration index，SPEI）、植被健康指数（vegetation health index，VHI）和土壤湿度状况指数（soil moisture condition index，SMCI）来构建一个综合性的干旱指数。

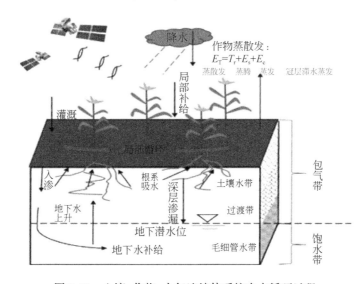

图3-10　土壤–作物–大气连续体系统中水循环过程

　　其中标准化降水蒸散发指数是基于中国气象科学数据库提供的气象数据计算，植被健康指数是基于遥感反演的植被指数和温度指数计算所得，经验标准化土壤湿度状况指数是基于全球陆地区域的高空间分辨率气候表面数据集（wordclim dataset）提取，采用地表水分平衡数据集计算所得的再分析数据。三类数据经过重采样，统一各数据空间分辨率为4km×4km，最后采用加权中和平均法构建了综合干旱指数（CDI），其计算公式如下：

$$\text{CDI}_i = w_{1i} \times \text{SPEI}'_i + w_{2i} \times \text{VHI}'_i + w_{3i} \times \text{SMCI}'_i \tag{3-12}$$

式中，SPEI'_i、VHI'_i、SMCI'_i分别为标准化之后的气象、植被和壤干旱指数。w_{1i}、w_{2i}、w_{3i}分别为三个指标的权重系数，采用熵权法确定。i表示大豆不同的生育期。大豆生育期可分为前期、中期和后期。

　　②大豆干旱灾害危险性指数的构建。危险性分析是指致灾因子的自然变异程度，主要是由灾变活动规模（强度）和活动频次（概率）所决定的。不同时期

和不同地区干旱指数的概率密度存在差异，本研究用综合干旱指数的概率密度曲线（图 3-11）同时描述干旱的强度和频率特征。多数研究笼统地用干旱发生的频率表示干旱灾害危险性，并不能体现出干旱强度对危险性的影响。用干旱强度和其概率密度值乘积的积分表示干旱灾害危险性使评价结果更加精细准确，具体计算公式如下：

$$H = \int_{-1}^{-0.2} CDI \times f(CDI) \qquad (3-13)$$

式中，H 为干旱灾害危险性，CDI 描述干旱强度，$f(CDI)$ 为 CDI 对应的概率密度。即使干旱发生频率相同，通过本方法计算出干旱灾害危险性仍旧会不同，这是由于不同地区不同月份 CDI 概率密度曲线的形状存在差异，当 CDI 小于−0.2 时表示干旱事件发生。

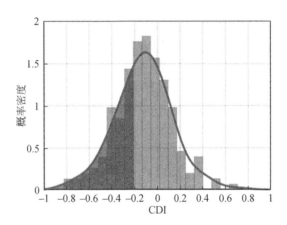

图 3-11　综合干旱指数（CDI）的概率密度曲线

（2）危险性评价

基于"土壤–作物–大气"连续体系统的综合干旱指数对东北地区 1982～2020 年间大豆不同生育期的干旱危险性进行了空间展布。生育期前期高危险性区域集中在内蒙古呼伦贝尔地区及松嫩平原北部区域，位于研究区东北部的三江平原和中部的松辽平原以东区域次之；生育中期高危险性区域主要分布在研究区的中西部地区。内蒙古东四盟的多数地区为高危险性，吉林省中西部和辽宁省西部地区危险性较高，4 个省中黑龙江的危险性最低；生育后期综合干旱危险性空间分布与生育中期相似，内蒙古呼伦贝尔地区高危险性分布较生育中期向南收缩，松嫩平原地区的高危险性等级向吉林省中部和黑龙江南部扩张（图 3-12）。

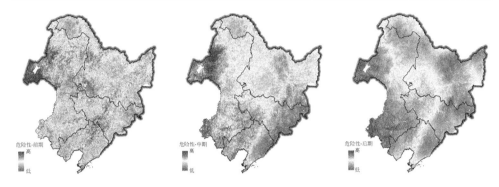

图 3-12 东北大豆 1982～2020 年不同生育期干旱危险性评价

4. 脆弱性评价

（1）大豆干旱灾害脆弱性模型构建

脆弱性表征承灾体由于潜在风险而可能造成的损失程度，基于敏感性和适应性两方面考虑。CROPGRO-Soybean 作为 DSSAT（曹娟等，2020）所包含的模型之一，其能以天为步长动态、定量描述大豆生长发育过程和产量形成以及土壤水分、氮素的动态变化过程，通过模拟大豆干物质积累与分配、叶面积与根系扩大、生长阶段、产量等指标。模型运行主要需要气象、土壤及耕种管理数据等。设置雨养情景（S1）和充足灌溉情景（S0）模拟 1982～2020 年东北大豆不同发育期关键指标的因旱损失率。充足灌溉情景通过模型中的自动灌溉设置实现，雨养情景则输入模拟时期内的实际降雨量且不进行任何灌溉。降雨、辐射、风速和空气湿度数据均采用原始值，养分设置为最适。生育期前期、中期、后期分别选用叶面积指数、生物量和产量作为关键影响指标。

大豆干旱脆弱性由敏感性和适应性两部分构成。敏感性指标通过雨养情景和充分灌溉情景下各发育期关键指标均值的差异来定量表达，即指标损失率，具体计算公式如下：

$$\text{Loss} = \left(\left| \frac{1}{n} \sum_{i \to j} \text{S0} - \frac{1}{m} \sum_{ii \to jj} \text{S1} \right| \bigg/ \frac{1}{n} \sum_{i \to j} \text{S0} \right) \times 100\% \tag{3-14}$$

式中，Loss 为大豆某一发育期受影响指标的损失率，S0、S1 分别代表灌溉情景和雨养情景下 DSSAT-CROPGRO-Soybean 模型的模拟值，i 和 j 分别为灌溉情景发育期的起始和终止时间，ii 和 jj 为雨养情景的时间，n 和 m 分别为灌溉和雨养情景某一发育期的天数。

适应性以雨养情景下的蒸散量（实际蒸散）和充足灌溉情景下的蒸散（参考蒸散）之比表示，蒸腾作用是植物被动吸水的动力，它能促进水分在植物体内的传导和从土壤中吸收矿物质随水上运，并降低叶面温度、免受强光的灼伤，是作物生产和适应环境的基础。具体计算公式如下：

$$A = \frac{1}{m} \sum_{ii \to jj} S1 \bigg/ \frac{1}{n} \sum_{i \to j} S0 \qquad (3\text{-}15)$$

式中，A 为某一发育期的适应性，A 值越大表明适应能力越好。S1 和 S0 分别表示该发育期雨养情景和充足灌溉情境下作物模型输出的逐日蒸散发量。i 和 j 分别为充足灌溉情景该发育期的起始和终止时间，ii 和 jj 为雨养情景的起止时间，n 和 m 分别为充足灌溉和雨养情景该发育期的天数。

综合敏感性和适应性，构建大豆干旱灾害脆弱性评价指标体系，并将脆弱性评价模型定义为

$$V_i = S_i / A_i \qquad (3\text{-}16)$$

式中，V_i 表示大豆某一生育阶段的干旱脆弱性量化值，S_i 表示大豆某一生育阶段的干旱敏感性，可用指标损失率来代表，A 表示大豆某一生育阶段的干旱适应性。

（2）脆弱性曲线

当承灾体的脆弱性侧重于因灾害所造成的损失大小时，可用致灾因子的致灾强度与承灾体的损失之间的关系曲线来表示，又称为脆弱性曲线。图 3-13 为基于 DSSAT-CROPGRO-Soybean 模型的东北大豆不同生育阶段干旱灾害脆弱性损失率曲线，干旱强度和损失率所拟合的曲线决定系数（R^2）在生育期前期、中期和后期分别为 0.61、0.64 和 0.68，均方根误差（RMSE）分别为 0.10、0.11 和 0.14。不同发育期的脆弱性曲线均为"S"型曲线，即损失率随着胁迫强度的增加先缓慢增大，随后快速增加，最后趋于平稳。由于东北地区不同区域的气候条件、土壤状况和大豆品种存在差异，不同格点的大豆干旱脆弱性理论上也不同。综合 R^2 和 RMSE 可以看出，脆弱性曲线在大豆生育中期、后期的生物量和产量与干旱强度的拟合效果较好于生育前期的 LAI，且 3 个发育期致灾因子强度和承载体损失率之前的拟合曲线的 R^2 值均在 0.6 以上。因此用于估算不同生育阶段

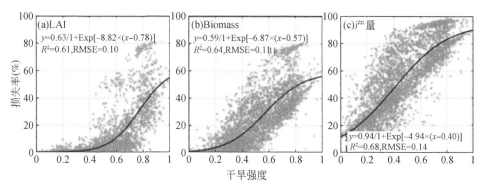

图 3-13　东北大豆不同发育期干旱灾害脆弱性损失率曲线

大豆干旱灾害脆弱性损失率的三种承灾体损失率曲线具有较好的拟合度，能够用于不同干旱灾害致灾强度下的大豆脆弱性指标计算。

（3）脆弱性评价

基于 DSSAT-CROPGRO-Soybean 模型对东北农田区域大豆不同生育期干旱引发的指标损失率进行模拟代表敏感性，雨养条件下的实际蒸散发和充足灌溉条件下的参考蒸散发比值为适应性，代入大豆干旱脆弱性模型获取了大豆不同生育期的干旱脆弱性空间分布特征（图3-14）。在大豆生育前期，三江平原的脆弱性最低，受干旱影响最弱。松嫩平原东部地区次之。脆弱性空间分布表现为自西向东递减的趋势；生育中期，大豆干旱脆弱性在研究区空间上表现为西部的呼伦贝尔地区最高，中西部地区次之，辽宁省西部大部分区域处于脆弱性高值区。三江平原东北部地区的脆弱性较生育前期有所增加；生育后期的高脆弱性区域集中在研究区的中西部干旱地区，以吉林省西部为核心向四周扩散。

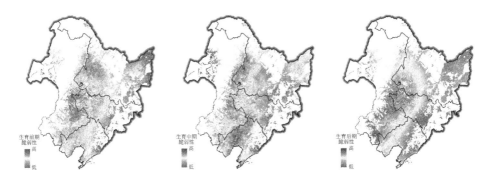

图 3-14　东北大豆 1982~2020 年不同生育期干旱脆弱性评价

5. 风险评价与区划

（1）大豆干旱灾害风险模型构建

①暴露性指数。基于遥感数据提取大豆实际种植面积作为大豆种植实际暴露性，选择农田面积和大豆种植气候适宜性作为大豆潜在暴露性（李凯伟等，2021），确定了大豆暴露性评价指标体系。暴露性指数同样基于加权综合平均法确定，采用如下公式表示：

$$E = \sum_{i=1}^{n} W_i \times X_i \tag{3-17}$$

式中，E 为暴露性量化值，X_i 为指标归一化量化值，W_i 为指标体权重系数，具体值见表3-1，i 为指标个数。

②防灾减灾指数。从灌溉能力（灌溉面积占比和距离水系的距离）和投入水平（人均 GDP 和抗旱投入）两方面确定了大豆干旱灾害防灾减灾能力评价指

标体系。采用加权综合平均法确定防灾减灾能力指数：

$$C = \sum_{i=1}^{n} W_i \times X_i \tag{3-18}$$

式中，C 为防灾减灾能力量化值，X_i 为指标归一化量化值，W_i 为指标体权重系数，具体值见表3-1，i 为指标个数。

③综合风险评估模型。利用自然灾害风险指数法、加权综合评估法和层次分析法，建立了大豆干旱灾害风险指数，用以表征灾害风险程度，综合风险评估模型如下：

$$R = H^{W_H} \times V^{W_V} \times E^{W_E} \times (1-C)^{W_C} \tag{3-19}$$

式中，R 是大豆干旱灾害风险指数，其值越大代表灾害风险越大；H、E、V、C的值分别表示大豆干旱灾害的危险性、暴露性、脆弱性和防灾减灾能力因子指数；W_H、W_V、W_E、W_C 分别为危险性、脆弱性、暴露性和防灾减灾能力因子所占权重，采用层次分析法计算为0.43、0.31、0.15、0.11。

（2）风险评价与区划

①暴露性和防灾减灾能力。暴露性指大豆暴露于显著气候变异的特征和程度。基于遥感提取获取了大豆2017～2019年的实际种植区域，计算每个格点中大豆种植面积占比作为实际暴露，以大豆种植的气候适宜性最为潜在暴露，气候适宜性越高的地区大豆种植的可能性就越大，暴露性也就越高。同时，叠加农田占格点的比例，构建了大豆暴露性指标［图3-15（a）］。大豆暴露性较高的区域位于研究区中北部，即松嫩平原的北部。黑龙江地区的暴露性最高，其次是吉林省中西部。黑龙江地区的暴露性最高，其次是吉林省中西部。以距离水系的距离和灌溉面积与总农田面积的比值代表灌溉能力。农业抗旱指出和人均 GDP 代表投入水平确定了大豆干旱灾害防灾减灾能力［图3-15（b）］。东北地区干旱防灾减灾能力较高区域集中在松辽平原和辽宁中部地区。灌溉和投入的增加是防灾减灾能力提升的关键。

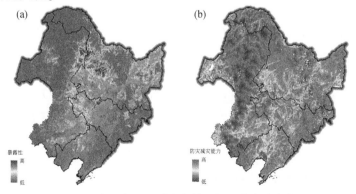

图 3-15　东北大豆干旱灾害暴露性和防灾减灾能力

②大豆干旱灾害综合风险动态评价与区划。综合风险四因子最终获得了大豆不同生育期干旱灾害风险空间分布。基于最优分割法确定不同生育期干旱灾害风险等级阈值（表3-2），对东北地区大豆干旱风险进行了区划（图3-16）。东北地区大豆在生育前期干旱风险较高的区域分布在研究区的北部和中部；生育中期，研究区西部的危险性整体高于东部地区。生育后期，高风险区域主要分布在吉林省中西部和内蒙古的通辽市与赤峰市。对干旱风险分布特征影响较大的是危险性和脆弱性。

表3-2 大豆不同生育期干旱灾害风险评价等级阈值

生育期	轻度风险	中度风险	重度风险	极重度风险
前期	<0.86	0.86 ~ 0.96	0.96 ~ 1.06	>1.06
中期	<0.62	0.62 ~ 0.74	0.74 ~ 0.85	>0.85
后期	<0.65	0.65 ~ 0.79	0.79 ~ 0.93	>0.93

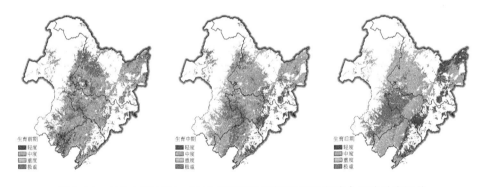

图3-16 东北大豆1982～2020年不同生育期干旱灾害综合风险动态评价

③结论与讨论。本研究基于风险评估理论、"土壤–作物–大气"连续体系统的综合干旱指数和CROPGRO-Soybean模型建立了大豆不同生育期的干旱综合风险动态评估模型。对构成风险的危险性、脆弱性、暴露性和防灾减灾能力4个因子进行了空间分析，并确定了干旱风险等级为轻、中、重、极重4个等级。最终对1982～2020年东北地区大豆不同生育期的综合干旱风险进行了动态评价。结果表明，生育前期，研究区中北部的干旱风险较高，该处也是大豆种植暴露性最高的区域，可通过晚播或灌溉来降低该地区的干旱风险。生育中期，研究区中北部的干旱风险由极重向重度和中度转变。由于较少的降雨量和较高的气温导致松辽平原的中部和南部干旱风险处于重度和极重等级。生育后期，极重度干旱风险区域主要集中在吉林省中西部和内蒙古的通辽、赤峰一带。通过提高灌溉能力和投入水平可提升当地的防灾减灾能力，从而减小大豆生产的干旱风险。本研究对

东北大豆的干旱综合灾害风险分生育期进行动态了评估, 将为大豆高效优质生产、防灾减灾提供科学依据。

3.2.2　谷子干旱灾害综合风险动态评价与区划

1. 研究区概况与数据来源

（1）研究区概况

中国北方谷子潜在种植区（包含 314 个气象站点）地理位置介于北纬 31°23′ ~ 53°33′和东经 93°13′ ~ 135°05′（图 2-24）, 覆盖了东北春谷区（黑龙江、吉林、辽宁）、华北夏谷区（内蒙古、河北、山西、山东、河南）以及西北春谷区（陕西、甘肃、宁夏）, 总面积约 $3.39 \times 10^6 km^2$, 约占中国国土总面积的 35%, 其中耕地面积约 $6.46 \times 10^5 km^2$, 约占中国耕地总面积的 53%（王菱等, 2004）。研究区横跨湿润、半湿润、干旱、半干旱 4 个气候区, 年均温在 5.6 ~ 13.7℃, 年均降雨量在 150 ~ 1100mm, 从东南沿海向西北内陆逐渐降低（Zheng 等, 2020; Chen 等, 2020; 王素萍等, 2020）。谷子常年种植面积在 $7.33 \times 10^3 km^2$ 左右, 通常于 5 月播种, 9 月收获。

（2）数据来源

研究所用到的数据包括中国北方的气象数据、基础地理信息数据、历史灾情数据、谷子生产和社会经济数据。其中气象数据为 1990 ~ 2019 年中国北方 314 个气象站逐日气象观测数据, 来源于中国气象数据网（http://data.cma.cn/）, 包括降水量、平均气温、蒸发量和平均风速等。基础地理信息数据来自于中国科学院资源环境科学与数据中心（https://www.resdc.cn/）, 包括研究区海拔、坡度、土壤类型以及土壤侵蚀程度等。谷子生产数据来自于国家统计局（https://data.stats.gov.cn）, 包括中国北方 11 个省的谷子播种面积和谷子产量。历史灾情数据来源于中国气象灾害年鉴及研究区各省的灾害大典。社会经济数据为中国北方 11 个省的灌溉面积、耕地面积、电井数、农民人均 GDP 和农业抗旱支出等, 主要来源于各省统计局的相关统计年鉴。

2. 研究方法

（1）技术路线

以中国北方谷子为研究对象, 综合野外试验、GIS 技术、遥感技术等方法, 运用气象数据、基础地理信息数据、作物试验数据、历史灾情数据及社会经济数据建立谷子干旱灾害研究综合数据库（图 3-17）; 从自然灾害风险形成四要素学说出发, 考虑谷子不同生育阶段的危险性不同, 构建谷子干旱灾害风险动态评价模型, 以此对谷子干旱灾害风险进行动态评价。

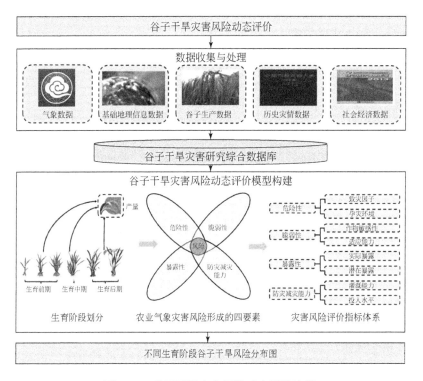

图 3-17　谷子干旱灾害风险动态评价流程

(2) 概念框架

谷子干旱灾害风险的形成是多因素综合作用的结果,除了气候条件外,土壤、海拔、坡度、谷子本身需水特征、干旱灾害管理水平、区域抗旱减灾能力等人为因素都是影响谷子干旱灾害风险发生及强度的因素。因此,基于以上谷子干旱灾害风险形成机理,建立辽宁省谷子干旱灾害风险动态评价概念框架 (图 3-18)。

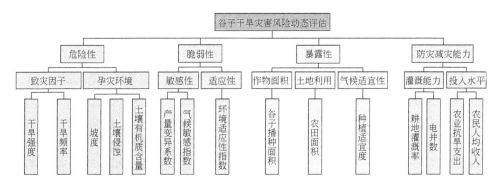

图 3-18　谷子干旱灾害风险动态评价概念框架

（3）指标体系

基于谷子干旱灾害风险动态评价概念框架，结合谷子自身的生理特性和研究区当前的农业生产状况，从危险性、脆弱性、暴露性和防灾减灾能力 4 个方面选取若干指标构建谷子干旱灾害风险动态评价指标体系（表 3-3），利用这些指标对东北地区谷子干旱灾害风险进行评价。

表 3-3　谷子干旱灾害风险动态评价指标体系

因子	副因子	指标体系
谷子干旱灾害风险动态评价指标体系	致灾因子	干旱强度
		干旱频率
	孕灾环境	坡度
		土壤侵蚀
		土壤有机质含量
	敏感性	产量变异系数
		气候敏感指数
	适应性	环境适应性指数
	作物面积	谷子播种面积
	土地利用	农田面积
	气候适宜性	种植适宜度
	灌溉能力	耕地灌溉率
		电井数
	投入水平	农业抗旱支出
		农民人均收入

危险性、脆弱性、暴露性、防灾减灾能力 为第一列因子分组。

3. 危险性评价

（1）谷子干旱灾害危险性模型构建

谷子干旱灾害危险性不仅与气象因子异常情况有关，还与研究区内的自然地理因素密不可分。因此本节认为谷子干旱灾害危险性由致灾因子危险性和孕灾环境危险性共同决定（刘晓静等，2018）。

①致灾因子危险性。对于谷子干旱灾害而言，致灾因子危险性是由干旱致灾因子活动规模（强度）和活动频次（概率）决定（屈振江等，2014）。本节选取标准化降水作物系数指数（SPRI）对谷子干旱情况进行识别，具体计算方法见 2.1.1 节。随后计算不同生育阶段不同程度干旱发生的频率，在此基础上结合不同程度干旱的灾损系数（用于表征强度）构建谷子干旱灾害致灾因子危险性评

价模型。计算步骤如下：

a. 计算谷子干旱频率。干旱频率（P_{ij}）定义为某一站点发生某种程度干旱的年数与研究时段总年数之比（宫丽娟等，2020）：

$$P_{ij} = \frac{n}{N} \times 100\% \qquad (3\text{-}20)$$

式中，n 为某站点在某生育阶段发生某种程度干旱的年数，N 为总年数。

b. 计算灾损系数。谷子不同生育阶段不同程度灾害对于其产量的影响是不同的，因此本节利用不同生育阶段的 $SPRI$ 值与相对气象产量的相关性分析结果确定谷子不同生育阶段不同程度干旱的灾损系数（表3-4）。

表3-4　谷子不同生育阶段不同程度干旱的灾害系数

生育阶段	干旱等级		
	轻旱	中旱	重旱
生育前期	0.03	0.05	0.12
生育中期	0.06	0.09	0.24
生育后期	0.04	0.08	0.29

c. 计算致灾因子危险性，

$$H_{Di} = \sum_{j=1}^{3} P_{ij} \times I_{ij} \qquad (3\text{-}21)$$

式中，H_{Di} 为不同生育阶段谷子干旱灾害致灾因子危险性指数；P_{ij} 为谷子不同生育阶段不同程度干旱发生的频率；I_{ij} 为谷子不同生育阶段不同程度干旱的灾损系数。

②孕灾环境危险性

谷子干旱灾害的孕灾环境危险性是由研究区坡度、土壤侵蚀程度和土壤有机质含量决定。因此孕灾环境危险性为

$$H_F = \sum_{a=1}^{3} W_{Fa} X_{Fa} \qquad (3\text{-}22)$$

式中，H_F 为谷子干旱灾害孕灾环境危险性指数；W_{Fa} 为各孕灾环境危险性因子；X_{Fa} 为不同因子所对应的权重系数。

③谷子干旱灾害危险性

$$H_i = W_D H_{Di} + W_F H_{Fi} \qquad (3\text{-}23)$$

式中，H_i 为谷子不同生育阶段干旱灾害危险性指数；W_D 和 W_F 分别为致灾因子危险性和孕灾环境危险性所对应的权重系数。

（2）危险性评价与区划

利用前面构建的谷子干旱灾害危险性模型对中国北方地区谷子不同生育阶段

干旱灾害危险性进行分析，结果如图 3-19 所示。在生育前期，研究区内谷子干旱灾害以中危险性为主，其所占面积达研究区总面积的 55.15% 以上；谷子干旱灾害危险性高值区和极高值区分布较为分散，面积较小，主要集中在内蒙古中部、甘肃南部等地区。在生育中期，研究区内谷子干旱灾害低危险性区域所占面积最大，主要分布在黑龙江、山东以及陕西等地；中危险性区域分布广泛，主要集中在内蒙古中西部、河北北部、宁夏和甘肃大部分地区；高危险性区域和极高危险性区域所占面积极小，仅占研究区总面积的 2.84%，零星分布于内蒙古中西部、甘肃北部等地区。在生育后期，研究区内谷子干旱灾害以低危险性为主，主要分布在研究区的东部和南部地区，面积约占研究区总面积的 59.88%；中危险性区域主要存在于内蒙古西部、宁夏北部与甘肃北部等地；高危险性及以上区域分布在研究区西部地区，所占面积较小，主要存在于甘肃、内蒙古。总体而言，在谷子全生育期内，研究区内绝大多数地区干旱灾害危险性在中度以下，占研究区总面积的 92.75%，高危险性和极高危险性区域较少，分布在甘肃北部与内蒙古西部。

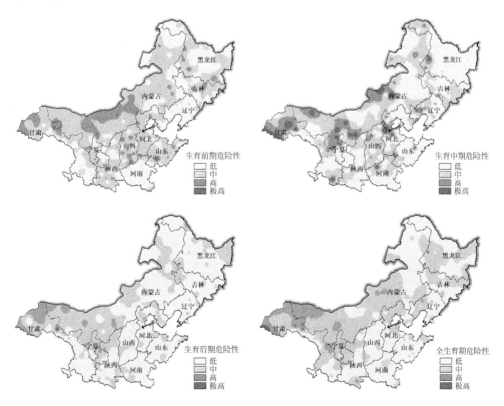

图 3-19　谷子不同生育阶段干旱灾害危险性空间分布

4. 脆弱性评价

(1) 谷子干旱灾害脆弱性模型构建

IPCC 将气候变化背景下的脆弱性定义为系统易受或没有能力应对气候变化 (包括气候变率和极端气候事件) 不利影响的程度。对于单一作物而言，在研究其脆弱性时必须考虑该种作物的自身物理结构特性 (Fraser et al., 2008)。因此，本节将谷子干旱脆弱性定义为在谷子生长发育过程中面对不同强度的干旱压力而表现出来的敏感性和适应性的强弱。

①敏感性。敏感性指由承灾体或系统本身的物理特性及特点决定的在遭受灾害风险打击后受到损失的程度，反映了承灾体自身抗击致灾因子的能力，本节选取谷子的气候敏感性表征 (阎莉等，2012)。具体计算公式为

$$K_m = \frac{1 - |Y_w| / Y_v}{1 - V/L} \times 100 \qquad (3-24)$$

式中：K_m 为气候敏感指数值；Y_w 为当年实际生产力 (kg/hm^2)，Y_v 为气候生产力 (kg/hm^2)，采用 Thornthwaite Memorial 模型计算，其计算公式为

$$Y_v = 30000 \left[1 - e^{-0.000956(V-20)} \right] \qquad (3-25)$$

$$V = \frac{1.05R}{\sqrt{1 + (1.05R/L)^2}} \qquad (3-26)$$

$$L = 300 + 25t + 0.05t^3 \qquad (3-27)$$

式中，30000 是经验系数；e = 2.71828；V 为年平均蒸发量；L 为年平均最大蒸发量，是年平均温度 t (℃) 的函数；R 为年降水量 (mm)。

②适应性。适应性指系统不改变其状态就能经受气候与环境冲击的程度 (别得进等，2015)。对于谷子而言，主要表现为在经过一段时间干旱后其自身的恢复能力，与谷子自身的耐干化、耐脱水的能力有关 (严加坤等，2022)。因此选取环境适应性指数表征谷子干旱适应性，由谷子蒸散作用来表征，具体计算公式为：

$$K_r = \frac{ET}{ET_0} \qquad (3-28)$$

式中，K_r 为环境适应性指数；ET 为区域实际蒸散量，ET_0 为区域潜在蒸散量。

③脆弱性。在综合考虑敏感性和适应性的基础上，将谷子干旱灾害的脆弱性定义为

$$V = S \times (1 - A) \qquad (3-29)$$

式中，V 是谷子干旱脆弱性指数；S 为作物敏感性；A 为适应性。

（2）脆弱性评价与区划

图 3-20 为谷子干旱灾害气候敏感性指数与环境适应性指数空间分布。气候敏感性指数可以反映某地区农业生产容易受到温度因子和水分供应影响的程度。研究区西部的甘肃、宁夏等地降雨较少，水分供应影响大，导致该地区气候敏感性高。而研究区北部的内蒙古、黑龙江等地，纬度高，温度低，降水偏少，温度因子和水分因子共同制约该地区的谷子生长，使其具有高气候敏感性。环境适应性可以反映作物自身在应对某种灾害时做出的适应性举措。研究区适应性指数在空间上呈现出南高北低的分布特点，河北、河南、山东、山西和陕西等地适应性指数高。

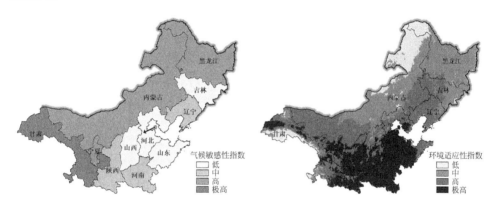

图 3-20 谷子干旱灾害气候敏感性指数与环境适应性指数空间分布

利用前面构建的谷子干旱灾害脆弱性模型对中国北方地区谷子干旱灾害脆弱性进行分析，结果如图 3-21 所示。极高脆弱区和高脆弱区面积较小，约占研究区总面积的 24.18%，主要集中在黑龙江、吉林、内蒙古、甘肃和宁夏，这些地

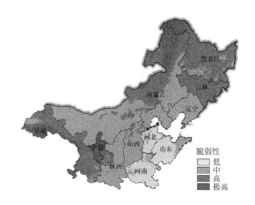

图 3-21 谷子干旱灾害脆弱性空间分布

区谷子敏感性高且适应性低,遭受干旱时极易影响谷子出苗,造成严重的产量损失。低脆弱性区主要出现在研究区南部,主要包括河南、河北和山东,在谷子生长季内这些地区雨水充沛,气候敏感性低,且自身适应性高,使谷子受干旱的影响较小。

5. 风险评价与区划

(1) 谷子干旱灾害风险模型构建

①暴露性。中国北方谷子作为承灾体,其所拥有的农田面积越大,谷子的可能种植面积越大,暴露于干旱风险中的承灾体越多,可能遭受的潜在损失就越大,同理谷子的实际种植面积大其遭受的潜在损失就越大。除此之外,谷子气候适宜度越高,意味着适宜谷子种植的面积越大,可能遭受的潜在损失也就越大。因此选取谷子播种面积、农田面积及谷子种植适宜度作为承灾体暴露性评价指标,其中谷子种植适宜度采用气候适宜度模型计算(薛志丹等,2019),在此基础上构建谷子干旱灾害暴露性评价指标体系,并将承灾体暴露性模型定义为

$$E = \sum_{a=1}^{3} W_{Ea} X_{Ea} \tag{3-30}$$

式中,E 为谷子暴露性指数;X_{Ea} 为各暴露性因子;W_{Ea} 为不同因子所对应的权重系数。

②防灾减灾能力。防灾减灾能力表示受灾区在短期和长期内能够从气象灾害中恢复的程度,包括应急管理能力、减灾投入、资源准备等(任义方等,2011)。根据1990~2019年研究区各省的统计年鉴中反映农业现代化水平的相关统计数据,采用农业抗旱支出、农民人均收入、水田与农田比例、距水系距离作为防灾减灾能力评价指标,同时,采用产量变异系数作为衡量指标是否合理及影响大小的标准(王春乙等,2015),确保所选因子可以充分反映当地的抗灾能力。综上所述构建谷子干旱灾害防灾减灾能力评价指标体系,并采用综合加权评估模型构建谷子防灾减灾能力评价模型:

$$C = \sum_{a=1}^{4} W_{Ca} X_{Ca} \tag{3-31}$$

式中,C 为谷子防灾减灾能力指数;X_{Ca} 为各防灾减灾能力因子;W_{Ca} 为不同因子所对应的权重系数。

③风险。自然灾害风险是指未来若干年内可能达到的灾害程度及其发生的可能性。根据自然灾害风险的形成机理(张继权和李宁,2007),自然灾害风险是危险性、脆弱性、暴露性和防灾减灾能力综合作用的结果,通常采用自然灾害指数表征风险程度,可表示为

自然灾害风险指数 = 危险性∩脆弱性∩暴露性∩防灾减灾能力

对于谷子干旱灾害而言，其风险的形成同样是多因素综合作用的结果。与自然灾害风险一致，其大小与危险性、脆弱性、暴露性和防灾减灾能力有密切的联系。危险性、脆弱性及暴露性越大，谷子干旱灾害发生的可能性及潜在的损失就越大，即谷子干旱灾害风险越大。而防灾减灾能力越强，谷子干旱灾害发生的可能性及潜在的损失就越小，即谷子干旱灾害风险越小。基于上述四大风险评价因子的计算和分析，利用熵权法确定各评价因子在风险评价模型中对应的权重（刘晓静，2018），结合自然灾害风险指数法和加权综合评价法，建立了谷子干旱灾害风险指数，用以表征谷子干旱灾害风险程度，具体计算公式为

$$R_i = H_i^{W_H} \times V^{W_V} \times E^{W_E} \times (1-C)^{W_C} \tag{3-32}$$

式中，R_i 为不同生育阶段谷子干旱灾害风险指数，用于表示谷子干旱灾害风险程度，其值越大，谷子干旱灾害风险程度越大；H、V、E、C 分别表示危险性指数、脆弱性指数、暴露性指数和防灾减灾能力指数；W_H、W_V、W_E、W_C 分别为上述指标在综合风险评价中的权重系数，利用熵权法计算（$W_H = 0.384$，$W_V = 0.256$，$W_E = 0.213$，$W_C = 0.147$）。

（2）风险评价与区划

①暴露性评价。图 3-22 为谷子干旱灾害实际暴露性与潜在暴露性空间分布。中国北方谷子种植区主要分布在内蒙古、陕西和河北等地，种植面积在 300kha 以上，远高于其他地区。近年来，随着思想观念的转变，人民开始追求绿色产品、餐用有机杂粮，谷子种植面积和产量持续增长，因此对谷子种植气候适宜性进行合理分区，筛选高农田比例和高适宜度重叠地区不仅能够为种植布局提供参考，而且也是谷子干旱灾害风险评价一个重要的潜在暴露性指标。中国北方的东北地区和华北地区气候温暖，日照充足，降水充沛，且农田比例高，适宜谷子生产。

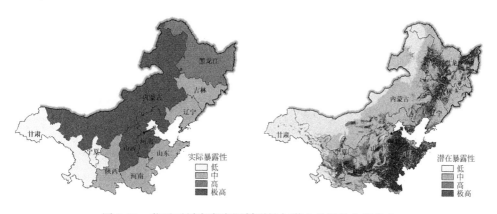

图 3-22　谷子干旱灾害实际暴露性与潜在暴露性空间分布

　　研究区域的暴露性在空间上呈现出东高西低、北高南低的分布（图3-23）。暴露性极高值区位于河北省和山西省，该地区是中国著名的谷子产区，谷子种植面积大，实际暴露高，如果发生严重的干旱事件会显著影响谷子产量。暴露性中值区分布广泛，由于这些地区谷子种植面积相对较少，但又具有较多的农田且气候条件适宜谷子生长发育，未来适合谷子的广泛种植，所以潜在暴露性较高，应选用优良谷子品种加强灾前预防以确保谷子的产量和质量。暴露性低值区位于研究区西部的甘肃和宁夏两地，该地区谷子实际种植面积少，农田比例少，谷子气候适宜度低，在未来也无法大规模进行谷子种植，干旱灾害可能造成的谷子产量损失低。

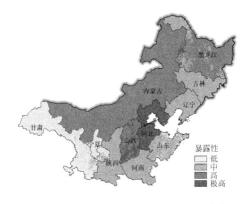

图 3-23　谷子干旱灾害暴露性空间分布

　　②防灾减灾能力评价。图 3-24 显示了研究区谷子干旱灾害灌溉能力与投入水平的空间分布。灌溉能力能够反映一个地区以水抗旱的水平，是防灾减灾能力

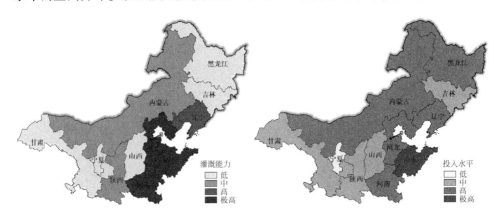

图 3-24　谷子干旱灾害灌溉能力与投入水平空间分布

的重要指标。研究区东南部地区，农业基础设施完善，有效灌溉面积大，发生干旱时能够及时引水解旱，减灾抗灾能力强。而投入水平，包括农民人均收入和农业抗旱支出，同样是防灾减灾能力的重要指标。山东等地在此方面具有绝对的资金优势，能够及时投入资金以减少干旱灾害带来的损失。

　　研究区域的防灾减灾能力总体处于中等偏上水平，以中防灾减灾能力为主（图 3-25）。低防灾减灾能力区仅分布在研究区西部的甘肃、宁夏。因为灌溉能力差且投入水平较低，缺乏干旱灾害灾中应急、灾后恢复的能力，今后急需提高投入水平以抵御干旱灾害的风险。极高防灾减灾能力区分布在环渤海地区的河北、山东两地。由于经济基础较为雄厚且灌溉能力强，既能够满足干旱事件的及时灌溉，又具有足够资金进行灾后恢复，具有极高的应对干旱灾害的能力。

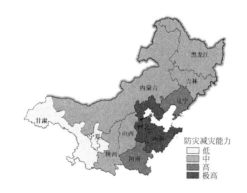

图 3-25　谷子干旱灾害防灾减灾能力空间分布

　　③谷子干旱灾害风险评价与区划。为评价谷子干旱灾害风险，运用最优分割理论并结合谷子干旱风险指数将谷子各生育期的干旱风险分成低、中、高、极高4 级，不同生育阶段的划分标准如表 3-5 所示。利用研究区谷子干旱风险指数值以及表 3-5 所示的谷子干旱风险等级划分标准，得到不同生育期中国北方谷子干旱灾害风险空间分布图。

表 3-5　谷子不同生育阶段干旱风险等级划分标准

生育阶段	风险等级			
	低风险	中风险	高风险	极高风险
生育前期	$R_i \leq 0.09$	$0.09 < R_i \leq 0.28$	$0.28 < R_i \leq 0.65$	$R_i > 0.65$
生育中期	$R_i \leq 0.06$	$0.06 < R_i \leq 0.35$	$0.35 < R_i \leq 0.54$	$R_i > 0.54$
生育后期	$R_i \leq 0.12$	$0.12 < R_i \leq 0.36$	$0.36 < R_i \leq 0.68$	$R_i > 0.68$
全生育期	$R_i \leq 0.10$	$0.10 < R_i \leq 0.33$	$0.33 < R_i \leq 0.65$	$R_i > 0.65$

图 3-26 为谷子不同生育阶段干旱灾害风险空间分布。在生育前期,谷子干旱灾害风险以中风险为主,相同风险等级的地区呈现较好的连片性。中国北方中心风险高,四周风险低,极高风险区和高风险区主要出现在内蒙古、河北和山西。低风险区位于甘肃、宁夏和山东等地。在生育中期,谷子干旱灾害风险较前期有所加重,高风险和极高风险区面积大幅增加,由中心向四周扩散。在生育后期,风险呈现明显的带状分布,西部低,中部高,东部中等。就全生育期而言,辽宁省谷子干旱灾害风险呈现出中部高且逐渐向四周降低的分布特征,山西、河北和内蒙古是谷子干旱灾害高风险区,应给予格外关注。

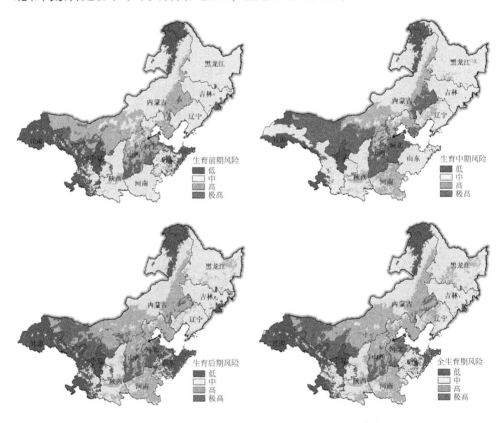

图 3-26 谷子不同生育阶段干旱灾害风险空间分布

3.2.3 马铃薯干旱灾害综合风险动态评价与区划

1. 研究区概况与数据来源

马铃薯北方一作区种植面积与总产均占全国的 40% 以上。马铃薯北方一作区从东到西包括黑龙江、吉林、内蒙古、河北、山西、陕西、甘肃、宁夏、青海和新疆。主要种植品种有 "克新 1 号" "费乌瑞它" "尤金" "大西洋" "青薯 9号" 等。

本研究使用的数据有：①资源环境科学数据中心（https://www.resdc.cn/）提供的地形地貌数据、土壤有机质含量、土壤质地数据与 2020 年的土地利用现状遥感监测数据；②来自《中国农业年鉴》的马铃薯产量与种植面积数据与各省统计年鉴的耕地灌溉面积、农业抗旱支出、教育水平数据；③气候数据来自中国气象共享服务系统（http://data.cma.cn），包括 1960 ~ 2020 年 900 个气象站的每日气象数据。气象站包括国家基准站、基准站和一般站。

2. 研究方法

（1）技术路线

基于干旱灾害风险形成机理，依据数据收集–模型构建–风险评价的流程，建立了马铃薯干旱灾害综合风险动态评价技术流程（图 3-27）。

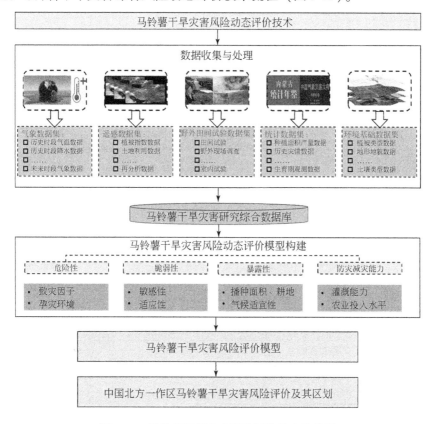

图 3-27 马铃薯干旱灾害风险评价技术路线图

（2）概念框架

经济作物气象灾害风险是指气象灾害发生及其给经济作物和人类社会造成损失的可能性。经济作物气象灾害既具有自然属性，也具有社会属性，无论自然变异还是人类活动都可能导致气象灾害发生。因此基于经济作物气象灾害风险形成要素、机制和干旱灾害风险形成机理，根据农业气象灾害风险形成四要素学说，从经济作物马铃薯干旱灾害风险的危险性、暴露性、脆弱性和防灾减灾能力4个方面构建了马铃薯干旱灾害风险动态评估概念框架（图3-28）。

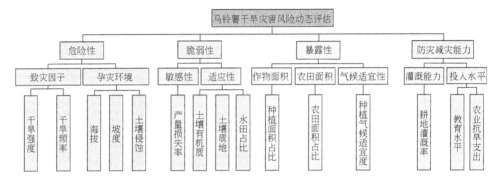

图3-28　马铃薯干旱灾害风险动态评估概念框架

（3）指标体系

马铃薯干旱灾害风险评价指标体系如表3-6所示。

表3-6　马铃薯干旱灾害风险评价指标体系

因子	副因子	指标体系	权重
危险性（H）	致灾因子	干旱频率×干旱强度	0.709
	孕灾环境	海拔	0.097
		坡度	0.098
		土壤侵蚀	0.096
脆弱性（V）	敏感性	产量损失率	0.785
	适应性	土壤有机质	0.069
		土壤质地	0.085
		水田占比	0.061
暴露性（E）	作物面积	种植面积占比	0.634
	农田面积	农田面积占比	0.209
	气候适宜性	马铃薯种植气候适宜度	0.157

因子	副因子	指标体系	权重
	灌溉能力	耕地灌溉率	0.543
防灾减灾能力（R）	投入水平	农业抗旱支出	0.231
		教育水平	0.226

3. 危险性评价

（1）马铃薯干旱灾害危险性模型构建

危险性分析是指致灾因子的自然变异程度，主要是由灾变活动规模（强度）和活动频次（概率）所决定的。不同月份干旱指数的概率密度存在差异，本研究用标准化降水作物需水指数（standardized precipitation requirement index，SPRI）的概率密度曲线同时描述干旱的强度和频率特征。

危险性致灾因子的主要表现为其危害强度和发生概率，因而气象灾害的气候风险可用其发生时的危害强度和发生概率来表征。根据前人的研究成果，构建马铃薯干旱灾害危险性指数的致灾因子指数：

$$VH = sd^{\varepsilon}sc + md^{\varepsilon}mc + ld^{\varepsilon}lc \tag{3-33}$$

式中，VH 为某种灾害的气候危险性指数的致灾因子，用于表示气候致灾因子风险大小，其值越大，则气候致灾风险程度越大，灾害发生时造成损失越大。sd、md、ld 分别为重度、中度、轻度气象灾害的发生概率，sc、mc、lc 分别为重度、中度、轻度灾害的灾损系数。ε 为不同生育期。

采用综合加权评估模型构建马铃薯干旱灾害危险性评价模型：

$$H = \sum_{i=1}^{n} W_i X_i \tag{3-34}$$

式中，H 为马铃薯干旱灾害危险性量化值；X_i 为指标体系的第 i 项指标的量化值；W_i 为指标体系的第 i 项指标的权重系数；n 为指标体系评估指标个数（$0 \leqslant X_i \leqslant 1$，$W_i \geqslant 0$）。

（2）危险性评价与区划

危险性主要由致灾因子危险性和孕灾环境危险性决定。本研究基于马铃薯不同生育阶段需水量不同计算致灾因子的危险性；孕灾环境危险性由研究区海拔、坡度及土壤侵蚀程度决定。马铃薯北方一作区干旱灾害危险性具有明显的区域差异，从东北向西南增加。北方地区属典型的温带季风气候，降水季节分配不均匀，因此马铃薯开花–成熟期作为各生育期中需水量最大时期，相较于其他生育期的危险性指数较高，并且面积较大（图3-29）。

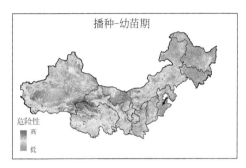
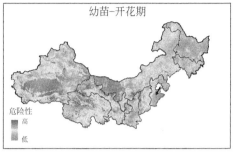
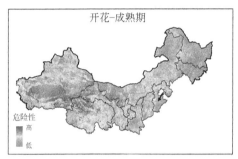
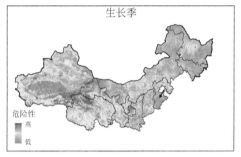

图3-29　马铃薯北方一作区不同生育阶段干旱灾害危险性评价

4. 脆弱性评价

（1）马铃薯干旱灾害脆弱性模型构建

脆弱性表征承灾体由于潜在风险而可能造成的损失程度，马铃薯脆弱性指标选择马铃薯不同生育阶段受干旱灾害影响而表现出严重损失的产量指标，主要从敏感性和适应性两方面考虑。

敏感性指标主要是马铃薯不同生育阶段产量指标受干旱灾害影响而造成的损失情况。作物产量分为三部分：趋势产量、气象产量和随机误差。本研究使用霍德里克-普雷斯科特滤波器（HP滤波器）模型，将实际作物产量分为高频（气象产量）和低频分量（趋势产量）。参考各代表站点灾情资料，提取所有单独发生干旱的年份，结合干旱造成的减产频率和幅度建立农业气象致灾损失指数，用来表征马铃薯的干旱敏感性。减产率分为轻度（−5%～−10%）、中度（−10%～−15%）和重度（≤−15%）三级，计算每个等级中的减产频数和组中值，频数和组中值乘积之和的绝对值即为马铃薯的干旱敏感性。

采用综合加权评估模型构建马铃薯干旱灾害脆弱性评价模型：

$$H = \sum_{i=1}^{n} W_i X_i \tag{3-35}$$

式中，H 为马铃薯干旱灾害脆弱性量化值；X_i 为指标体系的第 i 项指标的量化值；W_i 为指标体系的第 i 项指标的权重系数；n 为指标体系评估指标个数（$0 \leqslant X_i \leqslant 1$，$W_i \geqslant 0$）。

（2）脆弱性评价与区划

脆弱性可用来衡量承灾体遭受损害的程度，由农作物对灾害的敏感性、种植区的适应性组成。北方一作区单产从中部向东西方向增加，与种植面积方向一致。不同行政单位的产出存在明显差距。青海和新疆的产量具有绝对优势。除了山西省，其他九个区域呈现增长态势。变异系数表明，河北地区产量变化幅度最大，波动幅度最大。变化幅度为陕西最小。马铃薯北方一作区干旱灾害脆弱性从西北向东南方向增加（图3-30）。

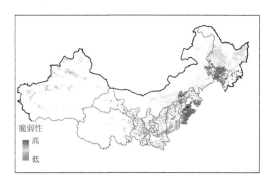

图3-30　马铃薯北方一作区干旱灾害脆弱性评价

5. 风险评价与区划

（1）马铃薯干旱灾害风险模型构建（暴露性+防灾减灾能力）

农业气象干旱灾害是危险性、脆弱性、暴露性、防灾减灾能力综合作用的结果，采用自然灾害风险指数表征风险程度，具体计算公式如下：

$$ADRI = H \cdot V \cdot E \cdot (1-R) \tag{3-36}$$

式中，$ADRI$ 为北方一作区马铃薯干旱灾害风险指数，H、V、E、R 的值分别为危险性、脆弱性、暴露性和防灾减灾能力的大小。为评价马铃薯干旱灾害风险，运用最优分割理论将风险指数分成低（$\leqslant 0.05$）、中（$0.05 \sim 0.1$）、高（$0.1 \sim 0.15$）、极高（$\geqslant 0.15$）4级。

北方一作区马铃薯作为承灾体，其所拥有的农田面积越大，马铃薯的可能种植面积越大，暴露于干旱风险中的承灾体越多，可能遭受的潜在损失就越大，同理，马铃薯的实际种植面积大其遭受的潜在损失就越大。除此之外，马铃薯气候适宜度越高，意味着适宜马铃薯种植的面积越大，可能遭受的潜在损失也就越大。因此本研究选取马铃薯播种面积、农田面积及种植适宜度作为承灾体暴露性评价指标，其中马铃薯种植适宜度采用气候适宜度模型计算。

防灾减灾能力表示受灾区在短期和长期内能够从气象灾害中恢复的程度，包括应急管理能力、减灾投入、资源准备等。本研究根据统计年鉴中反映农业现代化水平的相关统计数据，采用农业抗旱支出、教育水平、耕地灌溉率作为防灾减灾能力评价指标，同时，采用产量变异系数作为衡量指标是否合理及影响大小的标准，确保所选因子可以充分反映当地的抗灾能力。在此基础上构建马铃薯干旱灾害暴露性、防灾减灾能力评价指标体系，并将承灾体暴露性模型定义为

$$E = \sum_{i=1}^{n} W_i X_i \tag{3-37}$$

式中，E 为北方一作区马铃薯暴露性、防灾减灾能力量化值；X_i 为指标体系的第 i 项指标的量化值；W_i 为指标体系的第 i 项指标的权重系数；n 为指标体系评估指标个数（$0 \leqslant X_i \leqslant 1$，$W_i \geqslant 0$）。

（2）风险评价与区划

马铃薯作为承灾体，可能种植面积越大，暴露于干旱风险中的承灾体越多，可能遭受的潜在损失就越大，同理实际种植面积大其遭受的潜在损失就越大。除此之外，马铃薯气候适宜度越高，意味着适宜马铃薯种植的面积越大，可能遭受的潜在损失也就越大。因此本研究选取马铃薯播种面积、农田面积及马铃薯种植适宜度作为承灾体暴露性评价指标。北方一作区中马铃薯种植面积以内蒙古和甘肃的中南部地区为主；农田面积从东向西减少；气候适宜性从东南部向西北部减少；暴露性从中部向东西减少（图3-31）。

防灾减灾能力表示受灾区在短/长期内能够从灾害中恢复的程度，包括应急管理能力、减灾投入、资源准备等。本研究采用耕地灌溉率、农业抗旱支出以及教育水平作为防灾减灾能力评价指标，同时，采用产量变异系数作为衡量指标是否合理及影响大小的标准，确保所选因子可以充分反映当地的抗灾能力。北方农

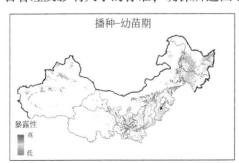

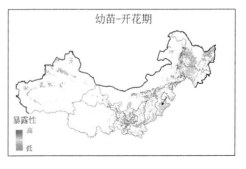

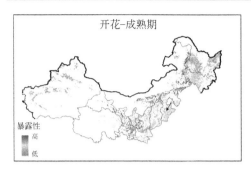

图 3-31　马铃薯北方一作区不同生育阶段干旱灾害暴露性评价

区集多集中欠发达地区，并且农业经营者仍是小农为主，缺乏科学种植马铃薯的意识，对农业气象灾害的认识不足（Yang，2015；Rosegrant，2003）。防灾减灾能力高低值交叉分布，高值多集中于距离城镇用地近的位置（图 3-32）。

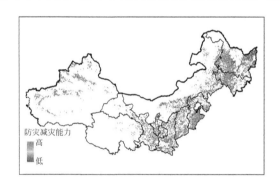

图 3-32　马铃薯北方一作区干旱灾害防灾减灾能力评价

　　马铃薯北方一作区干旱灾害风险具有明显的区域差异。开花–成熟期的风险值为各生育期中最高，并且极高、高风险值区域面积最大，多分布于研究区中东部。极高、高风险区面积从生育初期至后期依次增加，多集中于中部及东南部。中风险区面积先减少后增加，低风险区先增加后减少（图 3-33）。

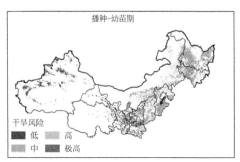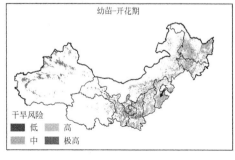

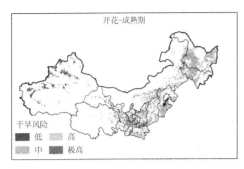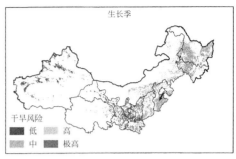

图 3-33　马铃薯北方一作区不同生育阶段干旱灾害风险评价

3.2.4　花生涝渍灾害综合风险动态评价与区划

1. 研究区概况与数据来源

（1）研究区概况

河南省位于我国中部（31°23′~36°22′N、110°21′~116°39′E），是全国花生主产区之一，根据中华人民共和国国家统计局（2020）统计数据，该地区花生产量超过 $5.94×10^6$ t，约占全国总产量的34%。主要气候类型为温带季风气候~亚热带季风气候，年均温在 12.9~16.5℃，年均日照为 1505.9~2230.7h，年均降水量为 500~1100mm，因此较为适宜种植花生。但一年之中约有80%的降水都集中在4~9月，该阶段正值春花生的生育期，极易发生涝渍灾害，造成春花生减产甚至绝收。

（2）数据来源

本研究选用的植被指数分为美国国家航空航天局（National Aeronautics and Space Administration，NASA）提供的 MOD13A3 月尺度 NDVI 数据，空间分辨率为1km×1km。对影像进行拼接、投影和格式转换后得到最终的 NDVI 数据集。

所用数据及数据来源见表3-7。

表 3-7　数据类型、变量及数据来源

数据类型	变量	数据来源（1990~2020 年）
气象数据	日最高气温、日最低气温、平均气温、降水量、相对湿度、水汽压和2m风速	国家信息气象科学数据中心（http://data.cma.cn/）

数据类型	变量	数据来源（1990～2020 年）
遥感数据	植被指数（NDVI）	MOD13A3 全球植被覆盖集 （https://ladsweb. modaps. eosdis. nasa. gov/）
	土壤水分	TerraClimate 数据集（4km×4km） （http://www. climatologylab. org）
	土壤体积含水量	ERA5 数据集（10km×10km） （https://cds. climate. copernicus. eu/）
土壤性质、农业生产条件、社会与经济数据	土壤质地、人均 GDP、土地利用数据	中国科学院资源环境科学与数据中心 （https://www. resdc. cn/） 《河南省统计年鉴》
	乡村从业人数、化肥施用量、排灌动力机械、花生种植面积及产量	
历史灾情数据	河南省灾损情况	《中国气象灾害大典——河南卷》 《中国气象灾害年鉴》

2. 研究方法

（1）技术路线

本研究根据自然灾害风险形成四要素学说，并结合前人研究（张继权等，2005；张美恩等，2022；魏思成等，2021）及河南省花生实际需水情况将春花生生育期分为生育前期（苗期）、中期（花期～结荚期）、后期（饱果期～成熟期）。并在春花生的各生育期，从危险性、脆弱性、暴露性、防灾减灾能力 4 个方面选取指标构建风险评价指标体系对河南省春花生涝渍灾害综合风险进行动态评价（图3-34）。

（2）概念框架

农业涝渍灾害的风险形成是多因素综合作用的结果，对于作物来说，除了气候条件外，还有土壤性质、作物本身的需水特征、涝渍灾害管理水平、区域的抗涝减灾能力等因素都影响涝渍灾害风险的发生及其强度（霍治国等，2003；金菊良等，2002；刘兰芳等，2006）。因此，基于以上的农业涝渍灾害风险形成机理和农业涝渍灾害风险评价流程图，从农业涝渍灾害的发生学角度建立河南花生涝渍灾害风险概念框架（图3-35）。

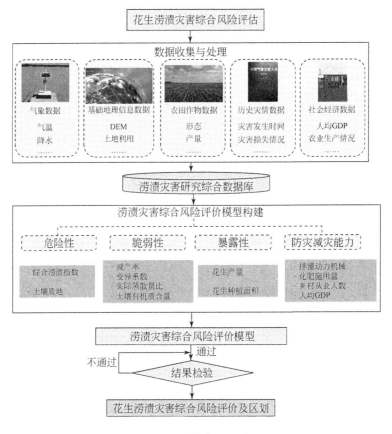

图 3-34　技术流程图

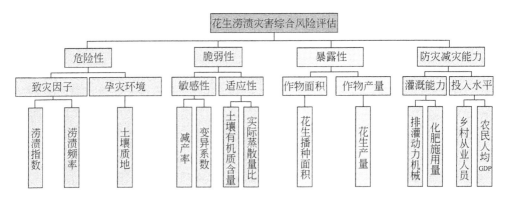

图 3-35　花生涝渍灾害综合风险评估概念图

（3）指标体系

涝渍灾害系统是由致灾因子、承灾体、防灾减灾措施、孕灾环境四者共同组成。灾情是系统中各子系统互相作用的产物，在此基础上，选取河南最主要的花生作物作为研究对象，建立了河南春花生涝渍灾害风险评价的指标体系（表3-8）。

表3-8 春花生涝渍灾害风险评价指标体系

主因子	副因子	指标体系	权重
危险性	致灾因子	综合涝渍指数（CWI）	0.907
	孕灾环境	土壤质地	0.093
脆弱性	敏感性	减产率	0.683
		变异系数	0.317
	适应性	实际蒸散量比	0.821
		土壤有机质含量	0.179
暴露性	种植面积比	春花生播种面积/耕地面积	1
防灾减灾能力	灌溉能力	排灌动力机械	0.280
		化肥施用量	0.229
	投入水平	农民人均 GDP	0.230
		乡村从业人员	0.261

3. 危险性评价

（1）花生涝渍灾害危险性模型构建

①基于连续体系统的综合涝渍指数（CWI）的构建。涝渍灾害指数广泛应用于全球和区域范围的涝渍灾害的评估和监测，以描述涝渍灾害的持续时间、严重程度和范围等。然而，由于涝渍灾害时空发生的复杂性，很难利用单一的指数来监测（Wang R et al.，2019b）。在对农业涝渍灾害的研究中，不仅要考虑气象要素的影响，还要考虑植被本身的作物需水量和土壤条件等因素（Martha C et al.，2013），因此本研究基于土壤–作物–大气连续体系统的综合作用机制，融合了气象数据、遥感数据和再分析多源数据，选取基于花生需水量和有效降水量的水分盈亏指数（crop water surplus and deficit index，CWSDI）、植被状态指数（vegetation condition index，VCI）和土壤湿度状况指数（soil moisture condition index，SMCI），其中水分盈亏指数是基于中国气象科学数据库提供的气象数计算求得，植被状态指数是基于遥感反演的植被覆盖指数计算所得，土壤湿度状况指数是由全球陆地区域的高空间分辨率气候表面数据集（wordclim dataset）计算得到，最后采用熵权法构建了综合涝渍指数，其计算方式如下：

$$\mathrm{CWI}_i = \omega_1 \times \mathrm{CWSDI}_i + \omega_2 \times \mathrm{VCI}_i + \omega_3 \times \mathrm{SMCI}_i \qquad (3\text{-}38)$$

式中，ω_1、ω_2、ω_3 分别为三个指标的权重值，是基于熵权法得到的，分别为 0.419、0.238、0.343。

春花生播种期连续降水会导致土壤水分过大造成延误农播。阴雨天气也会削减春花生的光合作用和呼吸作用强度、降低花粉传播，使农田内杂草丛生，影响春花生的正常生长进而导致农田渍涝致收割延后（Bishnoi N R et al., 1992; Wang R et al., 2019a, b）。因此本研究选取了不仅考虑气象要素还考虑春花生实际需水量的水分盈亏指数，作为影响春花生涝渍灾害的综合指标之一。其公式如下：

$$\mathrm{CWSDI}_i = \frac{P_{ei} - \mathrm{ET}_{ci}}{\mathrm{ET}_{ci}} \qquad (3\text{-}39)$$

式中，i 为各生育阶段，P_{ei} 为作物有效降水量（mm）；ET_{ci} 为作物需水量（mm），当 $\mathrm{CWSDI}_i > 0$、< 0、$= 0$ 时，分别表示水分盈余、亏缺和收支平衡（Bishnoi N R et al., 2013）。

$$P_{et} = \alpha_t \times P_t \qquad (3\text{-}40)$$

$$P_{ei} = \sum_{t=1}^{n} P_{et} \qquad (3\text{-}41)$$

式中，P_t 为第 t 次降雨量（mm）；P_{et} 为第 t 次有效降雨量（mm）；α 为有效利用次数，一般当 $P_t \le 5\mathrm{mm}$ 时，$\alpha_t = 0$；$5 \le P_t \le 50\mathrm{mm}$ 时，$\alpha_t = 0.9$；$P_t > 50\mathrm{mm}$ 时，$\alpha_t = 0.75$，P_{et} 为作物有效降水量（mm）（Guo Y et al., 2022）

$$\mathrm{ET}_c = K_c \times \mathrm{ET}_0 \qquad (3\text{-}42)$$

$$\mathrm{ET}_0 = \frac{0.408\Delta(R_\mathrm{n} - G) + \gamma \dfrac{900}{T_\mathrm{mean} + 273} U_2(e_\mathrm{s} - e_\mathrm{a})}{\Delta + \gamma(1 + 0.34 U_2)} \qquad (3\text{-}43)$$

式中，ET_0 为 FAO 56 推荐的目前最为广泛的蒸散发 Penman-Monteith（P-M）模型计算的作物潜在蒸散量（mm/d），Δ 为饱和水汽压曲线斜率（kPa/℃）；R_n 为地表净辐射 [MJ/($\mathrm{m}^2 \cdot \mathrm{d}$)]；$G$ 为土壤热通量 [MJ/($\mathrm{m}^2 \cdot \mathrm{d}$)]；$\gamma$ 为干湿表常数（kPa/℃）；T_mean 为每日均温，每日最高温度（T_max）和每日最低温度（T_min）的平均值（℃）；U_2 为 2m 高处风速（m/s）；e_s 为饱和水汽压（kPa）；e_a 为实际水汽压（kPa）。目前春花生观测数据较少，只能根据 FAO 推荐的作物系数来确定春花生各生育阶段的作物系数值，春花生生育前期、中期、后期的 K_c 值分别为 0.5、1.15、0.6。

土壤水分条件指数（SMCI）（Cao M et al., 2022）是对土壤水分表征涝渍程度的变量进行归一化计算，从而对涝渍事件进行量化。SMCI 指数可反映降水对土壤水分的动态变化，其取值越大，表明降水量和土壤湿度越高，进而影响春花

生的正常生长, 造成减产甚至绝产。其公式如下:

$$\mathrm{SMCI}_i = \frac{\mathrm{SM}_i - \mathrm{SM}_{\min}}{\mathrm{SM}_{\max} - \mathrm{SM}_{\min}} \qquad (3\text{-}44)$$

式中, SMCI 代表标准化土壤水分条件指数, 为 1990~2020 年同月根区土壤湿度的像元值, $\mathrm{SM}_{\max}$、$\mathrm{SM}_{\min}$ 分别代表近 31 年各生育阶段各像元土壤水分的最大值和最小值。

在春花生生长阶段, 涝渍灾害在很大程度上影响其长势, 进而导致植被的减少, 增加了植被的死亡率, 因此本研究选用 VCI 指数量化植被受环境胁迫的程度, 来反映涝渍影响春花生生长的严重程度 (Quiring S M et al., 2010)。

$$\mathrm{VCI}_i = \frac{\mathrm{NDVI}_i - \mathrm{NDVI}_{\min}}{\mathrm{NDVI}_{\max} - \mathrm{NDVI}_{\min}} \qquad (3\text{-}45)$$

式中, VCI 代表植被生长状况, 为各像元的指标值, $\mathrm{NDVI}_{\max}$、$\mathrm{NDVI}_{\min}$ 分别代表近 31 年各生育阶段各像元 NDVI 的最大值和最小值。

②不同等级涝渍事件的划分及频率的计算。目前的国内外研究中, 依据综合涝渍指数对涝渍等级进行划分的研究较少, 多为基于气象指数的等级划分。目前标准降水蒸散指数 (SPEI) 应用较为广泛, 已具备了较为准确的涝渍程度划分指标 (Chen H et al., 2020), 此外, 涝渍灾害多由极端降水或集中降水引起, 通常伴随着降水强度高、历时较短且突发性的特点, 因此为验证综合涝渍指数 (CWI) 的可用性, 本节选取 1 月尺度 SPEI 指数并结合前人研究, 采用等区间法对不同等级涝渍事件进行划分 (表 3-9)。

表 3-9　SPEI 和 CWI 涝渍等级划分

涝渍等级	SPEI	CWI
轻度	0.5≤SPEI<1.0	0.3≤CWI<0.6
中度	1.0≤SPEI<1.5	0.6≤CWI<0.9
重度	1.5≤SPEI<2.0	0.9≤CWI<1.2
极重	SPEI≥2.0	CWI≥1.2

根据表 3-9, 分别在春花生不同生育期内对研究区的涝渍等级进行划分并计算其发生频率, 计算方法如下:

$$F_{li} = \frac{n_{li}}{N} \times 100\% \qquad (3\text{-}46)$$

式中, n_{li} 为第 i 生育期内发生 l 等级涝渍事件的次数。N 为序列长度。

致灾因子的危险性通常用该致灾因子的发生频率和强度来表征, 即 $H = f(F, I)$, 本研究把轻度、中度、重度、极重的涝渍强度 ($I_{1\text{-}4}$) 分别赋值为 1、2、3、

4，即涝渍灾害发生的频率越高、强度越大，其危险性也就越高，因此基于 CWI 指数的不同生育期内致灾因子危险性表达式如下：

$$H_i = \sum_{l=1}^{4} F_{li} \times I_l \tag{3-47}$$

式中，F_{li} 为不同生育期内不同等级的涝渍事件发生频率，I_l 是不同等级的涝渍强度。

③SPEI 指数和 CWI 对比验证。目前国内外有关于旱涝灾害的研究，可以发现标准降水蒸散指数（SPEI）应用较为广泛，已具备了较为准确的涝渍程度划分指标。涝渍灾害多由极端降水或集中降水引起，通常伴随着降水强度高、历时较短且突发性的特点，因此为验证综合旱涝指标（ADWI）的可用性，本节选取 1 月尺度（SPEI-1）指数，与上文建立的综合旱涝指数（CWI）进行对比验证。

④危险性评价模型的构建。各危险性指标的权重是基于熵权法计算得到的，最后利用加权平均法构建评价 4 个要素的指数，计算方法如下：

$$H = \sum_{i=1}^{n} W_{H_i} X_{H_i} \tag{3-48}$$

式中，H_i 为各生育期涝渍灾害危险性指数，i 为评价指标个数，W_{H_i}、X_{H_i} 分别为各危险性评价指标的权重和值。

（2）危险性评价与区划

①CWSDI、VCI、SMCI、CWI 空间分布。为了从大气、土壤、植被及综合方面多角度地对河南省 1990～2020 年涝渍情况进行研究，本研究将 3 个生育期内 31 年 CWSDI、VCI、SMCI 和 CWI 的均值进行空间展布。结果表明，在生育前期，CWSDI、VCI、SMCI、CWI 的取值范围分别为 -0.55～0.49、0.2～0.83、0.08～0.84、-0.05～0.56。CWSDI、SMCI、CWI 均呈现由北向南逐渐递增的趋势，VCI 呈现由西向东递增的趋势。研究区南部如信阳市等较为湿润，土壤湿度较高，说明较易发生涝渍事件。在生育中期内，CWSDI、VCI、SMCI、CWI 的取值范围分别为 -0.61～0.01、0.18～0.88、0.08～0.88、-0.14～0.41，该生育期为春花生生长盛期，且降雨量、花生需水量及蒸散量都相对较多，因此，CWSDI 的值较低，进而导致了该生育期内 CWI 的值为三个生育期内最低，涝渍对春花生生长的影响较小。生育后期 CWSDI、VCI、SMCI、CWI 的取值范围分别为 0.03～0.75、0.23～0.87、0.16～0.76、0.17～0.68，该生育期生长周期较长，降雨也较为集中，但是在这一时期花生需水量逐渐降低，因此 CWSDI 相较于其余两个生育期高，CWSDI、SMCI 及 CWI 较高的地区均有所扩大，三者均呈现由北向南递增的趋势，高值区主要集中信阳西部、驻马店等南部地区。VCI 高值区主要集中在豫东如周口、商丘、驻马店等地（图 3-36、图 3-37）。

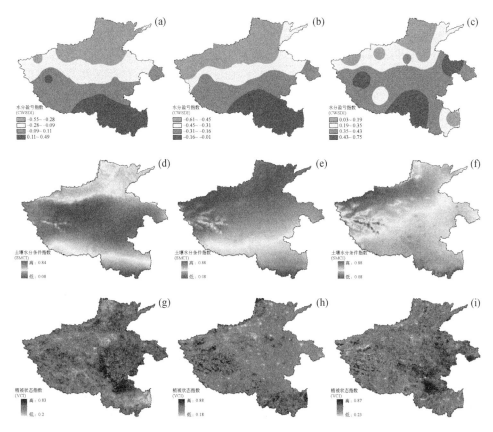

图 3-36　1990~2020 年春花生不同生育期的 CWSDI、VCI 和 SMCI 的空间分布
（a）、（d）、（g）生育前期，（b）、（e）、（h）生育中期、（c）、（f）、（i）生育后期

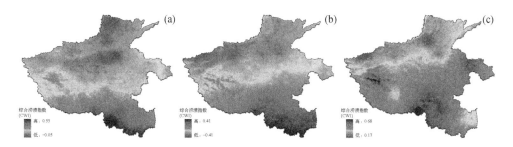

图 3-37　1990~2020 年春花生生育前（a）、中（b）、后（c）期的 CWI 指数的空间分布

　　总体而言，三个生育期内 CWSDI、SMCI、CWI 均呈现由北向南递增的趋势，除此之外，生育后期 CWSDI、SMCI、CWI 的高值区均有所扩大，说明生育后期为涝渍影响春花生生长的关键时期。

②SPEI 和 CWI 的对比验证。为了验证 CWI 的可行性，本研究结合 SPEI 分别从时间和空间上对 CWI 进行了探究。图 3-38 为 1990～2020 年河南省春花生生育前、中、后期 SPEI、CWI 指数变化趋势，总体而言，在不同生育期内，两者的变化趋势基本一致。在生育前期内，利用 M-K 检验对两个指数的突变年份进行分析，结果表明，1991、2007、2018 年为两者共同的突变年份，两个指数都在 1991、2007、2018 年前后共同上升、下降的趋势较为明显，因此突变较为显著。相较于其他两个生育期，在生育中期内 SPEI、CWI 的共同突变年份为 1994 和 2010 年。到了生育后期 SPEI、CWI 的值明显高于其他两个生育期，共同突变年份为 2018 年。根据研究结果来看，生育后期阶段，不论是 SPEI 还是 CWI 都识别出了较为频发的涝渍事件，因此涝渍灾害对春花生生长的影响多集中在该阶段。

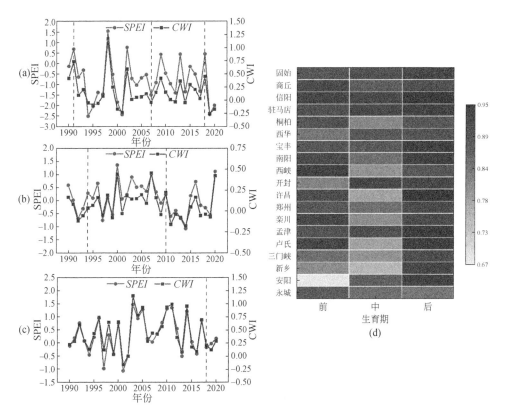

图 3-38 1990～2020 年河南省春花生生育前（a）、中（b）、后（c）期 SPEI、CWI 指数变化趋势及各站点的 SPEI、CWI 指数相关性分析（d），黑色虚线为使用 M-K 突变测试计算的 SPEI 和 CWI 共同突变年份

　　为了进一步研究河南省不同站点 CWI 指数的实用性，本研究基于皮尔逊相关性方法计算了各站点间 1990～2020 年 SPEI 指数和 CWI 指数之间的相关性系数。从生育期来看，生育前、中、后期相关性系数的范围分别为 0.67～0.92、0.73～0.91、0.83～0.94，可以看出，同其他两个生育期相比，生育后期两个指数的相关性系数较高。从区域来看，三个生育期内相关系数都较高的地区有固始、信阳、驻马店、宝丰，均在 0.87 以上，这些地区大多数位于河南省西南部及南部地区，同时也是降水较为集中的区域。总体而言，三个生育期内两个指数的相关系数均为 0.67～0.95，生育后期两个指数的相关性系数最高。

　　③春花生各生育阶段不同等级涝渍频率空间分布。图 3-39 为河南省春花生各生育阶段不同等级涝渍频率空间分布，生育前期，4 种等级涝渍频率均呈现由北向南递增的趋势，轻涝发生频率最高，高频区主要集中在豫南地区如驻马店、信阳西部等地。生育中期，轻涝和中涝均呈现由北向南递增的趋势，部分城市如信阳、驻马店南部轻涝频率可达 58%、显著高于该时期其他地区，说明这些地区降雨较为频繁，极易受到涝渍的影响。而生育中期发生重涝和极重涝频率的地区除驻马店小部分外，全区基本不发生。到了生育后期四个等级涝渍频率高值区相较于其他两个生育期均有所扩大，研究区一半以上的区域均处于中涝高频区，最高可达 39%。重涝和极重涝频率均较高的地区为驻马店、南阳及信阳西部地区。总体而言，生育后期为发生涝渍事件较高的时期。三个生育期内，驻马店、信阳涝渍频率均发生较为频繁，这些地区应加强对暴雨洪涝的防范，避免影响花生收成。

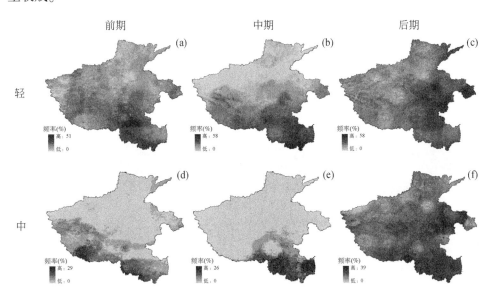

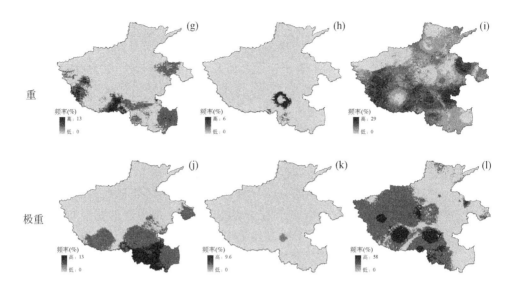

图 3-39 1990~2020 年河南省春花生各生育期轻 [（a）、（e）、（i）]、中
[（b）、（f）、（j）]、重 [（c）、（g）、（k）]、极重 [（d）、（h）、（l）] 频率分布

④春花生涝渍灾害危险性评价。图 3-40 为春花生各生育期基于危险性指数
进行自然断点后危险性评价的结果。从分布上看，春花生生育前期危险性指数分
布有明显的边界性，并且呈现由北向南递增的趋势，危险性极高的地区主要集中
在信阳西部。生育中期轻度危险性的区域占比最大，约为 50.6%，该区域一直延
伸到豫中附近，中度等级危险性区域相较于另外两个生育期有所减少。生育后期
大部分区域危险性较高，极高危险区主要集中在驻马店、南阳东南部、信阳西
部，该生育期全域都受到了较为严重的涝渍灾害影响。

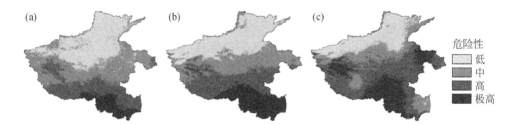

图 3-40 1990~2020 年春花生生育前（a）、中（b）、
后（c）期涝渍灾害危险性空间分布

4. 脆弱性评价

(1) 花生涝渍灾害脆弱性模型构建

脆弱性是基于敏感性和适应性的潜在风险可能造成的损失程度。减产率 (r) 和减产变异系数 (v) 为敏感性指标，产量通常包括趋势产量、气候产量和随机产量。趋势产量由社会技术水平决定，气候产量受气候因素影响。同时，其他因素变化引起的作物产量变化被视为随机产量，计算如下

$$Y = Y_v + Y_t + Y_e \qquad (3-49)$$

式中，Y 是实际单位产量（kg/hm²），Y_t 是趋势产量（kg/hm²），Y_e 是气候产量（kg/hm²），Y_v 是随机产量（kg/hm²），通常可以忽略不计。在本研究中，使用 3a 滑动平均法计算趋势收益率。然后，我们引入了相对气象产量（Y_w）。这是一个可比较的相对值，不受不同历史时期农业技术水平差异的影响。它能更有效地反映受气象灾害影响的实际产量波动：

$$Y_w = \frac{Y - Y_t}{Y_t} \qquad (3-50)$$

相对气象产量为负的年份定义为减产年，气象减产率计算如下：

$$r = \frac{\sum x_i}{n} \qquad (3-51)$$

式中，$\sum x_i$ 是负相对气象产量，n 是样本总数，r 用于描述相对气象产量中负值集中的位置，即减产年份的集中度，其表征了该主体受自然风险影响的平均减产水平。气象减产率越高，灾害造成的破坏程度越高，反之亦然，如下所示：

$$v = \sqrt{\frac{\sum (X_i - r)^2}{(n-1)} \bigg/ r} \qquad (3-52)$$

式中，v 为气象减产变异系数，X_i 是每年的相对气象产量。

各评价指标的权重是基于熵权法计算得到的，其中敏感性、适应性、脆弱性评价模型如下：

$$S = \sum_{i=1}^{n} W_{Si} X_{Si} \qquad (3-53)$$

$$A = \sum_{i=1}^{n} W_{Ai} X_{Ai} \qquad (3-54)$$

$$V = S \times (1 - A) \qquad (3-55)$$

式中，S 和 A 分别表示作物敏感性和适应能力，用于表征脆弱性（V）。X_{Si}、X_{Ai}、W_{Si} 和 W_{Ai} 表示评估指标和相应的权重。

（2）脆弱性评价与区划

图 3-41 为敏感性和脆弱性指标的空间分布，其中减产率较高的地区主要集中在研究区的西北部地区，如三门峡市、济源市、洛阳市西北部地区。产量变异系数较高的地区集中在豫北地区，如安阳市、焦作市和新乡市等地。在研究区东部产量变异系数也较高，如商丘市、周口市、驻马店市、信阳市。从实际蒸散量比的空间分布来看，豫东及豫北部地区如郑州市以北及以东地区该值较高，说明这些地区较易受到涝渍灾害的影响。而土壤有机质含量的分布则表明研究区西部地区土壤的有机质含量较高，较适合种植花生。

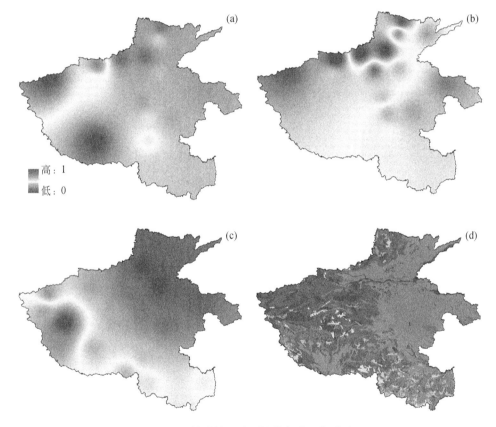

图 3-41　敏感性和脆弱性指标的空间分布

（a）减产率，（b）变异系数，（c）实际蒸散量比，（d）土壤有机质含量

春花生不同生育期涝渍灾害脆弱性空间分布，豫西北部地区脆弱性指数较高，在漯河市、周口市和驻马店三市交界处的脆弱性指数较高，商丘市也为脆弱性高等级的地区，而研究区西南如洛阳市南部、南阳市的大部分脆弱性指数较低，对作物生长有利。

5. 风险评价与区划

（1）花生涝渍灾害风险模型构建

①暴露性指数。农作物为农业涝渍灾害承灾体的主要对象，承灾体的暴露性主要表现在农作物的播种面积，其播种面积越大，暴露性也就越大，因此本研究选用种植面积比作为暴露性评价指标，计算方法如下：

$$E = A_p / A_c \tag{3-56}$$

式中，E 为暴露性指数，A_p、A_c 分别为河南省各市春花生种植面积和耕地面积。

②防灾减灾能力指数。防灾减灾能力表示受灾区在一定时期内能从涝渍灾害中恢复的程度，其与涝渍灾害的形成成反比，该值越高，表明恢复得越快。区域排灌动力机械及化肥施用量表示排灌能力及农业生产水平的高低，乡村从业人员及农民人均 GDP 则反映了防涝的投入水平。

$$C = \sum_{i=1}^{n} W_{Ci} X_{Ci} \tag{3-57}$$

式中，C 为涝渍灾害防灾减灾能力，W_{Ci}、X_{Ci} 分别为各防灾减灾能力评价指标的权重和值。

③风险。据自然灾害风险形成的"四要素"理论，灾害的 4 个方面为危险性、脆弱性、暴露性和防灾减灾能力。因此构建如表 3-8 所示的春花生涝渍灾害风险动态评价指标体系，其中各指标的权重是基于理想点法的组合赋权法计算得到的，最后利用加权平均法构建评价 4 个要素的指数。

结合 4 个要素的评价指数，构建涝渍灾害风险动态评价模型如下：

$$R_i = H_i^{W_H} \times V^{W_V} \times E^{W_E} \times (1-C)^{W_C} \tag{3-58}$$

式中，R_i 为春花生不同生育期内涝渍灾害风险动态评价指数，W_H、W_V、W_E、W_C 分别是危险性、脆弱性、暴露和防灾减灾能力评价指数的权重，分别为 0.335、0.274、0.237、0.154。

（2）花生涝渍灾害综合风险评价结果与区划

①暴露性评价。暴露性较高的地区主要集中在豫北、豫南及西南部如开封、新乡、驻马店等，其中开封的暴露性指数为 0.37，表明该市春花生的种植面积所占比例较大。而豫西地区如济源、三门峡暴露性指数偏低，济源的暴露性指数仅为 0.014，主要原因是西部地区地势较高，耕地面积较少，不适宜春花生的生长。该指数不仅反映承载体暴露性的大小也很好地反映了河南省春花生的种植情况。

②防灾减灾能力评价。图 3-42 为春花生涝渍灾害防灾减灾能力评价指标的分布情况，研究区排灌动力机械水平与防灾减灾能力息息相关。安阳、濮阳、新乡、商丘及驻马店等地的排灌机械水平较高，说明发生涝渍灾害时，这些地区能

够及时排出多余的水分，避免积涝对春花生的生长产生不良影响。化肥施用量属于地区农业生产水平情况，也与作物的生长情况有关，施用合适的化肥能改善作物的生长情况，提高产量，进而提高作物的应对灾害能力。化肥施用量与从业人员分布趋势较为相似，南阳、驻马店、周口、商丘、信阳等地二者的值都较高，说明这些地区农业生产情况较好。农民人均 GDP 与防灾减灾能力呈正相关，其值越高，可投入防救灾减灾的经费就越高，民众对灾害的基本常识越多，自救水平就越高，高值区主要位于研究区的西北部如济源、焦作、郑州等地。

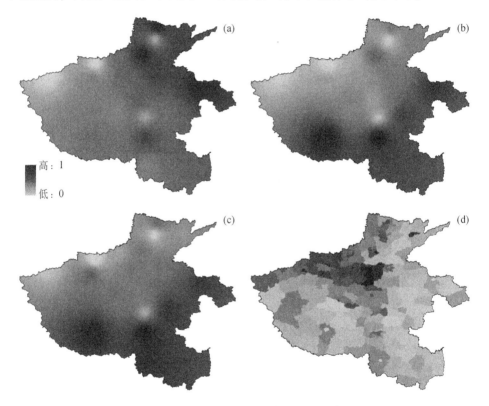

图 3-42　防灾减灾能力指标的空间分布
（a）排灌动力机械，（b）化肥施用量，（c）乡村从业人员，（d）农民人均 GDP

河南省防灾减灾能力分布，驻马店、商丘、南阳的部分区域为极高区，但占比较小，约为 10.7%，防灾减灾能力较低的地区占比同样较小，主要集中在研究区西北部如三门峡、洛阳、济源等地，大部分地区的防灾减灾能力都处于中、高水平，约占整个研究区的 75.7%，说明比较重视在防灾减灾水平上的投入，具有良好的防灾减灾能力。

③花生涝渍灾害风险评价与区划。本研究从自然灾害风险理论框架入手，结

合前文危险性、脆弱性、暴露性、防灾减灾能力四大风险评价因子的分析结果，利用了基于理想点法计算得到的各风险因子在风险评价中的权重，最后得到了河南省春花生涝渍灾害风险评价值，然后采用自然间断点分级法对春花生不同生育阶段进行风险等级的划分，以评价不同生育阶段春花生涝渍灾害风险水平，划分标准如表 3-10 所示。

表 3-10 河南省春花生涝渍灾害风险评价等级标准

生育阶段	轻度风险	中度风险	重度风险	极重风险
前期	<0.233	0.233~0.290	0.290~0.348	>0.348
中期	<0.205	0.205~0.281	0.281~0.352	>0.352
后期	<0.290	0.290~0.325	0.432~0.403	>0.403

图 3-43 为河南省春花生涝渍灾害风险动态评价结果，可知河南省春花生生育涝渍灾害风险等级均存在较为明显的区域性差异。其中，生育前期低风险区域占比较多约为 46.2%，且主要集中在豫中以北地区。生育中期低风险区域占比也较多。两个时期的高风险及以上区域均集中在豫南地区如驻马店、信阳等。到生育后期，低风险地区有所减少，仅占河南省 21.8%，与其他两个生育期相比高风险地区有所扩大，整体来看三个生育期春花生涝渍灾害风险均呈现出由北向南递增的趋势，高风险区主要集中在豫南地区。根据河南省历史资料统计，豫南地区降水频率最高，涝渍灾害时常发生，这说明本研究对河南省春花生不同生长阶段涝渍灾害风险评价结果具有一定的可信度，与河南省实际情况基本相符。

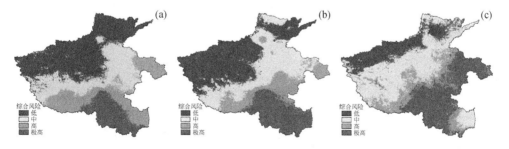

图 3-43 1990~2020 年春花生生育前（a）、中（b）、后（c）期涝渍灾害综合风险空间分布

3.3　特色林果（茶树）春霜冻害综合风险评价

茶树春霜冻害具有自然和社会两种属性，研究基于综合灾害风险理论，选取浙江省茶树春霜冻害的致灾因子、孕灾环境危险性、承灾体的暴露性与脆弱性，以及防灾减灾能力指标，构建浙江省茶树春霜冻害风险评估模型。并以此确定茶树春霜冻害风险等级划分方法，确定风险类型和风险等级，对浙江省茶树春霜冻害风险进行评价和等级区划，依此针对不同等级的风险区域提出合理的防灾减灾对策。

3.3.1　研究区概况与数据来源

研究区地理位置、气候条件、地形特征、土地利用、气象站点分布及数据来源等信息详见 2.3.1 小节。

3.3.2　研究方法

1. 技术路线

选择浙江省为研究区域，使用多源数据构建茶树春霜冻害研究综合数据库。对 LST 遥感数据从时间序列和空间近邻插补后结合辅助数据（地形因子）拟合气象站最低气温，构建基于支持向量机的精细化日最低气温估算模型，计算的浙江省 2003 ~ 2020 年 3 ~ 4 月日最低气温空间数据集。在此基础上分析茶树春霜冻害机理，耦合茶树春霜冻害等级分析茶树春霜冻害时空分布特征。最后以茶树种植区为评估对象，结合"四因子"构建茶树春霜冻害风险评价模型，评估浙江省茶树春霜冻害风险，并利用减产率对评价结果进行检验，在评价基础上提出防灾减灾对策。研究框架如图 3-44 所示。

2. 多标准决策方法

多标准决策（multi-criteria decision making）方法，可以同时综合定性和定量标准，以满足多角度、多维度对目标的风险评估。评价指标重要性的确定影响评价的最终结果，因此，每个指标的权重分配是一个基本方面，可影响风险评估的整体结果。

评估中直接或按照指定的程序/方法分配权重。系统程序可以是主观的或客观的。主观方法涉及征求专家对每个标准相对于其他标准的相对重要性的意见。一些研究人员已经应用主观加权方法，如层次分析法（AHP）、最佳最差方法（BWM）、数字逻辑方法（DL）等。其中 AHP 在多指标决策中能够将各个指标

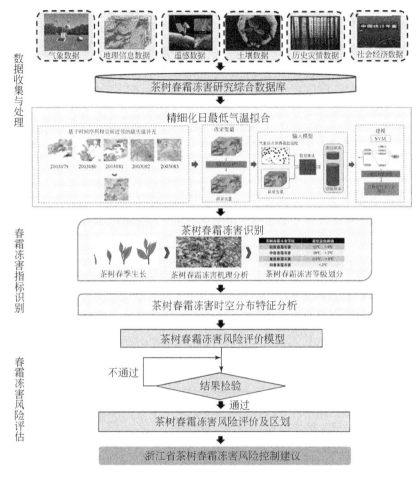

图 3-44　技术路线图

有层次性，条理化，使复杂的问题简化，定量与定性相结合。

另一方面，客观方法基本上是使用基于数学模型的测量或计算数据进行定量的，这些数学模型代表了替代方案中固有的实际特征和信息。在以前的研究和工作中包括熵权法、灰色关联度法和隶属函数法。TOPSIS 被认为是一种很好的多标准决策方法，因为简单、快速且易于理解，并且有组织的程序。它还具有以简单的数学形式衡量每个备选方案的相对性能的特性。所以结合 AHP 和 TOPSIS 评估霜冻风险。

（1）层次分析法

20 世纪 70 年代，运筹学家 Saaty 建构了层次分析法（analytic hierarchy process，AHP），运用层次分析法进行评价分析，包括以下 4 个步骤（邓雪等，

2012）：

①构建层次结构模型。首先将评价指标构造成有层次结构的评价模型。

②构建各层次中的评价矩阵。建立了一个评价矩阵 X，该矩阵包含 m 个指标（T_j，$j=1$，2，…，m）和 n 个评价对象（A_i，$i=1$，2，…，n）。决策矩阵的元素是每个对象相对于评价指标的得分或表现，引用数字 1~9 及其倒数作为标度：

$$X = \begin{bmatrix} x_{11} & x_{12} & \cdots & x_{1m} \\ x_{21} & x_{22} & \cdots & x_{2m} \\ \vdots & \vdots & \vdots & \vdots \\ x_{n1} & x_{n2} & \cdots & x_{nm} \end{bmatrix} \tag{3-59}$$

数字 1~9 分别表示两对象相比不同程度的重要性，1、3、5、7、9 分别表示两因素相比，前者与后者相同重要、前者比后者稍重要、明显重要、强烈重要、极端重要，而数列中的偶数为上述重要性的中间值。

③层次单排序和一致性检验。计算一致性指标（consistency index，CI）：

$$CI = \frac{\lambda_{\max} - n}{n - 1} \tag{3-60}$$

式中，$\lambda_{\max}$ 为判断矩阵的最大特征值。

按表 3-11 查找一致性指标 RI。

表 3-11　平均随机一致性指标

n	1	2	3	4	5	6	7	8	9	10	11	12	13	14
RI	0	0	0.52	0.89	1.12	1.24	1.36	1.41	1.46	1.49	1.52	1.54	1.56	1.58

计算一致性比例 CR：

$$CR = \frac{CI}{RI} \tag{3-61}$$

当 CR<0.01 时，认为通过一致性检验，否则对判断矩阵进行适当修正。

④层次总排序及一致性检验。对各指标的权重排序，总体一致性检验，计算各层要素随系统总目标的合成权重，并对各备选方案排序。

（2）TOPSIS 法

TOPSIS（technique for order preference by similarity to ideal solution）法称为逼近理想解排序法，或优劣解距离法，是由 Hwang 和 Yoon 于 1981 年提出作为一种多属性的决策方法，该方法基于向量归一化。TOPSIS 应用背后的基本思想依赖于这样一个事实：根据标准的性质（即有益或非有益），使用欧几里得距离原则，最佳备选方案与正理想解（PIS）的距离最短，与负理想解（NIS）的距离最长。其具体步骤如下：

①构建归一化评价矩阵（R_{ij}），使用公式中所示的向量归一化方法：

$$R_{ij} = \frac{x_{ij}}{\sqrt{\sum_{i=1}^{n} (x_{ij})^2}} \tag{3-62}$$

式中，R_{ij} 是第 i 个评估对象的第 j 个指标的归一化值，而 x_{ij} 是等式中决策矩阵的元素。向量归一化被描述为 TOPSIS 应用中最适合的数据规范化方法。

②通过将归一化决策矩阵 R_{ij} 与其关联的组合权重 W_j 相乘，计算加权归一化决策矩阵：

$$v_{ij} = R_{ij} \times W_j \quad j = 1, 2, \cdots, m \tag{3-63}$$

③定义 A_{ij}^+ 为每列元素最大值的集合，定义 A_{ij}^- 为每列元素最小值的集合：

$$\begin{aligned} A_{ij}^+ &= (A_1^+, A_2^+, \cdots, A_m^+) \\ &= \begin{bmatrix} \max(v_{11}, v_{21}, \cdots, v_{n1}), \max(v_{12}, v_{22}, \cdots, v_{n2}), \\ \cdots, \max(v_{1m}, v_{2m}, \cdots, v_{nm}) \end{bmatrix} \end{aligned} \tag{3-64}$$

$$\begin{aligned} A_{ij}^- &= (A_1^-, A_2^-, \cdots, A_m^-) \\ &= \begin{pmatrix} \min(v_{11}, v_{21}, \cdots, v_{n1}), \min(v_{12}, v_{22}, \cdots, v_{n2}), \\ \cdots, \min(v_{1m}, v_{2m}, \cdots, v_{nm}) \end{pmatrix} \end{aligned} \tag{3-65}$$

④计算第 i 个评估对象与最大值和最小值之间的距离分别为

$$D_i^+ = \sqrt{\sum_{j=1}^{m} (A_j^+ - v_{ij})^2} \tag{3-66}$$

$$D_i^- = \sqrt{\sum_{j=1}^{m} (A_j^- - v_{ij})^2} \tag{3-67}$$

⑤利用这些中间参数可以计算出第 $i(i = 1, 2, \cdots, n)$ 个评价指标的相对闭合度（RC_i），得到最后的评价得分：

$$RC_i = \frac{D_i^-}{D_i^+ + D_i^-} \tag{3-68}$$

具体多标准决策方法框架及流程如图 3-45 所示，在指标选取、预处理后构建风险评估结构矩阵，利用 AHP 确定权重的基础上，使用 TOPSIS 模型多标准决策，优化权重系数和评价结果。

3. 风险评价指标体系

根据浙江省茶树春霜冻害风险形成机制，全面分析浙江省茶树春霜冻害的危险性、承灾体暴露性、脆弱性和防灾减灾能力 4 个因子，结合浙江省各县市的实际情况和资料获取的难易程度选取指标。

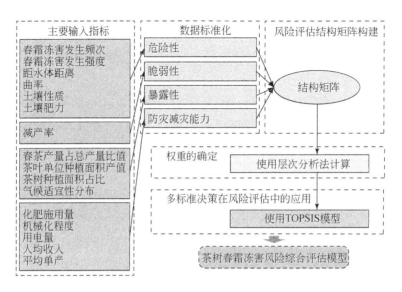

图 3-45　优化评价的方法构架

（1）春霜冻害危险性指标的选取

危险性是指致灾因子的自然变异程度，也称为风险源，主要是由灾变活动规模（强度）和活动频次（概率）决定。多数研究笼统地用霜冻发生的频率表示霜冻灾害危险性，并不能体现霜冻强度对危险性的影响。

危险性主要包括孕灾环境和致灾因子两类指标，由于茶树春霜冻害成因复杂，受到多种因素的影响，单独选取某个指标往往不能真实地反映灾害危险程度。因此，充分考虑影响浙江茶树春霜冻害的影响因素，进行分析与选择。

环境中的地形和植被条件影响了近地面空气温度变化与冷空气的流动和聚散，从而影响春霜冻害分布。此外，是否造成茶树霜冻害还与土壤条件密切相关。土壤中营养成分有机质、氮、磷、钾和土壤性质，如 pH 和土壤质地影响茶树的百芽重、发芽密度以及茶叶的品质和产量，施加氮磷钾肥能够明显增强作物的抗霜冻能力，不仅如此，施用化肥还能够提升茶树的光合生理和茶叶氨基酸含量（罗凡等，2015；谢克孝等，2021；Sedaghathoor et al.，2012）。

土壤质地和 pH 等指标不容易量化，研究从是否适宜茶树生长的方面考虑，利用赋值法将其赋值量化，并将所有的指标标准化处理。同时通过阅读文献（蔡奉颖，2018；李作为等，2018），根据层次分析法，给定土壤中的营养物质氮、磷、钾和有机物对自适应性的影响贡献赋予权重。土壤性质指标量化和自适应性指标权重见表 3-12 和表 3-13。

表 3-12　土壤性质指标量化和权重

分级（权重）	1	2	3	4
土壤质地（0.461）	黏土	砂土	黏壤土	壤土
土壤 pH（0.539）	<5 或≥6.5	［6，6.5)	［5.5，6)	［5，5.5)

表 3-13　土壤肥力指标权重

指标	权重
土壤有机质	0.283
可用氮	0.319
可用磷	0.197
可用钾	0.201

因此，选择气象条件作为致灾因子危险性指标，NDVI、曲率、土壤性质、土壤肥力作为孕灾环境危险性指标，构建茶树春霜冻害危险性评价指标体系，危险性指标选取见表 3-14。

表 3-14　浙江省茶树春霜冻害危险性评价指标

因子	副因子	指标体系
危险性	致灾因子	霜冻害发生频率
		霜冻害发生强度
		NDVI
	孕灾环境	曲率
		土壤性质
		土壤肥力

（2）春霜冻害脆弱性指标的选取

脆弱性是承灾体本身的属性，通过自然灾害发生后表现出来，即自然外力作用下承灾体呈现的易损属性，该属性是承灾体客观存在的属性，不受自然灾害影响。在研究中根据浙江省自然与社会环境特点选取指标，分析比较区域脆弱性差异。

茶树生态系统受自然因素影响表现为对环境的敏感性。敏感性反映了自身抗击致灾因子的能力，易发生霜冻的面积可以反应承灾体的脆弱性，利用灾损指标进行刻画，但由于在收集资料中缺少浙江省茶树春霜冻害的成灾、受灾面积数据，而减产率与成灾面积百分率呈现较强的正相关。因此，研究利用平均减产率表示敏感性。

（3）春霜冻害暴露性指标的选取

暴露性（E）是指承灾体茶树可能受到危险性威胁的数量与价值，其产生原因是致灾因子与承灾体相互作用的。首先，暴露性与茶树种植的面积和茶树的生产价值有关，暴露在危险因子下的面积和价值越高，可能遭受的潜在损失就越大，灾害风险越高。因此。选取了春茶产量占总产量比值（E_1）、茶树单位面积产值（E_2）、茶树种植面积（E_3）、作为暴露性的评价指标。此外，选取茶树自身的气候适宜性（E_4）作为暴露性指标，茶树在环境中的适宜性越高，越适宜其生长发育，使单位区域的数量和价值越高，暴露性越大。

研究在分析茶树生长与光、温、水气象要素关系的基础上，构建了茶树种植气候适宜性评价模型。综合前人对茶树研究成果，确定各个区划指标等级量化标准，划分为4个等级适宜性等级，并赋值1~4，具体内容见表3-15。利用AHP得到各指标的权重，确定茶树种植适宜性评级等级，划分浙江省茶树种植空间适宜性区划（黄寿波，1985；张玮玮等，2011；金志凤等，2011；李仁忠等，2017；唐俊贤等，2021）。

表 3-15　茶叶种植气候区划指标

区划指标/适宜性 （赋予分值）	最适宜（4）	适宜（3）	次适宜（2）	不适宜（1）	权重
年日照时数（h）	1200~1500	1500~1800	<1200	>1800	0.162
年均降水量（mm）	>1500	1200~1500	1000~1200	<1000	0.250
年平均温度（℃）	≥16.5	15~16.5	13~15	<13	0.415
≥10℃活动积温（d·℃）	≥5000	4500~5000	4000~4500	<4000	0.173

通过阅读文献及茶叶产量的拟合分析，确定茶树种植适应性评价等级（表3-16）。

表 3-16　茶树种植适应性评价等级

茶树种植适宜性评价等级	最适宜	适宜	次适宜	不适宜
综合指数（Y_i）	<1	1~1.8	1.8~2.6	>2.6

（4）防灾减灾能力指标的选取

防灾减灾能力（R）用于量化受灾区域能够从灾害事件中恢复的程度，区域防灾减灾能力与茶树春霜冻害的形成反比。人类利用技术手段保护生产、抵抗致灾因子的不利影响，如利用风扇使冷空气辐散，降低霜冻害发生可能性；加强田间管理，及时修剪因冻害受损的叶芽，促进茶树生长；施加肥料，提高茶树植株的抗霜冻能力，在一定程度上降低低温事件对叶芽的损伤等。正是由于人类有意识地干预，即使较强的霜冻害发生，也不一定造成严重的损失，因此防灾减灾能力的评估是茶树春霜冻害风险评估中的重要环节。

防灾减灾能力与经济社会因素息息相关，对不同的承灾体和自然灾害类型，防灾减灾能力因地制宜，因此防灾减灾的评估十分复杂。在研究选取上一方面考虑投入建设水平，选择了地均化肥施用量（R_1）、用电量（R_2）、农机动力（R_3）和农业劳动人口人均收入（R_4）；另一方面考虑茶产量的变化、茶叶的趋势产量，体现了当地的防灾减灾能力，将趋势产量线性回归的斜率（R_5）作为反映当地防灾减灾能力的重要依据。

（5）指标归一化处理

由于不同指标之间单位不同，难以进行比较和计算，因此将指标去量纲化处理。

正向指标处理方法：

$$X_{ij}^1 = \frac{X_{ij} - X_{\min j}}{X_{\max j} - X_{\min j}} \tag{3-69}$$

式中，X_{ij} 是第 i 个对象的第 j 项的指标值，X_{ij}^1 为无量纲化处理后第 i 个对象的第 j 项指标值；$X_{\max j}$ 和 $X_{\min j}$ 分别为第 j 项指标的最大值和最小值。正向指标是指与风险成正比的指标，其值越大，风险越大，归一化后的值与原值增减方向一致；负向指标是指与风险成反比的指标，其值越大，风险越小，归一化后的值与原值的增减方向相反。

负向指标处理方法参考上述公式。

（6）茶树春霜冻害风险评价模型指标体系

依据选取的茶树春霜冻害风险评价指标，计算指标间的多重共线性，多重共线性均小于 10，最大为 7.335。风险评估中的各个指标的权重计算按照 AHP-TOPSIS 方法进行处理，通过咨询相关领域的多位专家，征询多位业内专家的意见，利用 AHP 初步计算各因子层、各指标的权重，然后根据 TOPSIS 对权重进行客观地再分配，得到各指标的最终权重值。浙江省茶树春霜冻害风险评估指标体系与权重系数如表 3-17 所示。

3.3.3　危险性评价

前面重点分析浙江省的春霜冻害发生频次和严重程度，详细阐述不同等级春霜冻害空间分布和春霜冻害的时间变化趋势。在危险性评价中，研究重点为承灾体的受灾情况，因此以茶树种植区域作为研究区域，种植区从30m土地利用数据中获取。

表3-17　浙江省茶树春霜冻害风险评估指标体系

	因子	副因子	指标	权重
茶树春霜冻害风险评估指标体系（RI）	危险性 H（0.4663）	致灾因子	春霜冻害发生频率（H_1）+	0.2135
			春霜冻害发生强度（H_2）+	0.5625
		孕灾环境	距水体距离（H_3）-	0.0423
			曲率（H_4）+	0.0664
			土壤性质（H_5）-	0.0597
			土壤肥力（H_6）-	0.0556
	脆弱性 V（0.2198）	敏感性	减产率（V_1）+	1
	暴露性 E（0.1221）	价值及面积	春茶产量占总产量比值（E_1）+	0.1925
			茶树单位面积产值（E_2）+	0.2231
			茶树种植面积（E_3）+	0.2129
		适宜性	气候适宜性（E_4）-	0.3715
	防灾减灾能力 R（0.1918）	投入建设水平	地均化肥施用量（R_1）-	0.2333
			用电量（R_2）-	0.0958
			农机动力（R_3）-	0.1286
			农业劳动人口人均收入（R_4）-	0.1934
			平均 GDP（R_5）-	0.3489

注：表中"+"代表正向指标；"-"代表负向指标。

浙江茶树不同程度春霜冻害发生频次空间分布如图3-46所示，轻度春霜冻害发生频次呈现从东南沿海向西北递增的趋势，中部因山地海拔较高，轻度春霜冻害频次较高，最高为年均7.53次。中度春霜冻害频次最高的地区出现在西北部山区，为年均5.82次，大部分地区为年均2次以下。西南部分地区不发生春霜冻害，年均0~0.88次的区域占全部茶树种植区域的93.67%。东部沿海以及中部平原河谷区没有特重春霜冻害分布，特重霜冻害发生频次较高的地区主要分布在丽水市和杭州市。从上述分析中可得，茶树春霜冻害频次的分布主要呈现两个明显的趋势，一是频次与海拔有明显相关性，海拔较高的茶园要注意茶树春霜冻害的防范；二是受太平洋东南季风影响和海水热容的保温作用，东部沿海的茶树春霜冻频次要明显低于中西部地区（图3-46）。

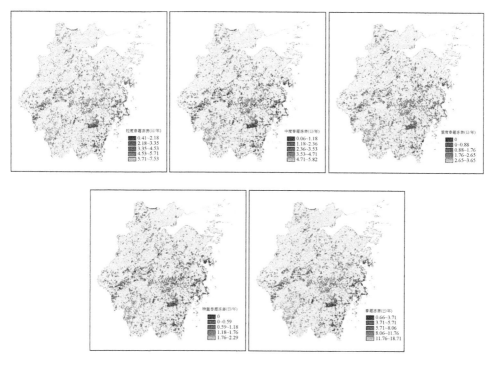

图 3-46　浙江茶树春霜冻害发生频次

图 3-47 显示了浙江茶树春霜冻害发生的强度分布，茶树种植区域的春霜冻强度较低于区域整体。3 月浙江整体的强度最高值为 5.206，茶树种植区最高值为 2.868，是整体的 55.1%；4 月浙江整体春霜冻害强度最高值为 0.954，茶树

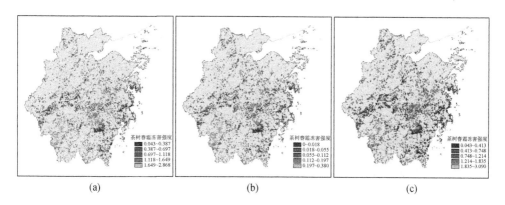

图 3-47　浙江茶树春霜冻害强度分布

（a）3 月春霜冻害强度分布，（b）4 月春霜冻害强度分布，（c）3、4 月春霜冻害强度分布

种植区最高值为0.380，为整体的39.8%；3月和4月的浙江整体春霜冻害强度最高值为5.934，茶树种植区最高值为3.090，为整体的52.1%。

根据危险性指数（*H*）计算方法，运用ArcGIS 10.4软件加权计算各指标，并绘制浙江省茶树春霜冻害危险性空间分布图，采用自然断点法对危险性进行划分得出危险性低（0.053~0.137）、较低（0.137~0.205）、中（0.205~0.286）、较高（0.286~0.364）、高（0.364~0.601）的区域。

浙江茶树春霜冻害危险性的分布有一定的区域差异和连续性（图3-48），危险性基本呈带状分布，与浙江省的气候、地形及太阳辐射有关。浙北的湖州、杭州、宁波纬度较高，太阳辐射较低热量较少，所以危险性较高；丽水市以及中东部由于山地海拔较高热量较少，所以危险性较高。中西部地区地势低平，东部地区受海洋性季风影响因而危险性较低。

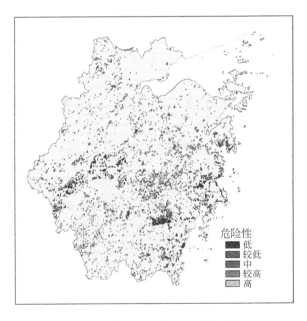

危险性
低
较低
中
较高
高

图3-48　浙江茶树春霜冻害危险性

3.3.4　脆弱性评价

春霜冻害是浙江茶树春季遭受的最主要的气象灾害，在研究时间内的所有年份均有春霜冻害发生。为能更精确地反映春霜冻害对茶树的危害，研究收集了浙江省各县的春茶产量，计算气象产量、减产率等指标（图3-49）。

根据自然断点分级法，将浙江茶树春霜冻害脆弱性划分为5个等级。从各县图3-50可知玉环县脆弱性最高，高减产率使当地的脆弱性高于其他地区。浙江

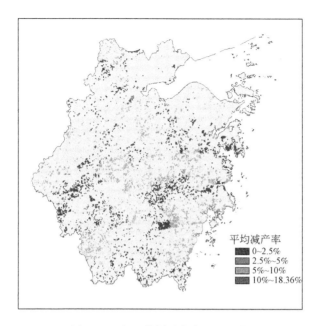

图 3-49　浙江茶树减产率空间分布

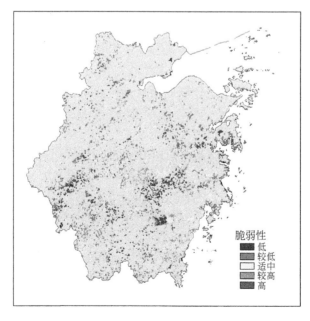

图 3-50　浙江茶树春霜冻害脆弱性空间分布

省中部衢州市、松阳市、青田县、仙居县、宁海县、嵊州市等地茶树自适应性较强，因此由茶树春霜冻害造成的减产程度轻，茶树春霜冻害脆弱性较低于省内其他地区。

3.3.5 综合风险评价与区划

1. 风险评价模型构建

根据自然灾害风险形成理论、农业气象灾害风险形成机理，结合灾害风险形成"四因子"理论（张继权等，2015），通过自然灾害风险指数法表征茶树春霜冻害风险程度：

$$\text{FRI} = \frac{H^{W_H}(X) \times E^{W_E}(X) \times V^{W_V}(X)}{1 + R^{W_R}(X)} \quad (3\text{-}70)$$

式中，FRI 为茶树春霜冻害风险指数，用于表示春霜冻害风险程度，其值越大，表示茶树春霜冻害风险越大；X 为各评价指标的量化值；$H(X)$、$E(X)$、$V(X)$、$R(X)$ 的值分别为危险性、暴露性、脆弱性和防灾减灾能力的大小；W_H、W_E、W_V、W_R 表示危险性、暴露性、脆弱性和防灾减灾能力的权重值。

2. 暴露性评价

计算茶树单位面积产值指标时，宁波市、绍兴市、丽水市、舟山市、嘉兴市和台州市缺少县级茶叶产值数据，在统计计算以上6个地级市时，采用的是市级茶叶产值数据。

浙江整体茶树种植适宜性高，浙江南部部分区域由于春季降水量大、阴雨天气多、日照辐射时数较少而呈现较低的适宜性，如图3-51所示。暴露面积和价值指标中安吉县、绍兴市市区、新昌县、遂昌县和松阳县最高，余杭市、桐庐县、永康市、龙游县以及衢州市市区最低。

将茶树春霜冻害适宜性及暴露面积和价值指标计算后，利用自然断点分级法划分暴露性等级为：低（0.128~0.292）、较低（0.292~0.372）、中（0.372~0.454）、较高（0.454~0.559）和高（0.559~0.852）。图3-52为浙江茶树春霜冻害暴露性空间分布。暴露性空间分布具有一定的连续性和区域性，高值区主要分布在浙江省北部的湖州市、绍兴市、宁波市以及丽水市，这些区域的茶叶单位面积的价值和春茶产量占比较高；中值区主要分布在中部的武义县、缙云县、丽水市区和东部的宁波市、台州市以及永嘉县；低值区主要分布在杭州市、衢州市、金华市和温州市。

3. 防灾减灾能力评价

防灾减灾能力能够体现当发生茶树春霜冻害时，不同区域防御和缓冲灾害损

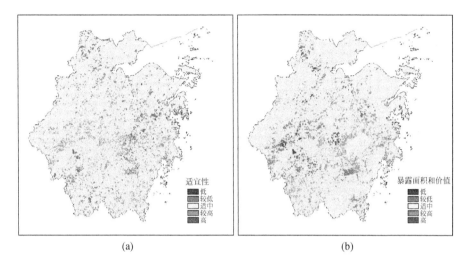

图 3-51　浙江茶树春霜冻害适宜性（a）及暴露面积和价值（b）分布

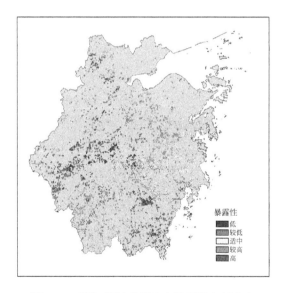

图 3-52　浙江茶树春霜冻害暴露性空间分布

害的能力，高值区表示灾害来临时，防御和抵御灾害的能力比较强，发生灾害后从灾害中恢复过来的能力也比较强；低值区则表示两方面能力均较弱。

图 3-53 显示了浙江省各县茶树种植区域的防灾减灾能力的分布，由于各个区域的社会经济生产条件存在差异，导致防灾减灾能力具有空间分异性。杭州市区、余杭区、富阳市、诸暨市以及金华市区、武义县的防灾减灾能力强，而开化县、永康市、青田县、云和县和东部的乐清市、玉环县的防灾减灾能力相对其他

地区较差，需要加强对当地茶树种植防霜冻能力的提高。

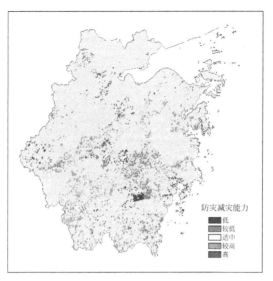

图 3-53　浙江茶树春霜冻害防灾减灾能力

4. 风险评价与区划

在对浙江茶树春霜冻害的致灾因子危险性、承灾体脆弱性和暴露性、防灾减灾能力四个指标分析、区划的基础上，耦合自然灾害风险评估模型计算了浙江茶树春霜冻害综合风险指数，浙江省茶树春霜冻害综合风险空间分布如图 3-59 所示。浙江茶树春霜冻害风险值在 0.975 ~ 1.448，利用自然断点分级法划分浙江省茶树春霜冻害风险等级为：低风险（0.975 ~ 1.097）、较低风险（1.097 ~ 1.163）、中等风险（1.163 ~ 1.231）、较高风险（1.231 ~ 1.303）和高风险（1.303 ~ 1.448）。

由图 3-54 可以看出，受气候和地形影响，高低风险区呈东北西南向的条带状分布。茶树春霜冻害风险高值区主要分布在浙江省西部和中南部地区，西部包括湖州市安吉县，杭州市临安市、淳安县和衢州市开化县；中南部包括天台县、磐安县、永康市、永嘉县、玉环县以及丽水市南部的 5 个县区，高风险区尤其是位于中南部的高风险区茶叶种植面积和密度较大，一旦发生春霜冻害，可能会导致较大的经济损失。中等风险在高低风险的过渡地带，浙江省中部的新昌县、临海县、仙居县等县区以及南部的瑞安市、泰顺县等地中等风险占比较高。低风险及较低风险区则主要分布在中西部以及东部地区，中西部包括杭州市西部、绍兴市、金华市除永康市的区域和衢州市除开化县的其他县区，东部的宁波市、台州市东部和温州市南部的平阳县、苍南县茶树春霜冻害风险值较低。

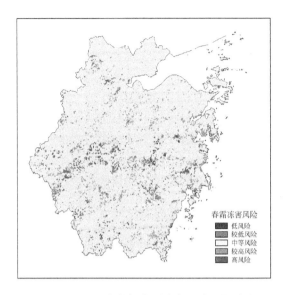

图 3-54　浙江省茶树春霜冻害风险空间分布

5. 风险评价结果检验

为了验证茶树春霜冻害分县综合评价结果的合理性，分别计算 62 县茶树种植栅格点的风险均值与历年的平均减产率，随后对两者进行相关分析和回归分析（图 3-55）。计算皮尔逊相关系数为 0.684，在 0.01 级别，相关性显著。回归模型为：$y = 0.1647x - 0.1629$。风险越大，茶树减产率越高，由此可见，本研究采取的风险评估模型可以较准确地反映浙江茶树春霜冻害实际情况。

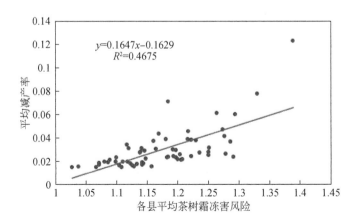

图 3-55　茶树春霜冻害风险评估结果验证图

3.3.6　风险控制建议

随着农业可持续发展和农业防灾减灾能力的迫切需求，农业气象灾害风险管理研究中灾前的风险监测预警、灾中的应急响应和灾后的恢复重建成为风险综合管理的发展趋势（张继权等，2006；多多納裕一，2003）。农业气象灾害风险管理的主要功能是实现两个减灾的结果：一是从源头上使农业气象灾害风险发生的可能性降低；二是使农业气象灾害风险造成的意外损失的程度降低。

因此本研究基于茶树春霜冻害发生过程机制和风险形成提出了针对浙江省茶树春霜冻害发生全过程和茶树春霜冻害不同风险区的风险管理与控制建议。

1. 基于灾害发生过程的风险管理与防控技术

针对茶树春霜冻害发生全过程的风险管理与防控技术主要目的是将降低茶树春霜冻害灾前风险、春霜冻害发生时的应急对应和春霜冻害发生后的恢复重建3个阶段融为一体，实现对茶树春霜冻害系统的综合管理，其优点是管理范围能够涉及灾害系统的每一环节，管理方法比较先进。茶树春霜冻害综合风险管理模式贯穿于茶树春霜冻害发生发展的全过程（图3-56），包括灾害发生前的日常风险管理（预防与准备）、灾害发生过程中的应急风险管理和灾害发生后的恢复和重建过程中的危机风险管理（张继权等，2015）。

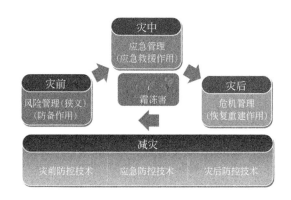

图3-56　茶树霜冻害综合风险管理全过程的风险管理模式

（1）灾前防控建议

灾前风险管理目的是通过人为因素降低致灾因子的危险性、降低承灾体（本研究中指茶树）造成春霜冻害的脆弱性，以及降低承灾体的暴露程度并增强其自身的适应能力，结合前人的研究（娄伟平，2021；青野英也等，1953），提出灾前风险防控措施：预报、监测。建立茶树春霜冻害监测预报系统，提高预报准确性、及时性，融合网络信息设备如新闻、短信、公众号等信息媒体平台迅速让民众获知，做好防灾准备。

防灾工程、防灾措施如下：在茶园周围规划布局防护林带、阻挡寒流侵袭。铺盖防霜，在寒潮来临之前，在茶树种植两旁的裸露地面覆盖杂草，减少地面长波辐射损失，增加茶园空气湿度，从而增强茶园保温；或架棚覆盖防霜，减缓茶丛热量散失速率和阻隔冷空气侵入茶丛内部，从而防御霜冻。加强肥培管理，加强茶树生长季营养物质的充分有效供给，促进茶树健康成长，提高抗霜冻能力。提高茶树种植管理，选育抗性品种，种植推广抗霜冻能力强的优良茶种。同时根据茶树树龄分配种植区域，幼年茶树抗寒性弱，优先放置在不容易遭受霜冻影响的区域，并且加强防霜措施。气流扰动防霜，利用风机等机械设备扰动茶园近地面形成的逆温层，将上方较暖的空气扇动流向下方气温较低的茶树冠层，提高茶树冠层温度，降低霜冻害风险（张贱根，2006）。喷管防霜，防止冷空气侵入，阻止茶树蓬顶结霜，同时增加土壤湿度，提高热容量提高茶园环境温度（胡永光，2011；刘海洋，2018）。熏烟法防霜，根据天气预报在低温霜冻即将来临之前，不充分燃烧杂草等形成进行烟熏，不仅能够利用燃烧产生的热量使周围的温度提升，而且燃烧的烟幕能够降低茶树冠层辐射降温效应。

农业保险制度。春茶季是浙江最重要的茶产季，产值占全年产值的3/4，春霜冻害是造成茶产业损失最大的灾害。因此通过建立茶树春霜冻害低温保险，减少农民灾害损失，提高农民灾后自救能力，防止农民因灾减收、因灾致贫，从而降低农业生产风险，提高农民生产积极性。浙江省于2015～2020年试行推广茶园低温保险，基本覆盖了各重点产茶县，2019年投保面积达1.41万公顷，占种植面积的6.88%（罗凡等，2015）。

（2）灾中应急防控建议

在浙江茶树春霜冻害风险评估与区划的基础上加强风险控制。此系统与浙江省茶园及种植区的相关服务体系有关，与企业管理、经济实力和当地政治、经济等因素有关。

（3）灾后恢复救助建议

及时修剪。对于受到霜冻害损伤的部位，及时修剪能够促进新芽的萌发和新梢生长（吴婧等，2014）。药剂防霜，使用植物药剂喷洒受冻茶树，加强茶树恢复效果。追加施用催芽肥和叶面肥，促进茶树的恢复生长。

2. 基于风险区划的管理与防控技术

我国自然灾害的频发源于自然因素和人为因素共同作用，自然灾害较大制约了我国的经济建设和繁荣富强，甚至影响了社会的和谐与稳定。因此，采用科学的方法实现正确识别茶树春霜冻害风险区划，并基于茶树春霜冻害的风险等级提出合理的减灾决策，可为定量地制定农业气象灾害风险评价等级和灾害风险管理与防范对策提供明确的依据。本研究以浙江省茶树春霜冻害风险分区为例，提出了针对于不同风险区的管理与防控技术手段（表3-18）。

表 3-18　浙江省茶树春霜冻害不同风险区的管理与防控技术

风险等级	地区	管理与防控技术
春霜冻害高风险区	淳安县、开化县、龙泉市、庆元县、云和县、景宁畲族自治县、磐安县、永嘉县、文成县、天台县、玉环县	①降低致灾因子危险性、暴露度、脆弱性、敏感性，提高防灾减灾能力；②调整优化作物布局、种植结构和栽培方式，优先种植抗寒性强的茶树品种；③加强防霜冻设施建设，因地制宜，兴建防霜冻设备；④通过生态环境修复，降低承灾体脆弱性；⑤加强霜冻灾害性风险预警系统建设；⑥完善茶树保险投入与赔付体系，提高农业保险普及范围
春霜冻害较高风险区	安吉县、德清县、遂昌县、乐清县、青田县、慈溪市	①加强茶园田间管理基础设施建设；②实施产业多样化与生态保护战略；③完善抗霜冻非工程措施，提高抗霜冻工作的现代化、科学化、规范化水平
春霜冻害中风险区	长兴县、湖州市区、临安市、泰顺县、瑞安市、浦江县、海盐县、新昌县、鄞州区、东阳市、临海市、仙居县、温州市区	①以提高茶园田间管理为主线，提升茶园管理的专业化和机械化程度；②调整作物栽培方式、种植结构和种植制度；③提高典型生态系统霜冻害防御能力；④加强防灾减灾规划和基础设施建设，建设气象灾害风险预警体系

　　高风险区是最主要的管理防控对象，尤其是龙泉市、庆元县、云和县、淳安县和景宁畲族自治县主要风险值高的原因是防灾减灾能力不足造成的，且该地域为茶树种植面积较大的区域，防灾工作不可轻视；永嘉县与开化县茶树春霜冻害脆弱性高是造成风险高的主要原因，因此应推广种植抗冻耐寒的优质茶种，调整优化作物布局、种植结构和栽培方式；天台县与磐安县茶树春霜冻害风险高与霜冻害危险性高有关，因此建设防霜设施、建造防霜设备应是当地防控茶树春霜冻害的重点任务。

参 考 文 献

别得进，朱秀芳，赵安周，等.2015. 农业旱灾脆弱性研究综述. 北京师范大学学报：自然科学版，(S1)：8.

蔡奉颖.2018. 基于肥力及潜在生态风险指数的典型茶园土壤适宜性评价. 福州：福建农林大学.

曹娟，张朝，张亮亮，等.2020. 基于 Google Earth Engine 和作物模型快速评估低温冷害对大豆生产的影响. 地理学报, 75 (09): 1879-1892.

多々納裕一. 2003. 災害リスクの特徴とそのマネジメント戦略社会技術研究論文集.

宫丽娟, 李秀芬, 田宝星, 等. 2020. 黑龙江省大豆不同生育阶段干旱时空特征. 应用气象学
　　报, 31 (1): 10.

胡永光. 2011. 基于气流扰动的茶园晚霜冻害防除机理及控制技术. 镇江: 江苏大学.

黄崇福. 1999. 自然灾害风险分析的基本原理. 自然灾害学报, (02): 21-30.

黄崇福. 2009. 自然灾害基本定义的探讨. 自然灾害学报, 18 (05): 41-50.

黄崇福, 刘安林, 王野. 2010. 灾害风险基本定义的探讨. 自然灾害学报, 19 (06): 8-
　　16. DOI:10. 13577/j. jnd. 2010. 0602.

黄寿波. 1985. 我国茶树气象研究进展 (综述). 浙江农业大学学报, 11 (02): 87-95.

霍治国, 李世奎, 王素艳. 2003. 主要农业气象灾害风险评估技术及其应用研究. 自然资源学
　　报, 18 (6): 693-695.

金菊良, 魏一鸣, 付强, 等. 2002. 洪水灾害风险管理的理论框架探讨. 水利水电技术,
　　33 (9): 3.

金志凤, 黄敬峰, 李波, 等. 2011. 基于 GIS 及气候–土壤–地形因子的浙江省茶树栽培适宜性
　　评价. 农业工程学报, 27 (03): 231-236.

李凯伟, 张继权, 魏思成, 等. 2021. 东北春大豆精细化气候区划. 应用气象学报, 32 (4):
　　408-420.

李仁忠, 王治海, 金志凤, 等. 2017. 气候变化背景下浙江省茶叶气候资源特征分析. 中国农
　　学通报, 33 (24): 106-112.

李作为, 杨迤然. 2018. 基于 GIS 下的沿河县福鼎大白茶土壤适宜性评价研究. 青海农林科技,
　　(01): 59-62.

刘兰芳, 彭蝶飞, 邹君. 2006. 湖南省农业洪涝灾害易损性分析与评价. 资源科学.

刘海洋. 2018. 镇江地区机械化茶园建植与管理技术研究. 扬州: 扬州大学.

刘晓静, 陈鹏, 刘家福. 2018. 辽西北地区农业干旱危险性评价与区划. 中国农业资源与区划,
　　039 (010): 191-195.

娄伟平. 2021. 茶树气象灾害风险管理. 北京: 气象出版社.

罗凡, 龚雪蛟, 张厅, 等. 2015. 氮磷钾对春茶光合生理及氨基酸组分的影响. 植物营养与肥
　　料学报, 21 (01): 147-155.

倪长健. 2013. 论自然灾害风险评估的途径. 灾害学, 28 (02): 1-5.

青野英也, 高橋恒二. 1953. 茶園の凍霜害防除に関する研究-1-. 茶業技術研究, 43-59.

屈振江, 柏秦凤, 梁轶, 等. 2014. 气候变化对陕西猕猴桃主要气象灾害风险的影响预估. 果
　　树学报, (5): 7.

任义方, 赵艳霞, 王春乙. 2011. 河南省冬小麦干旱保险风险评估与区划. 应用气象学
　　报, 22 (5): 537-548.

唐俊贤, 王培娟, 俄有浩, 等. 2021. 中国大陆茶树种植气候适宜性区划. 应用气象学报,
　　32 (04): 397-407.

王春乙, 蔡菁菁, 张继权. 2015. 基于自然灾害风险理论的东北地区玉米干旱、冷害风险评价.

农业工程学报, 31 (6)：8.

王菱, 谢贤群, 苏文, 等. 2004. 中国北方地区 50 年来最高和最低气温变化及其影响. 自然资源学报, 19 (3)：7.

王素萍, 王劲松, 张强, 等. 2020. 多种干旱指数在中国北方的适用性及其差异原因初探. 高原气象, 39 (3)：13.

吴婧, 徐平, 毛祖法, 等. 2014. 茶园晚霜冻害及其防治. 茶叶, 40 (04)：212-215.

谢克孝, 薛志慧, 陈志丹. 2021. 茶园间作不同植物对茶叶产量和品质及茶园土壤的影响. 茶叶通讯, 48 (03)：422-429.

薛志丹, 孟军, 吴秋峰. 2019. 基于气候适宜度的黑龙江省大豆种植区划研究. 大豆科学, 38 (3)：8.

严加坤, 张宁宁, 张岁岐. 2022. 谷子对干旱胁迫的生理生化响应. 生态学报, 41 (21)：8612-8622.

阎莉, 张继权, 王春乙, 等. 2012. 辽西北玉米干旱脆弱性评价模型构建与区划研究. 中国生态农业学报, 20 (6)：7.

张继权, 冈田宪夫, 多多纳裕一. 2006. 综合自然灾害风险管理——全面整合的模式与中国的战略选择. 自然灾害学报, (01)：29-37.

张继权, 李宁. 2007. 主要气象灾害风险评价与管理的数量化方法及其应用. 北京：北京师范大学出版社.

张继权, 刘兴朋, 佟志军. 2015. 农业气象灾害风险评价、预警及管理研究. 北京：科学出版社.

张贱根. 2006. 茶树冻害的发生与预防补救措施. 蚕桑茶叶通讯, (01)：36-37.

张玮玮, 申双和, 刘敏, 等. 2011. 湖北省茶树种植气候区划. 气象科学, 31 (02)：153-159.

Alexander L V, Zhang X, Peterson T C, et al. 2006. Global observed changes in daily climate extremes of temperature and precipitation. Journal of Geophysical Research (Atmospheres), 111. (D5).

Bishnoi N R, Krishnamoorthy H N. 1992. Effect of waterlogging and gibberellic acid on leaf gas exchange in *Peanut* (*Arachis hypogaea L.*). Journal of Plant Physiology, 139 (4)：503-505.

Cao M, Chen M, Liu J, et al. 2022. Assessing the performance of satellite soil moisture on agricultural drought monitoring in the North China Plain. Agricultural Water Management, 263：107450.

Chen H, Zeng W, Jin Y, et al. 2020. Development of a waterlogging analysis system for paddy fields in irrigation districts. Journal of Hydrology, 591：125325.

Fraser E D G, Termansen M, Sun N, et al. 2008. Quantifying socioeconomic characteristics of drought-sensitive regions：evidence from Chinese provincial agricultural data. Comptes Rendus Geoscience, 340 (9-10)：679-688.

IPCC F C B. 2012. Managing the risks of extreme events and disasters to advance climate change adaptation. A special report of working groups I and II of the intergovernmental panel on climate change. UK：Cambridge University Press.

Martha C, Anderson. 2013. Using a diagnostic soil-plant-atmosphere model for monitoring drought at field to continental scales. Procedia Environmental Sciences, 19: 47-56.

Quiring S M, Ganesh S. 2010. Evaluating the utility of the vegetation condition index (VCI) for monitoring meteorological drought in Texas. Agricultural and Forest Meteorology, 150 (3): 330-339.

Sedaghathoor S, Janatpoor G. 2012. Study on effect of soybean and tea intercropping on yield and yield components of soybean and tea. Journal of Agricultural and Biological Science, 7 (9): 664-671.

Shook G. 1997. An assessment of disaster risk and its management in Thailand. Disasters, 21 (1): 77-88.

Wang R, Zhang J, Wang C, et al. 2019a. Characteristic analysis of droughts and waterlogging events for maize based on a new comprehensive index through coupling of multisource data in midwestern Jilin Province, China. Remote Sensing, 12 (1): 60.

Wang R, Zhao C, Zhang J, et al. 2019b. Bivariate copula function-based spatial-temporal characteristics analysis of drought in Anhui Province, China. Meteorology and Atmospheric Physics, 131 (5): 1341-1355.

Zheng H, Shao R, Xue Y, et al. 2020. Water productivity of irrigated maize production systems in Northern China: a meta-analysis. Agricultural Water Management, 234: 106119.

第4章　主要经济作物引扩种气象灾害综合风险评价与区划

4.1　软枣猕猴桃引种冷热害综合风险评价与区划

4.1.1　研究区概况与数据来源

1. 研究区概况

（1）引种原区概况

吉林省位于我国东北部地区，处于东经122°~131°、北纬41°~46°，属温带季风气候区，有比较明显的大陆性，夏季高温多雨，冬季寒冷干燥。冬季平均气温在-11℃以下，夏季平均气温在23℃以上，全年无霜期一般为100~160d。全省多年平均日照时数为2259~3016h。年平均降水量为400~600mm，总雨量的80%集中在夏季，不同季节和区域之间差异较大。

（2）引种区概况

陕西省地理位置介于东经105°29′~111°15′、北纬31°42′~39°35′，自然区划上因秦岭-淮河一线而横跨北方与南方。陕西省行政区域南北长、东西窄，南北最长为878.0km，东西最宽为517.3km，总面积20.56×10⁴km²。地处西北内陆腹地，横跨黄河和长江两大流域。陕西省是连接中国东、中部地区和西北、西南的重要枢纽。由于其独特的气候与地理条件，除陕北外大部分地区种植猕猴桃。猕猴桃种植面积和产量都稳居全国第一。陕西省平均海拔为1127m，平均海拔最高与最低的地区分别为宝鸡市（1351m）和渭南市（675m）。整体上，陕西省地势呈现出南北高、中部低的特点。同时，地势由西向东逐渐倾斜。北山和秦岭把陕西分为三大自然区域：北部是陕北高原、中部是关中盆地、南部是秦巴山区。陕北高原地区位于"北山"以北，是中国黄土高原的中心部分。地势西北高、东南低，总面积9.25×10⁴km²。秦巴山区位于陕西省南部，面积为8.36×10⁴km²。是长江上游一个重要的生态屏障，水、热、林、草资源极为丰富。北部地区以盆地为主，南部为大巴山区（图4-1）。

陕西省特殊的地理条件，境内气候差异很大。年平均气温为13.2℃，年平均降水量为576.9mm，无霜期为218d左右。陕西省整体属于大陆季风性气候，由

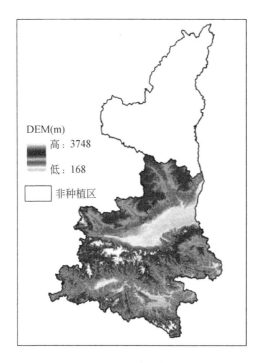

图 4-1　研究区概况

于南北跨度大，省内南北间气候差异明显。陕西省温度的变化呈现出由南向北逐渐降低的趋势。陕北地区平均温度为 7～12℃，关中地区为 12～14℃，陕南地区为 14～16℃。受季风气候影响，陕西省四季分明。年降水量的空间分布情况为南多北少，受山地地形影响，由南向北递减。陕北地区冬季寒冷干燥，春季干燥多风，由于较为干旱，春季陕北多沙尘天气。夏季陕北降雨较多，7、8 月多雨，天气湿热，秋季秋高气爽。关中一年四季降水分配比较均匀，冬季较寒冷，夏季较为炎热，春季降水量较多，因此沙尘天气很少，夏季降水量占比重最大，秋季 9、10 月多连阴雨天气，7、9 月为主汛期。陕南地区属于亚热带季风气候，1 月平均气温在零上，高于秦岭以北地区，主汛期 6～9 月，夏季多暴雨，9 月秋雨季节，冬季阴冷，连阴雨也较多。

陕西省土壤类型多种多样，且土壤地带性分布规律明显。陕南地区分布的黄褐土，土质致密，耕作层以下，通气空隙少，对作物生长有一定的抑制作用。陕西省表（耕）层土壤中含有砂砾或砂石的，约占总土壤面积的 40.98%，全省大部分土壤质地较好。从土壤肥力来看，陕北及陕南地区地力较差，土壤肥力水平较低。关中盆地区土壤肥力较高。同样，陕北地区土壤有效降水较低，常受干旱影响。

秦岭北麓是猕猴桃最佳种植区，也是全国猕猴桃产业风向标，陕西省猕猴桃产业在全国乃至世界都占有一席之地。《2020 中国猕猴桃产业发展报告》中显示，陕西省猕猴桃产业全国排名第一，规模约占全国的 40%。2017 ~ 2019 年，其种植面积累年扩增，产量呈现波动增长的趋势。2019 年，全省共有猕猴桃种植面积 585km²，产量达 1.07×10⁶t。在陕西省水果产量中，2019 年猕猴桃产量位居第二，仅次于苹果。目前，陕西省猕猴桃产业发展集中度较高，西安市和宝鸡市的猕猴桃产量占陕西省总产量的 87% 左右。陕西省猕猴桃生产投入不断上涨，经济收益波动幅度较大。2018 年，陕西省猕猴桃生产投入为 129.3 元/km²，经济收益为 373.3 元/km²。

2. 数据来源

从中国气象科学数据共享网（http://cdc. nmic. cn/home. do）收集了 1960 ~ 2019 年陕西地区 29 个气象站的气象数据。所选各站点气象数据均经过严格的质量控制处理，剔除异常或缺失较长时序的数据，确保该时段数据的完整性（表 4-1）。

表 4-1　研究区各站点基本情况表

站号	站名	经度(°)	纬度(°)	海拔(m)	站号	站名	经度(°)	纬度(°)	海拔(m)
57016	宝鸡	34.21	107.08	612.4	57134	佛坪	33.51	107.98	827.2
53854	延长	36.58	110.06	804.8	57127	汉中	33.06	107.03	509.5
57154	商南	33.53	110.90	523	57046	华山	34.48	110.08	2064.9
57144	镇安	33.43	109.15	693.7	57048	秦都	34.40	108.71	472.8
57143	商县	33.86	109.96	742.2	57106	略阳	33.31	106.15	794.2
57343	镇坪	31.90	109.53	995.8	57124	留坝	33.63	106.93	1032.1
57245	安康	32.71	109.03	290.8	57037	耀县	34.93	108.98	710
57238	镇巴	32.53	107.9	693.9	57034	武功	34.31	108.23	471
57232	石泉	33.05	108.26	484.9	57030	永寿	34.70	108.15	994.6
57211	宁强	32.83	106.25	836.1	57003	陇县	34.90	106.83	924.2
57028	太白	34.03	107.31	1543.6	53942	洛川	35.76	109.41	1155.9
57025	凤翔	34.51	107.38	781.1	53948	蒲城	34.95	109.58	499.2
57140	柞水	33.66	109.11	818.2	53947	铜川	35.05	109.04	978.9
53929	长武	35.20	107.80	1206.5					

土壤数据来自中国土壤数据库（http://vdb3. soil. csdb. cn/）。土壤侵蚀数据来自地理国情监测云平台（http://www. dsac. cn/）。

数字高程模型（DEM）为ASTER GDEM数据，下载自中国地理空间数据云（http://www.gscloud.cn/），在ArcGIS 10.2平台对该数据进行处理，从而获得研究区坡度及坡向。

历史灾情数据来自《陕西省统计年鉴》、《中国气象灾害年鉴》、《中国灾害性天气气候图集（1961~2006年)》、《中国干旱、强降水、高温和低温区域性极端事件》和《中国气象灾害大典——陕西卷》。

猕猴桃种植面积及产量数据来自《陕西省统计年鉴》、《中国农村统计年鉴》和《中国区域经济统计年鉴》。

农业生产条件、社会经济数据和猕猴桃产量及播种面积数据来源于1990~2019年《陕西省统计年鉴》、《中国农村统计年鉴》和《中国区域经济统计年鉴》。

4.1.2　研究方法

1. 技术路线

首先，确定软枣猕猴桃的原生地区及引种区域，本研究选择吉林省为原生区，陕西省为引种地区。对两地软枣猕猴桃的物候期和气候资源进行分析，进一步验证引种的可能性。随后，进行数据收集与处理工作，收集气象数据、基础地理信息数据、作物数据、历史灾情数据和社会经济数据。建立软枣猕猴桃引种冷热害研究综合数据库。选取风险评价指标，构建风险评价模型，进行最终的软枣猕猴桃引种冷热害风险评估。本研究的技术流程如图4-2所示。

2. 概念框架

软枣猕猴桃别名软枣子、猕猴梨，为猕猴桃科落叶藤本植物。李时珍曾在《本草纲目》中生动的描述过猕猴桃名称的由来，"其形如梨，其色如桃，猕猴喜食故有诸名。"软枣猕猴桃产于吉林省长白山区各县，是长白山地区著名的经济野果之一。除东北地区外，软枣猕猴桃自然分布较广，但由于它不耐储存，大量野生野果浪费在深山谷底。软枣猕猴桃耐寒性较好，冬季充分休眠后的耐寒力更好，可在-20℃安全越冬，但温度下降到-10℃以下后随着温度的降低萌芽率逐渐下降（Akpoti K. et al., 2019, 2021；涂美艳等，2016）。软枣猕猴桃是一种雌雄异株的植物，由于其对霜冻的抵抗力较高，适合在温带气候中生长的软枣猕猴桃在越冬期和芽期易遭受冷害，在夏季易受高温日灼伤害（Ewa et al., 2019；孙宏莱等，2021）。根据自然灾害风险形成四要素学说（张继权等，2005；张继权等，2006），从灾害的危险性、暴露性、脆弱性和防灾减灾能力四个方面，对这三个时期进行冷热害风险评估，构建了陕西省软枣猕猴桃引种风险评估技术体系。

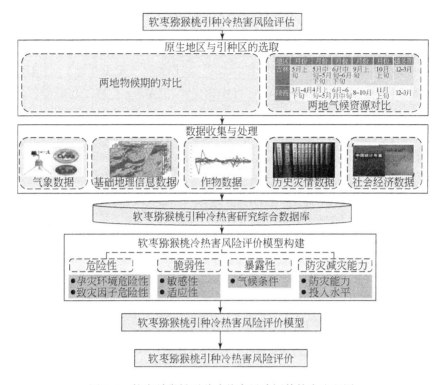

图 4-2　软枣猕猴桃引种冷热害风险评估技术流程图

　　将吉林省软枣猕猴桃引种至陕西省，首先要考虑其生物学特性及其气候适宜性。随后基于软枣猕猴桃引种冷热害危险性、脆弱性、暴露性以及防灾减灾能力四个因子，构建影响软枣猕猴桃引种的冷热害的综合风险评估指标体系，综合主观和客观赋权法确定风险指标权重，对陕西省软枣猕猴桃引种的冷热害进行综合风险评估。危险性由孕灾环境与致灾因子危险性构成，脆弱性由敏感性和适应性构成，暴露性使用气候适宜性为指标，防灾减灾能力选取防灾能力与投入水平两个方面，本研究的指标体系如图 4-3 所示。

　　3. 指标体系

　　对软枣猕猴桃进行引种的冷热害风险评估有 3 个主要研究问题，首先是构建软枣猕猴桃冷热害研究的综合数据库。收集气象数据、基础地理信息数据、作物数据、历史灾情数据和社会经济数据。随后进行冷热害风险评价模型的构建，选取危险性、脆弱性、暴露性以及防灾减灾能力评价体系，选取评价指标。最后构建软枣猕猴桃冷热害风险评价模型，进行最终的风险评价。

　　基于灾害风险形成机理和风险评价流程，综合陕西省的自然因素与社会经济

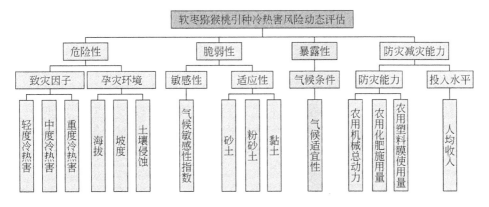

图 4-3　软枣猕猴桃引种冷热害风险评估概念模型

因素，并考虑软枣猕猴桃自身的生理特征，通过咨询专家意见以及参考大量数据、文献资料确定了 15 项指标，构建陕西省软枣猕猴桃引种冷热害风险评估指标体系。其权重的确定采用熵权法计算得到，具体指标及权重如表 4-2 所示。

表 4-2　软枣猕猴桃引种灾害风险评价指标体系及权重

因子	副因子	指标体系	权重
危险性（H）（0.3003）	孕灾环境	土壤侵蚀	0.0941
		海拔	0.0671
		坡度	0.0801
	致灾因子	轻度冷热害危险性	0.2573
		中度冷热害危险性	0.2371
		重度冷热害危险性	0.2643
脆弱性（V）（0.2453）	敏感性	气候敏感性指数	0.3214
	适应性	砂土	0.2269
		粉砂土	0.2347
		黏土	0.2170
暴露性（E）（0.2250）	气候条件	气候适宜性指数	1
防灾减灾能力（C）（0.2294）	防灾能力	农用机械总动力	0.231
		农用塑料膜使用量	0.272
		农用化肥施用量	0.265
	投入水平	人均收入	0.232

4.1.3　软枣猕猴桃引种冷热害危险性评价

1. 软枣猕猴桃引种冷热害危险性指标体系与模型构建

致灾因子危险性指标的选取，结合软枣猕猴桃的生理特性。软枣猕猴桃虽抗寒性较强，可在-20℃下越冬，但低温伤害会降低后期的发芽率。因此，易在 12 ~ 次年 3 月的越冬期和 3 ~ 4 月的芽膨大期遭受低温冷害的影响。同时，软枣猕猴桃不耐高温，易在夏季 6 ~ 7 月受高温热害。因此，在这三个时期进行危险性评价，可以对后续软枣猕猴桃的风险评价及防灾减灾策略提供依据。

选取日极端最低与最高气温作为致灾因子。低温冷害灾害等级指标结合软枣猕猴桃各生育期温度界限值确定。重度冷害为软枣猕猴桃能够正常生长的最低温度，低于这个值后植株极易死亡。中度冷害等级选取-10℃作为温度下限，温度在-10℃以下随着温度的降低萌芽率逐渐降低。轻度冷害等级上限为-6℃，这是软枣猕猴桃在越冬期能保证正常生产且后期发芽率不受影响的温度下限。

发生在早春季节的低温冷害对软枣猕猴桃威胁很大，会影响芽苞萌发、展叶及新梢的生长发育，严重时造成芽苞受冻死亡。春季芽萌发期受害的温度范围很窄，在-1℃以上无伤害，但在-1℃ ~ -2℃，越接近地面，冷害越严重，定义此温度界限为轻度伤害。随着温度的逐渐降低，-4℃时刚膨大伸长的芽会冻死，使花量大为减少。当温度在-4℃以下时，会导致新梢大部分受冻死亡，几乎绝产，定义此温度以下为重度冷害。

以各生育期灾害等级指标为依据，分别计算灾害频率，结合灾害强度计算各时期软枣猕猴桃危险性（张琪等，2014；李丹君等，2017）（表4-3）。

表4-3　各时期陕西省软枣猕猴桃危险性评价指标体系及权重

灾害类型	分析时段	致灾因子	承灾等级指标及灾损系数		
			等级	指标	灾损系数
越冬冷害	12 ~ 次年 3 月	极端最低气温 T_D（℃）	轻	$-10<T_D\leqslant-6$	0.1
			中	$-15<T_D\leqslant-10$	0.3
			重	$T_D\leqslant~15$	0.5
芽膨大期冷害	3 月下旬 ~ 4 月下旬		轻	$-2<T_D\leqslant-1$	0.3
			中	$-4<T_D\leqslant-2$	0.5
			重	$T_D\leqslant-4$	0.7
夏季高温日灼	6 ~ 7 月	极端最高气温 T_C（℃）	轻	$T_C\geqslant36$（3 ~ 4d）	0.1
			中	$T_C\geqslant36$（5 ~ 8d）	0.3
			重	$T_C\geqslant36$（7d 及以上）	0.5

$$X_{Hi} = \sum X_{Hij} S_{Hij} \tag{4-1}$$

式中，X_H 为不同等级的冷热害风险发生频率，S 是相关指标的灾害强度。

2. 软枣猕猴桃引种冷热害危险性评价与区划

（1）孕灾环境危险性评价与区划

陕西省孕灾环境危险性呈现出南部高、中部及北部地区低的空间分布特征。

（2）致灾因子危险性评价与区划

①越冬期冷害危险性评价与区划。越冬期冷害是陕西猕猴桃生产中最为普遍也是最主要的气象灾害，主要集中在初挂果果园和长势过旺的果园。越冬期冷害主要分布在秦岭山区海拔约 1000～1400m 的山区，以及关中北部和西部海拔800～1000m 的大部分地区。轻度冷害集中在陕北高海拔地区，发生灾害的频率逐渐向南降低。陕西南部地区处于低危险性地区。中度冷害同样集中在陕西北部地区，陕西中部及南部大部分地区处于低危险性地区。重度冷害危险性与中度类似。整体上，陕西中部及南部地区冷害危险性较低，适宜软枣猕猴桃的引种与生存（图4-4）。

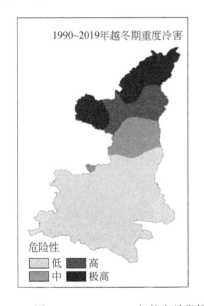
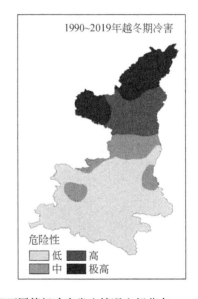

图 4-4　1990～2019 年软枣猕猴桃越冬期不同等级冷害发生情况空间分布

②芽膨大期冷害评价与区划。软枣猕猴桃芽膨大期容易受到低温冷害，若这一时期受害将导致发芽率低，对最终产量影响极大。芽期轻度冷害集中在陕西南部地区，多地处于高值水平。中度危险性地区与轻度类似，位于陕西中部地区，并逐渐向南部与北部地区减少。重度低温冷害较少，集中在陕西北部地区，高值位于横山、定边、吴旗。太白、大荔、洛南、甘泉、延安子长、安塞、延长、延

川、清涧、绥德和吴堡等地处于中危险性地区。中部及南部地区基本处于低危险性地区，适宜软枣猕猴桃的生长，可以顺利发芽（图4-5）。

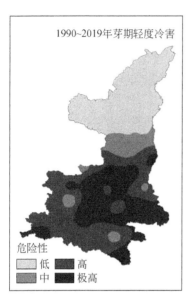

1990~2019年芽期轻度冷害

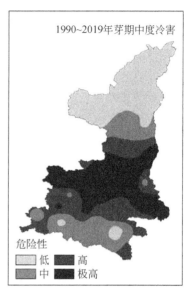

1990~2019年芽期中度冷害

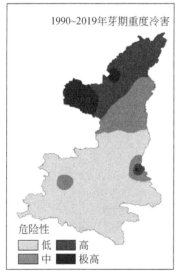

1990~2019年芽期重度冷害

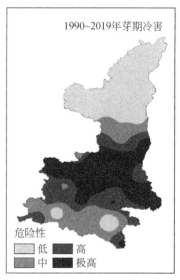

1990~2019年芽期冷害

图 4-5　1990～2019 年软枣猕猴桃芽期不同等级冷害发生情况空间分布

③夏季高温热害评价与区划。软枣猕猴桃不耐高温，陕西省夏季轻度高温热害集中在陕西中部地区。低危险性地区较少，主要分布在宁强、太白、凤翔、留坝、定边、吴旗、靖边等地。中度高温热害情况与轻度类似，低危险性地区分布

于陕西省西部地区。高危险性地区集中在安康、蒲城、韩城、渭南、兴平、武功、泾阳、新城和高陵等地。重度高温热害情况有所缓和，高危险性集中在渭南、华县、咸阳和安康中部地区。低危险性地区面积有所扩大。整体上，陕西省夏季高温热害集中在陕西省中东部地区，其中危险性较高的地区为安康、韩城、蒲城、渭南、华县、咸阳、武功、兴平和新城等地（图4-6）。

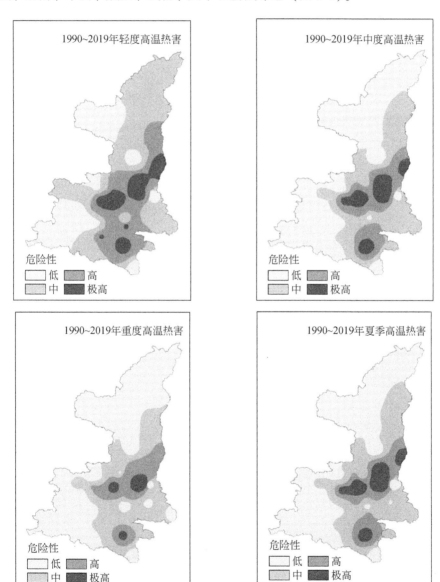

图4-6 1990～2019年软枣猕猴桃芽期不同等级高温热害发生情况空间分布

4.1.4　软枣猕猴桃引种冷热害脆弱性评价

1. 软枣猕猴桃引种冷热害脆弱性指标体系与模型构建

在选取评价指标时，要坚持遵守以下几个原则。

①科学性原则：综合考虑理论与实际的联系。使用合理的方法与手段，遵循客观规律和实际情况选择评价指标。要紧紧围绕高温热害的成因与发展去选择具有科学性和代表性的指标。

②系统性原则：高温热害脆弱性是一个多方面因素综合作用的结果，尽可能全面、客观、真实的涵盖与之相关的自然、社会等多个代表性指标。力求从不同的层次和角度去获取指标。

③独立性原则：在选取评价指标时，指标间会信息重叠。要考虑其联系性。必要时，应该对最终选择的评价指标进行筛选。

④可获得性原则：基于以上三点选取原则，还要考虑各指标获取时的难易程度及完整性，尽量选取针对性强、完整或缺失较少、易获得的评价指标因素。

（1）气候适宜性

选取气候适宜性作为暴露性指标，结合软枣猕猴桃的生理指标构建气候适宜性评价指标，包括年平均温、年降水量、年空气相对湿度、无霜期、5 ~ 8 月日照时数、7 ~ 8 月平均温度和≥10℃活动积温，气候适宜性的阈值划分参考机械工业出版社《猕猴桃高效栽培》，阈值划分如表4-4所示。

表4-4　陕西省软枣猕猴桃气候适宜性评价指标体系及阈值划分

区划因子/适宜性	最适宜区	适宜区	次适宜区	不适宜区
年平均温（℃）	13 ~ 18	18 ~ 22	10 ~ 13	<10
5 ~ 8 月日照时数（h）	≥700	600 ~ 700	500 ~ 600	<500
年空气相对湿度（%）	50 ~ 60	60 ~ 70	70 ~ 80	≥80
年降水量（mm）	1200 ~ 1800	1000 ~ 1200	1800 ~ 2000	<800
7 ~ 8 月平均温度（℃）	22 ~ 27	27 ~ 30	30 ~ 35	≥35
≥10℃活动积温（℃·d）	4500 ~ 5000	3500 ~ 4500	2500 ~ 3500	<2500
无霜期（d）	220 ~ 270	170 ~ 220	120 ~ 170	<120

适宜性区划等级划分采用如下方法：将所有区划指标的栅格文件进行矩阵加法运算，总分100 的区域为最适宜区，总分99 ~ 75 分的区域为适宜区，总分在区间75 ~ 50 分的为次适宜区，小于50 分的为不适宜区。最后，对不同适宜性区域搭配不同色系，叠加市行政区边界、名称、图例、标题等，最终完成陕西省软

枣猕猴桃适宜性气候区划专题图。

（2）气候敏感性指数

气候敏感性指数是系统输出量的变化量和系统输入量的变化量的差值。是由气候产量和气候生产潜力计算出的，气候产量反映了生产系统输出量的变化，而气候生产潜力则反映了生产系统的变化，所以本研究将软枣猕猴桃的气候敏感性指数定义为

$$K_{m} = Y_{w}/Y_{v} \tag{4-2}$$

式中，K_{m} 为气候敏感性指数；Y_{w} 为气候产量（kg/hm²），采用 Thornthwaite Memorial 模型计算作物气候生产力，其计算公式为

$$Y_{v} = 30000 \left[1 - e^{-0.000956(V-20)} \right] \tag{4-3}$$

$$V = \frac{1.05R}{\sqrt{1 + \left(\dfrac{1.05R}{L} \right)^{2}}} \tag{4-4}$$

$$L = 300 + 25t + 0.05t^{3} \tag{4-5}$$

式中，30000 是经验系数；$e = 2.71828$；V 为年平均蒸发量（mm）；L 为年平均最大蒸发量（mm）；t 是年平均气温（℃）；R 是年平均降水量（mm）。

2. 软枣猕猴桃引种冷热害脆弱性评价与区划

（1）敏感性

陕西省的敏感性高值处于子长、清涧、安塞、延川等地，以这些地区为中心，其后敏感性呈环状扩散，不断减少。陕西南部及中部地区敏感性等级均处于低值水平。

（2）适应性

土壤质地对软枣猕猴桃生长的发育影响很大，疏松、通气和排水良好的质地最适合软枣猕猴桃的生长，通常根系发达，地上部分生长发育快；黏重的土壤质地，通气排水不良，影响软枣猕猴桃根系的发育，从而导致生长不良。质地对果树生长的影响，通常以心土层结构的影响较大。砂地土壤，下层有黏土层间隔，不仅会影响根系分布的深度，还会引起地下积水涝根。沙地下层有白干土，既有钙基层时，也会限制根系向地下伸展，干旱时不能有效利用地下水，雨季时会造成积涝烂根。

陕西冲积平原、海滩砂地及河道沙滩，表土下有砂石层，同样会对软枣猕猴桃树造成影响。如土层较厚，砂石层分布在 1.5m 以下时，有利于排涝排盐，能加深根系的分布层，增强软枣猕猴桃的抗逆性。

一般果树如枣、柿子、核桃等对土壤质地的要求比较广泛，而猕猴桃等则最适合土质疏松、孔隙度较大、容重小、土层较厚的砂壤土或轻壤土。

（3）脆弱性评价

陕西省脆弱性整体上高值水平位于陕西南部地区，北部地区处于中值水平。

4.1.5　软枣猕猴桃引种暴露性与防灾减灾能力评价

1. 软枣猕猴桃引种暴露性评价

暴露性指系统暴露于显著气候变异的特征和程度，具体是指暴露在致灾因子影响范围内的人类生命、资产（有形和无形资产）、生态环境等的价值或数量。采用软枣猕猴桃在陕西省的引种气候适宜性作为暴露性指标。陕西北部暴露性较低，该区域不适宜猕猴桃的生长，眉县、周至等地暴露性较高。陕西南部地区处于中等水平。软枣猕猴桃在陕西省南部地区适宜性较高。最适宜区为宁强、城固、石泉、西乡、白河、平利和汉阴等县。这些地区气候相对适宜，年均温13 ~ 18℃，降水充沛，年降水量集中在1200 ~ 1800mm，无霜期220 ~ 270天，日照充足，5 ~ 8月期间日照时数在700h以上。适宜区集中在陕西关中地区，包括蒲城、华阴、大荔、临潼、兴平、扶风、泾阳、新城区、高陵区和眉县等地。其中眉县、宝鸡、户县和岐山县等地为陕西省猕猴桃基地县。陕北地区气候上不适宜软枣猕猴桃生长，为红枣种植区。

2. 软枣猕猴桃引种区防灾减灾能力评价

防灾减灾能力选取4个指标进行评价，软枣猕猴桃对肥料有一定的需求，适宜种植在土壤肥力较高的地区。越是土壤肥力充分的地区，防灾减灾能力越强，渭南、大荔、华县等地农用化肥施用量较高，具有较强的抗灾能力。其周围地区防灾减灾能力等级水平相对较高，包括合阳、蒲城、临潼东部、潼关和蓝天北部地区。化肥施用量处于中等水平的地区位于陕西中西部部分地区，包括陇县、宝鸡、千阳、凤县、太白等地，这些地区属于猕猴桃基地县区域，种植相对集中，猕猴桃产量较高。

农用机械总动力指主要用于农、林、牧、渔业的各种动力机械的动力总和。包括耕作机械、排灌机械、收获机械、农用运输机械、植物保护机械、牧业机械、林业机械、渔业机械和其他农业机械，按功率折成W计算。该值越大的地区防灾减灾能力越强，当灾害发生时，该地区具有较强的应对能力。与农用化肥施用量相似，渭南、大荔、华县等地农业机械总动力较高。其次是陕西北大部分地区、宝鸡、凤翔、韩城、陈仓、合阳、蒲城、蓝田、洛南北部地区、临潼和潼关东部地区。

选取人均收入作为防灾减灾指标之一，较为富裕的地区，当灾害发生时，居民们可支配一定的金额投入救灾方面，可及时挽救灾害所造成的损失。高值区域位于陕北榆林地区周围县。陕西中部地区同样具有较高的防灾减灾能力，如宝鸡、凤翔、周至、户县、长安、眉县、岐山、扶风、乾县、咸阳、新城和兴平等地。陕西中部大部分地区农村居民人均可支配收入处于中、高等水平。该区经济水平较高，为水果生产基地县，如猕猴桃、苹果、梨等。

农用塑料膜使用量可以反映一个地区的防灾减灾水平，当冷害发生时，及时覆盖地膜可以保持土壤温度，减少冷害对猕猴桃根系的影响。同时，对于休眠期的软枣猕猴桃可以对枝条包裹塑料薄膜保暖，以保证其安全越冬。当夏季发生植物水分流失严重，极易发生缺水死亡，塑料膜可以防止植物水分流失，配合其他遮阳措施，减少夏季高温的伤害，以保证产量。陕西西部地区塑料膜使用量处于较低水平，北部地区处于中等水平。

陕西省防灾减灾能力极高的地区为大荔、华阴、华县、渭南、潼关和蒲城东部。宝鸡、凤县、韩城、宜川南部、黄龙、陈仓、蒲城大部分地区、洛南、蓝田、长安、新城、临潼、咸阳和高陵等地防灾减灾能力相对较高。除杨凌、铜川、永寿、乾县、兴平、岐山、扶风、眉县、周至、武功、兴平、商洛、安康和平利等地防灾减灾能力较低外，陕西其余地区处于中等水平（图4-7）。

陕西省防灾减灾能力整体上北部及东部较强，高值位于华县、华阴市、大荔等地。眉县、周至、乾县、岐山、永寿、礼泉、杨凌、富平和扶风等地处于低级水平。

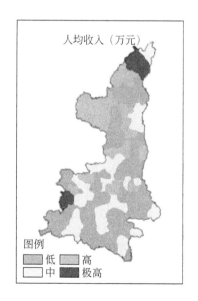

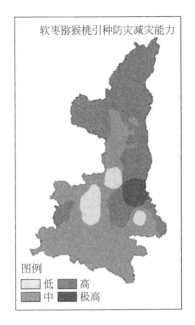

图 4-7　1990～2019 年软枣猕猴桃引种冷热害风险防灾减灾能力空间分布

4.1.6　软枣猕猴桃引种冷热害综合风险评价与区划

1. 软枣猕猴桃灾害风险模型构建

建立灾害风险指数，由危险性、脆弱性、暴露性和防灾减灾能力构成，其中，危险性包含孕灾环境危险性与致灾因子危险性。脆弱性由敏感性和适应性组成。防灾减灾能力分为防灾能力与投入水平两个方面。

（1）构建危险性评价模型

$$H = \sum X_i W_i \tag{4-6}$$

式中，H 是危险性，X 代表各危险性指标，W 为各指标对应权重系数。

（2）构建脆弱性评价模型

$$V = \sum X_i W_i \tag{4-7}$$

式中，V 是脆弱性，X 代表各脆弱性指标，W 为各指标对应权重系数。该值越大，软枣猕猴桃脆弱性越大。

（3）构建防灾减灾能力评价模型

$$C = \sum X_i W_i \tag{4-8}$$

式中，C 是防灾减灾能力，X 代表各防灾减灾能力指标，W 为各指标对应权重系数。

风险评价模型建立:

$$R = H^{W_H} \cdot V^{W_V} \cdot E^{W_E} \cdot (1-C)^{W_C} \tag{4-9}$$

式中, R 表示风险指数值, H、V、E、C 分别表示危险性、脆弱性、暴露性和防灾减灾能力因子指数值, W_H、W_V、W_E、W_C 分别为危险性、脆弱性、暴露性和防灾减灾能力对应的权重。

2. 软枣猕猴桃引种冷热害风险评价与区划

为评价陕西省软枣猕猴桃引种灾害风险的程度, 根据研究区冷热灾害的实际状态, 并考虑灾害风险指数的最大值与最小值, 对陕西省软枣猕猴桃冷热害风险度进行了4级评价, 并划分了3个生育期, 均是对软枣猕猴桃生长发育及产量有重要影响的阶段。

对于软枣猕猴桃生育期的划分, 要考虑原生区吉林与引种区陕西省两地软枣猕猴桃物候期的差别, 两地物候期如表4-5所示。表4-6为陕西省软枣猕猴桃灾害风险区划界限值。

表 4-5　吉林省及陕西省软枣猕猴桃物候期划分

地区	萌芽期	展叶期	开花期	成熟期	落叶期	越冬期
吉林	5月上旬	5月中旬~5月下旬	6月中旬~6月下旬	9月上旬	10月上旬	12~次年3月
陕西	3月下旬~4月下旬	4月上旬~5月	5月~6月中旬	8~10月	11月上旬	12~次年3月

表 4-6　陕西省软枣猕猴桃灾害风险区划界限值

	类型	极高风险	高风险	中风险	低风险
	越冬期冻害	>0.597	0.509~0.597	0.421~0.509	≤0.421
界限值	芽期冻害	>0.613	0.5405~0.613	0.468~0.5405	≤0.468
	夏季高温热害	>0.632	0.5155~0.632	0.399~0.5155	≤0.399

(1) 软枣猕猴桃越冬期冷害风险评价

陕北地区越冬期冷害风险较低, 但陕北地区不适宜种植软枣猕猴桃。高风险区集中在陕西南部地区。太白、大荔、华县、潼关、安塞、延安、宜川、洛川、黄龙、甘泉、富县和子长等地处于中度风险区域, 适宜引种。华阴风险水平较低, 且位于陕西中部地区, 适宜性较高 (图4-8)。

（2）软枣猕猴桃芽膨大期冷害风险评价

芽膨大期陕西省冷害风险较高，陕西北部大部分地区及南部地区处于高风险水平。包括勉县、城固、汉中、南郑、镇巴、西乡、汉阴、石泉、安康、旬阳、平利、紫阳、商洛、杨凌、铜川、周至、眉县等地冷害风险较高。低风险区集中在华县、华阴、渭南和大荔等地。如图4-9所示，中风险区呈环状扩散，集中在韩城、陈仓、合阳、长安、新城、蓝天、洛南和宝鸡等地。

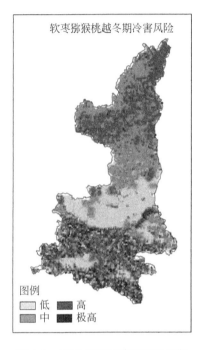 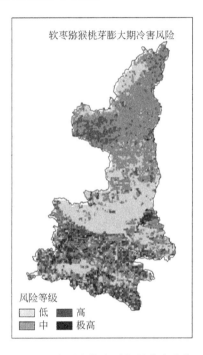

图 4-8　陕西省软枣猕猴桃越冬期　　　　图 4-9　陕西省软枣猕猴桃芽膨大期
　　　　冷害风险空间分布　　　　　　　　　　　　冷害风险空间分布

（3）软枣猕猴桃夏季高温热害风险评价

陕西北部及西部大部分地区处于高温热害低风险水平。极高风险区集中在华县、渭南、蒲城和大荔等地。高风险区集中在陕西中部地区，包括韩城、合阳、大荔中西部、蒲城、临潼、蓝天北部、咸阳和高陵等地。中风险区分布于陕西中西部地区，延川、延长、宜川、黄龙、白水、商南、白河、安康、石泉、镇安、户县、长安、洛南、丹凤、山阳和黄陵西部地区。在整体上陕西省夏季高温热害风险较低，中西部地区适宜引种软枣猕猴桃。

3. 陕西省各市（区）猕猴桃高温脆弱性调控建议

（1）陕北地区猕猴桃高温热害防灾减灾建议

陕西省只有延安南部地区位于猕猴桃种植区范围内，因此只讨论这一区域。延安南部地区脆弱性等级不高。陕北大部分地区属于暖温带半湿润半干旱气候，极端高温事件的发生频率较少。加上陕北地区以苹果为主要种植水果，猕猴桃气候适宜性较低，因此这一区域的暴露性等级较低。敏感性等级中级，这一区域猕猴桃种植面积较好，产量变异系数低。延安市森林覆盖率在 2019 年底，达到了 53.07%。陕北地区人口密度低，同时农业产值比例低，这一地区主要以能源开发为主，经济水平较高，而农业人口比重较低。陕北地区整体上不适宜猕猴桃的种植，而延安 2018 年苹果种植面积在 $2.33 \times 10^5 km^2$，总产量在 $3 \times 10^6 t$，占陕西省总产量的 27% 左右，约占全国苹果总产量的 1/10。因此，建议陕北地区继续发展苹果种植业。

（2）关中地区猕猴桃高温热害防灾减灾建议

关中地区属于暖温带半湿润半干旱气候，总降水量在 $100 \sim 150mm$，基本能满足作物的需水要求。从土壤条件看，关中平原地区土壤质地良好，满足猕猴桃生长所需的土壤需求。关中平原地区暴露性与敏感性较高，西部地区适应性较高。具体分析各地区，西安应提升农业机械化水平，增加农业机械的数量和工作效率。同时，根据气候适宜性调整猕猴桃种植区域，在气候适宜性较高的地区种植优良抗性品种。在气候适宜性低的地区减少猕猴桃种植量或改种其他经济林果作物等。极端高温事件发生概率对降低西安市猕猴桃高温热害脆弱性阻碍作用较大，应加强对高温热害的监测、预警工作，以应对可能发生的灾害。在灾害发生前积极采取应对措施，以保障猕猴桃的产量、果品质量和果农的经济收入。铜川的情况与西安市类似，有所不同的是铜川不利的气象灾害较多，中度高温事件和极端高温事件发生频率较高，应在灾情监测上加大力度。增加监测站点数量、改进老化设备、升级落后技术、提升自动化信息采集技术、加大数据准确率以及信息传输处理手段等。政府应适当加大防灾减灾监测系统的建设投入，以提高地区整体防灾减灾水平。宝鸡作为陕西省猕猴桃主产区，近年来，按照产业布局规划和"政府引导，群众自建，集中连片，板块推进"模式，强力推进猕猴桃产业的规模化、标准化、产业化发展。集中化管理的优点在于，防灾减灾能力较高，园区具有较高的机械设施水平和较多的技术人员。但当灾害来临时，所面临的影响面积也可能更大、更广。应增加园区的基础建设，不断完善预防、应对高温热害的基础准备，如园地种草、覆盖土地、果实套袋、搭建遮阳网等。咸阳人均 GDP 水平相对不高，能够用于灾后重建的资金有限。因此，应该大力发展地区经济，提高 GDP 水平。渭南地区农业人口比重较高，说明该地区整体对农业生产的依赖性较高，一旦发生高温热害遭受的损失大，受影响的人口多。这一地区的政府应加大财政支农资金的投入，改善农业生产条件，促进农业防灾减灾建设的实施。促进农业增产增效、农民增收致富，使农民可以投入更多的资金与精力在防灾减灾建设上。杨凌重度高温事件发生概率较大，同时农业人口比重加大。加强高温灾害的监测预警能力的同时，应该适度调整农业人口比例，为部分农业人口提供其他就业、从业机会。增加机械化水平与实施面积，用高效的机械化代替部分人工。另外，这一区域需要增加教育力度，让人们有对灾害的认知能力与防灾减灾意识。

（3）陕南地区猕猴桃高温热害防灾减灾建议

陕南地区暴露性较高，极端高温事件时有发生。敏感性较高，尤其是安康市。适应性处于中等水平，防灾减灾能力有待提升。整体上，安康市脆弱性最高。具体来看，汉中地区暴露性较高，但敏感性较低，且适应性较强，因此该地区的脆弱性处于中等水平。汉中地处我国亚热带的北部，加之秦岭与米仓山对从太平洋向大陆吹来的暖湿气流的阻滞运动，使得该地区常伴随着高温多雨与伏旱等灾害性天气。汉中地区的气候适宜性较低，加之地形因素，大部分区域不适发展猕猴桃种植业。安康的暴露性与敏感性较高，且适应性较低，因此具有极高的脆弱性。这一地区属于亚热带大陆性季风气候，气温的地理分布差异较大。以汉江为界，北为秦岭地区，南为大巴山地区。无论是气候条件还是地形条件，都同样不适于猕猴桃的种植。商洛位于陕西东南部，受季风和青藏高原环流的影响，加上秦岭整个山脉对南方暖湿气流的阻挡，商洛南部为暖温带，北部为亚热带。整体上，该地区的脆弱性处于中等水平。虽然陕南地区整体上不适于发展猕猴桃种植业，但仍有部分地区符合猕猴桃生长所需。自 2016 年起，陕西省启动实施猕猴桃"东扩南移"战略，计划用五年时间新发展猕猴桃 $400km^2$，全省猕猴桃产业将形成秦岭南北两大基地齐头并进的新格局。东扩是指在秦岭以北、渭河以南的狭长区域内，从周至、眉县开始向渭南的临渭区、华县、华阴、潼关延伸，形成秦岭北麓猕猴桃产业带。南移就是向秦岭南部的城固、洋县、汉台区、西乡、商南、山阳、柞水等地发展，推动陕南汉江、丹江两大猕猴桃基地建设。目前，在汉中市城固县原公镇田什字村，一个占地 $2.13km^2$ 的现代化猕猴桃示范园目前已初具规模。总投资达 3000 万元的高标准猕猴桃示范园建成后，将成为目前陕西省在秦岭以南地区规模最大、标准最高的猕猴桃生产基地。同时，陕南其他不适于种植猕猴桃的地区可以设厂、建厂，发展猕猴桃副产品加工业。对种植采摘后的猕猴桃进行加工、包装和运输。带动猕猴桃产业发展的同时，可以达到增产创收的目的。

4. 猕猴桃高温热害园地减灾措施

在气候变化的背景下，陕西省夏季高温事件愈发频繁，高温热害对陕西省猕猴桃造成了较大的影响。在今后的猕猴桃生产中必须吸取近年来的经验，重视对猕猴桃高温热害的预防。

①加强灾害的监测、预警工作：气象部门应加大对猕猴桃高温热害预报工作的力度，从根本上降低猕猴桃高温热害的风险。在气象预报准确的情况下，农户便可以通过采取措施积极应对高温热害。

②选育优良品种、提高猕猴桃抗性：从育种和栽培制度方面提高猕猴桃的耐热性。农户可以选用抗热性强的品种，合理搭配各种熟期品种的比例，是预防高温热害的主要措施。

③果园生草及树盘盖草：果园生草是预防高温危害最有效的办法之一。在猕猴桃园种植毛苕子等绿肥作物，利用杂草和秸秆覆盖，减少果园土壤裸露。在高温干旱时，树盘盖草可降低地温7℃以上，起到保水保肥保土和提高防旱能力的效果。

④科学灌水、降温：夏季猕猴桃果园是水分管理的关键时期，应根据土壤墒情及时科学灌水。避免在晴天中午11点到下午3点的高温时段浇水。

⑤合理施肥、用药：增施磷、钾肥，提高猕猴桃耐热性。高温期，应先浇水后施肥，或施肥后立即浇水。生长季追肥应少量多次，每次追肥量不能过大。要加强预防叶片的病虫害，保护叶片，可减轻日灼的发生。

⑥提前套袋：6月上旬对外围裸露幼果进行套袋保护，也可用布条、杂草等遮盖物遮盖保护。套袋可以使猕猴桃免遭直射光照射，防止发生果实日灼。

4.1.7　软枣猕猴桃引种原生区冷热害风险评价

1. 危险性评价

（1）孕灾环境危险性

吉林省地区孕灾环境高值区位于吉林省东部地区，低值区位于吉林省西部及中部部分地区，敦化和桦甸孕灾环境危险性较低（图4-10）。

（2）越冬期冷害危险性

1990～2019年，吉林省地区软枣猕猴桃越冬期冷害轻度及中度变化情况相似，东部的和龙、安图、龙井，南部的吉安、通化地区极高风险。重度冷害分布较广，整个吉林省中部地区均处于极高风险水平。如图4-11所示在整体上吉林省中西部地区冷害严重。

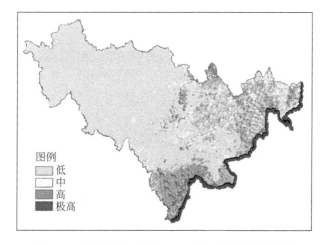

图 4-10 吉林省地区软枣猕猴桃孕灾环境空间分布

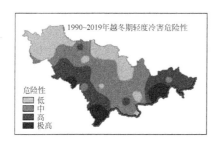
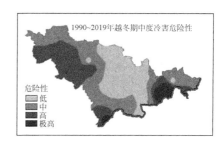
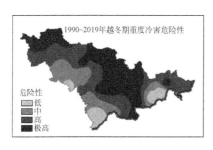
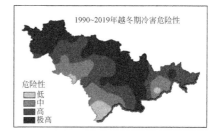

图 4-11 1990~2019 年吉林省软枣猕猴桃越冬期不同等级冷害发生情况空间分布

（3）芽膨大期冷害危险性

芽膨大期冷害情况整体较轻，如图 4-12 所示，高值区位于吉林省南部及东部部分地区。

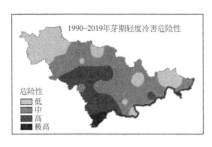
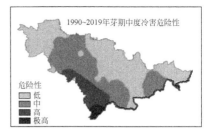
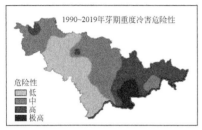

图 4-12　1990～2019 年吉林省软枣猕猴桃芽期不同等级冷害发生情况空间分布

（4）夏季高温热害危险性

吉林省夏季西部地区热害严重，洮南、大安、镇赉最为严重。如图 4-13 所示，东部地区危险性等级较低。

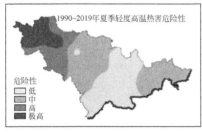
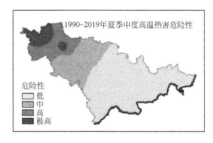
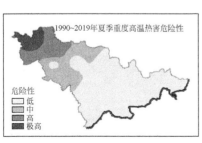
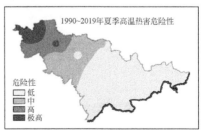

图 4-13　1990～2019 年吉林省软枣猕猴桃期不同等级高温热害发生情况空间分布

2. 脆弱性评价

如图 4-14 所示，吉林省南部地区脆弱性等级较高，尤其是长白县及临江市。

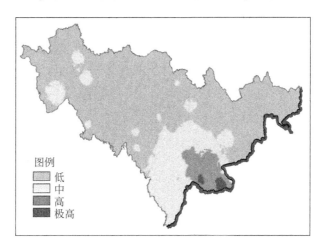

图 4-14　吉林省软枣猕猴桃脆弱性空间分布

高脆弱性地区为抚松、靖宇和临江。大安、通榆、乾安、蛟河中部、安图、桦甸、磐石、柳河、通化、吉安等地脆弱性等级处于中等水平。

3. 吉林省软枣猕猴桃综合风险评价

(1) 越冬期冷害风险评价

如图 4-15 所示，越冬期吉林省西部地区冷害风险较高，尤其是洮南、松原、

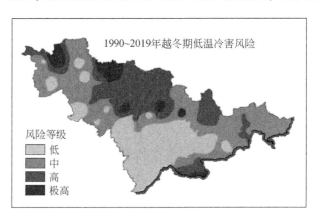

图 4-15　1990～2019 年吉林省软枣猕猴桃越冬期低温冷害风险空间分布

乾安等地，靠近长白山脉高海拔地区附近的长白、临江和抚松南部。整体上，中部地区冷害风险较低，东部地区处于风险水平的中等等级。

（2）芽膨大期冷害风险评价

芽膨大期的冷害风险整体上较为严重。如图4-16所示，除中部辽源、东辽、东丰、柳河、白山、通化和辉南等地处于较低风险水平外，其余出现多起不同程度的冷害。高风险区为北部及东部大部分地区。

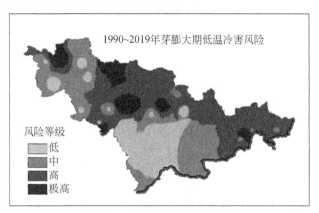

图4-16　1990～2019年吉林省软枣猕猴桃芽膨大期低温冷害风险空间分布

（3）夏季高温热害风险评价

吉林省南部地区夏季高温热害风险较高。如图4-17所示，中部及东部地区热害风险较低。高风险区的空间分布情况呈现由西向东不断减轻的趋势。高值区位于洮南、通榆、镇赉、大安、乾安和长春等地。

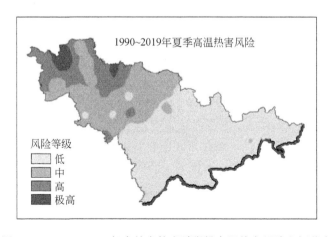

图4-17　1990～2019年吉林省软枣猕猴桃高温热害风险空间分布

4.2 甘蔗扩种干旱灾害风险评价与区划

4.2.1 研究区概况与数据来源

1. 研究区概况

南方地区一般是指我国东部季风区的南部，是我国四大地理区划之一，主要是秦岭–淮河一线以南的地区，西面为青藏高原，东面和南面分别濒临黄海、东海和南海，大陆海岸线长度约占全国的2/3以上。行政区划包括江苏、安徽、浙江、上海、湖北、湖南、江西、福建、云南、贵州、四川、重庆、陕西、广西、广东、香港、澳门、海南、台湾、河南等部分地区。南方地区面积约占全国陆域面积的25%，约240万 km^2。

甘蔗中含有丰富的糖分、水分，此外，还含有对人体新陈代谢非常有益的各种维生素、脂肪、蛋白质、有机酸、钙、铁等物质。甘蔗不但能给食物增添甜味，而且可以提供人体所需的营养和热量。含蛋白质、脂肪、糖类、钙、磷、铁、天门冬素、天门冬氨酸、谷氨酸、丝氨酸、丙氨酸、缬氨酸、亮氨酸、正缬氨酸、赖氨酸、羟丁氨酸、谷氨酰胺、脯氨酸、酪氨酸、胱氨酸、苯丙氨酸、γ-氨基丁酸等多种氨基酸和延胡索酸、琥珀酸、甘醇酸、苹果酸、柠檬酸、草酸等有机酸及维生素 B_1、B_2、B_6、C。

甘蔗主要分布在北纬24°以南的热带、亚热带地区，包括广东、台湾、广西、福建、四川、云南等南方12个省、自治区。历年来我国南方经过多年的引种、试种、扩种逐渐发展成为主产区。其中广西作为甘蔗生产第一大省份，视为重点研究区域。广西地处低纬，南临热带海洋，北回归线横贯中部，属中亚热带、南亚热带季风气候。夏半年甘蔗生长旺盛期间盛行偏南风，高温、高湿、多雨；冬半年甘蔗主要进入糖分积累阶段和榨季生产期间盛行偏北风，低温、干燥、少雨，无霜期长。当地农业部门广泛利用低山丘平原，经济作物以甘蔗为主（Zhang 等，2015）。在广西，甘蔗产地范围在 104°28′ ~ 112°04′E 和 20°54′ ~ 26°24′N，覆盖了各个市区。广西适宜种植甘蔗土地潜力较大，旱、坡地面积广。得天独厚的气候和土地资源，为广西蔗糖业的快速发展提供了十分便利的条件。进入21世纪以来，广西蔗糖年产量占全国食糖总产量的50%以上（谭宗琨等，2006）。

干旱灾害已成为影响我国南方甘蔗生产最频发、范围最广、损失最严重的自然灾害之一（谭宗琨等，2010）。当地政府为提高甘蔗的生产力，明确要求全面改善种植零散问题，完成集约化管理。低碳能源方面计划，在30年内将可再生能源的比例从 10% 提高到 50%。因此气候变化背景下确定甘蔗历史扩种范围与未来潜在扩种区，有效利用蔗农区的气候资源，减轻气象灾害对甘蔗造成的影响和损失是当今迫切需要的。

2. 数据来源

从中国气象科学数据共享网（http://cdc. nmic. cn/home. do）收集了 1960~2020 年广西地区 25 个气象站的气象数据。所选各站点气象数据均经过严格的质量控制处理，剔除异常或缺失较长时序的数据，确保该时段数据的完整性。

LUCC（Land-Use and Land-Cover Change）（土地利用/土地覆盖变化）是 IGBP 与 IHDP（全球变化人文计划）两大国际项目合作进行的纲领性交叉科学研究课题，其目的在于提示人类赖以生存的地球环境系统与人类日益发展的生产系统（农业化、工业化/城市化等）之间相互作用的基本过程。1980~2015 年 LUCC 数据来自中国科学院资源与环境科学数据中心（http://www. resdc. cn/）。该数据集是我国最精确的土地利用遥感监测数据产品之一。本研究利用 ArcGIS 的土地利用/土地覆盖变化分类工具，将土地利用/土地覆盖变化分类为耕地、森林、草地、水、建设用地和未利用地。

为了监测植被变化，了解这些变化对环境造成的影响，科学家利用卫星遥感信号测量和绘制地球表面的绿色植物分布，并用植被指数来对地表植被状况进行简单、有效和经验的度量。NDVI（Normalized Difference Vegetation Index）的中文名称为归一化植被指数。这个指数可以用来定性和定量评价植被覆盖及其生长活力，我们也可以简单地将它理解为体现植被密度和健康状况的一个指标。中国年度植被指数（NDVI）空间分布数据集是基于连续时间序列的 SPOT/VEGETATION NDVI 卫星遥感数据，采用最大值合成法生成的 1998 年以来的年度植被指数数据集。该数据集有效反映了全国各地区在空间和时间尺度上的植被覆盖分布和变化状况，对植被变化状况监测、植被资源合理利用和其他生态环境相关领域的研究有十分重要的参考意义。本研究中，植被指数（NDVI）数据从资源环境科学与数据中心（https://www. resdc. cn/）下载，并在 ArcGIS 10. 4 平台对该数据进行处理，从而获得研究区所需数据。

数字高程模型（DEM）为 ASTER GDEM 数据，下载自中国地理空间数据云（http://www. gscloud. cn/），在 ArcGIS 10. 2 平台对该数据进行处理，从而获得研究区坡度及坡向。

历史灾情数据来自《广西省统计年鉴》、《中国气象灾害年鉴》、《中国灾害性天气气候图集（1961~2006 年)》、《中国干旱、强降水、高温和低温区域性极端事件》和《中国气象灾害大典——广西卷》。

广西种植面积及产量数据来自《广西统计年鉴》、《中国农村统计年鉴》和

《中国区域经济统计年鉴》。

农业生产条件、社会经济数据和甘蔗产量及播种面积数据来源于1990～2019年《广西统计年鉴》、《中国农村统计年鉴》和《中国区域经济统计年鉴》。

4.2.2　研究方法

1. 技术路线

首先利用历史气象数据以及 CCSM 4 气候模式系统模拟的 RCP 2.6 和 RCP 8.5 温室气体排放情景数据，选取了 19 气候因子和广西甘蔗采样点数据，基于 MaxEnt 模型确定了我国南方甘蔗潜在扩种范围作为研究区域。物种建模方法主要包括增强回归树（BRT）、广义线性模型（GLM）、最大熵（MaxEnt）、随机森林（RF）、多元回归样条和 K-最近邻（K-NN）模型（Akpoti et al., 2021）。SDMs 将物种形成记录与环境变量相结合，预测因环境变化引起的物种变化趋势（Akpoti 等，2019）。最大熵（maximum entropy, MaxEnt）是性能最好的模型之一，因为它对发生数据的缺乏不敏感，通过调整正则化乘数可以有效地避免模型过拟合的风险。其次根据自然灾害风险形成四要素学说，从灾害的危险性、暴露性、脆弱性和防灾减灾能力四个方面（张继权等，2005），构建了气候变化背景下甘蔗扩种干旱灾害风险评估技术体系。具体技术评估流程如图 4-18 所示。

2. 概念框架

甘蔗（学名：Saccharum officinarum，英文名：Sugarcane），甘蔗属，多年生高大实心草本。根状茎粗壮发达。秆高 3～5m。甘蔗适合栽种于土壤肥沃、阳光充足、冬夏温差大的地方。甘蔗是温带和热带农作物，是制造蔗糖的原料，且可提炼乙醇作为能源替代品。甘蔗中含有丰富的糖分、水分，还含有对人体新陈代谢非常有益的各种维生素、脂肪、蛋白质、有机酸、钙、铁等物质，主要用于制糖，表皮一般为紫色和绿色两种常见颜色，也有红色和褐色，但比较少见。全世界有一百多个国家出产甘蔗，我国四大甘蔗生产区是广西、云南、海南和广东。其中广西的甘蔗产量占全国的 65%，其对 GDP 的贡献约为 70 亿美元。中国制糖业在世界上的地位很大程度上依赖于广西，90% 以上的食糖生产来自甘蔗。

甘蔗扩种干旱灾害风险的形成是多因素综合作用的结果，除了气候条件外，植被、土壤、甘蔗本身需水特征、干旱灾害管理水平、区域抗旱减灾能力等人为因素都是影响甘蔗干旱灾害风险发生及强度的因素。因此，基于以上甘蔗干旱灾害风险形成机理，建立了甘蔗扩种干旱灾害风险动态评价概念框架（图 4-19）。

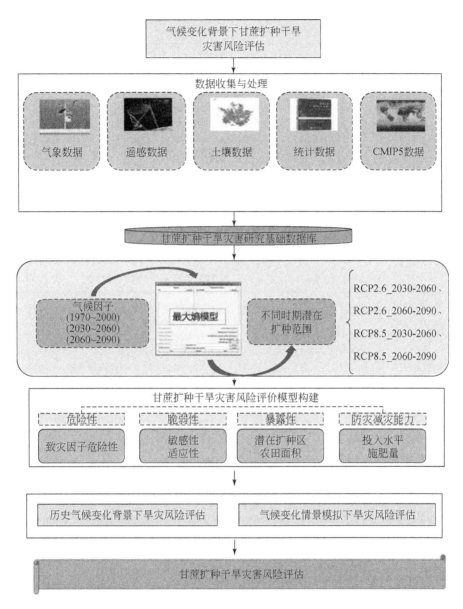

图 4-18　甘蔗扩种干旱灾害风险评估技术流程图

3. 指标体系

在农业干旱灾害基础上，选取我国南方甘蔗作为研究对象，建立了我国南方甘蔗扩种干旱灾害风险评价的指标体系（表 4-7）。

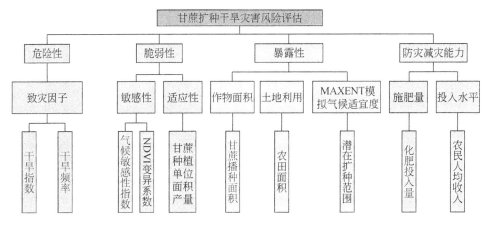

图4-19　甘蔗扩种干旱灾害风险动态评价概念框架

表4-7　我国南方甘蔗扩种干旱灾害风险评价的指标体系

因子	副因子	指标体系
危险性	致灾因子	标准化降水蒸散发指数（SPEI）
脆弱性	敏感性	气候敏感性指数
		NDVI变异系数
	适应性	单位面积产量
暴露性	作物面积	甘蔗播种面积
	土地利用	农田面积
	MAXENT模拟气候适宜度	潜在扩种范围
防灾减灾能力	施肥量	化肥投入量
	投入水平	农民人均收入

4.2.3　甘蔗扩种干旱灾害危险性评价

危险性是指致灾因子的自然变异程度，主要是由灾变活动规模（强度）和活动频次（概率）决定的。一般灾变强度越大，频次越高，灾害所造成的破坏损失就越严重，灾害的风险也越大。致灾因子危险性评估内容主要包括不同孕灾环境中的致灾因子引发的灾害种类，致灾因子时空分布、强度、频率、作用周期、持续时间，致灾因子等级及其出现概率等。致灾因子风险估算是致灾因子危险性分析的重要环节，风险估算模型以概率模型最为普遍，基于概率评估的危险性评价模型将农业气象灾害风险看作一种随机过程，假设风险概率符合特定的随机概率分布，运用特定的风险概率函数来拟合风险，以灾害发生的频率、强度、变异系数等指标构建概率分布函数，估算不同程度灾害发生的概率。旱灾危险性是某时期某地理区域在遭遇某种干旱强度的概率、可能性大小，是干旱研究的关键组成部分。农业干旱致灾因子危险性评估是农业干旱风险综合评估的主要内容，农业旱灾危险是由其干旱发生的强度和频率所决定的，强度大、频次高，干旱危险性就越大。

1. 甘蔗扩种旱灾危险性评估技术体系与模型构建

基于指标评估法构建甘蔗扩种干旱灾害危险性评估体系。为了检测和研究全球气候变化背景下的干旱化过程，Vicente-Serrano 等提出了标准化降水指数（SPEI）。SPEI 指数既考虑了蒸散对温度敏感的特性，又具备多尺度多空间比较的优点，是气候变暖背景下干旱检测与评估的理想标准，被广泛应用于干旱研究，SPEI 的计算如下：

（1）计算气候水平

$$D_i + P_i = \mathrm{PET}_i \tag{4-10}$$

式中，P_i 为降水，PET_i 为潜在蒸散量，参考《气象干旱等级》（GB/T 20481—2006）推荐的 Thornthwaite 方法求得：

$$\mathrm{PET} = 16K \frac{(10T_i)^a}{H} \tag{4-11}$$

式中，T_i 为月平均温度；H 为年热量指数；K 是根据纬度和月份计算的修正系数；a 为常数。当月平均气温 $T_i \leq 0$，则月热量指数 $H_i = 0$，月潜在蒸散量 $PET_i = 0$。

（2）构建不同时间尺度的水分盈亏累积序列

$$X_{i,j}^k = \sum_{l=13-k+j}^{12} D_{i-1,l} + \sum_{l=1}^{j} D_{i,l} (j < k) \tag{4-12}$$

$$X_{i,j}^k = \sum_{l=13-k+j}^{j} D_{i,l} (j \geq k) \tag{4-13}$$

式中，$X_{i,j}^k$ 为时间尺度，取 k 个月时，第 i 年的 j 月之前的 $k-1$ 个月与当月水分亏缺量之和。

（3）采用三参数的 log-logistic 概率密度函数对 $X_{i,j}^k$ 数据序列进行拟合

$$f(x) = \frac{\beta}{\alpha} \left(\frac{x-\gamma}{\alpha} \right)^{\beta-1} \left(1 + \frac{x-\gamma}{\alpha} \right)^{-2} \tag{4-14}$$

式中，α、β 和 γ 分别为尺度参数、形状参数和 Origin 参数、$f(x)$ 为概率密度函数。上述参数可通过线性矩阵法求得。D 序列（指上述的水分盈亏累积序列）的概率分布函数由下式给出：

$$f(x) = \left[1 + \left(\frac{\alpha}{x-\gamma} \right)^{\beta} \right]^{-2} \tag{4-15}$$

（4）对 $f(x)$ 数据序列进行标准化正态分布转换，得到相应时间尺度下的 SPEI 值

$$\text{SPEI} = W - \frac{c_0 + c_1 w + c_2 w^2}{1 + d_1 w + d_2 w^2 + d_3 w^3} \tag{4-16}$$

$$W = \sqrt{-2\ln p} \tag{4-17}$$

$$\begin{cases} p = F(x) = F(p \leqslant 0.5) \\ p = 1 - F(x) \ (p \geqslant 0.5) \end{cases} \tag{4-18}$$

式中，常数 $c_0 = 2.515517$、$c_1 = 0.802853$、$c_2 = 0.010328$、$d_1 = 1.432788$、$d_2 = 0.189269$、$d_3 = 0.001308$。

SPEI 干旱等级划分标准见表4-8。

表 4-8　标准化降水蒸散指数 SPEI 干旱等级划分

干旱等级	SPEI 值
无旱	$[0, +\infty)$
轻旱	$[-1, 0)$
中旱	$[-1.5, -1)$
重旱	$[-2.0, -1.5)$
特旱	$(-\infty, -2)$

为了解我国南方甘蔗主产区干旱特征，本研究用 SPEI 干旱指数进行干旱强度的量化。根据甘蔗全生育期（3～11 月），提取 9 月尺度的 SPEI-9 进行分析。干旱频率为某个统计时段内的某个生育阶段某等级干旱的次数与总年数的比例。

危险性指数表征法：

$$H = P_i \times I_i \tag{4-19}$$

式中，H 为干旱灾害危险性指数，I 表示干旱发生的强度，P 表示对应强度 i 时旱灾发生的频率。

2. 甘蔗扩种干旱灾害危险性评价与区划

将构建的技术模型计算结果进行空间展布，开展制图技术研究，得到甘蔗扩种旱灾危险性空间分布图。

1960～2019 年，甘蔗危险性极高地区分布在研究区西北区、中南部地区，主要以云南西北区、广西东部、湖南西南部、广东西部为主。RCP 2.6 情景下，2030～2060 年，研究区内危险性普遍高，除了研究区东部，几乎覆盖了各个省份，尤其云南西北部危险性指数极高。2060～2090 年，研究区西部危险性指数依然高，然而在广西西部、贵州西部、四川西部以及南部和东部边缘地区危险性

较低。RCP 8.5 情景下，2030 ~ 2060 年，除了广东的东南部危险性较高以外，其他地区的危险性普遍低。在 2060 ~ 2090，湖南西北部、重庆东南部和湖北西南部地区的危险性指数较高，广西其余地区处于较低水平（图 4-20）。

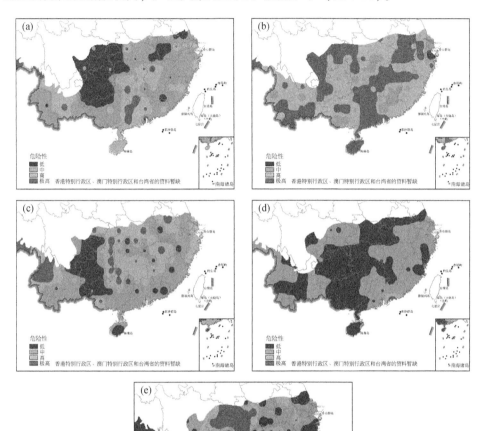

图 4-20　甘蔗扩种旱灾危险性空间分布图

（a）历年危险性，（b）RCP 2.6_2030 ~ 2060 危险性，（c）RCP 2.6_2060 ~ 2090 危险性，

（d）RCP 8.5_2030 ~ 2060 危险性，（e）RCP 8.5_2060 ~ 2090 危险性

4.2.4　甘蔗扩种干旱灾害脆弱性评价

脆弱性指给定危险地区的承灾体面对某一强度的致灾因子危险性可能遭受的伤害或损失程度。根据给定的致灾因子强度推算承灾体的伤害或损失程度称为承灾体脆弱性评估。承灾体脆弱性评估主要内容包括风险区确定风险区特性评估，防灾减灾能力分析等。一般承灾体的脆弱性越大，抗灾能力越弱，灾害损失越大，灾害风险也越大，反之亦然。由承灾体脆弱性的概念可知，自然灾害承灾体脆弱性表示承灾体的易损程度，与承灾体的物质成分、结构、状态密切相关。本研究运用熵值法计算承灾体脆弱性评估指标体系中各个指标的权重，并将计算结果与根据综合加权评估模型建立的承灾体脆弱性评估模型相结合进行甘蔗扩种旱灾脆弱性评估与制图研究。

1. 甘蔗扩种旱灾脆弱性评估技术体系与模型构建

（1）甘蔗扩种旱灾脆弱性评估指标体系

结合相关研究，从敏感性和适应性两个方面入手一共选取 3 个指标建立了甘蔗扩种旱灾脆弱性指标体系（表4-9）。

表 4-9　甘蔗扩种旱灾脆弱性评估指标体系

	敏感性	气候敏感性指数
脆弱性		NDVI 变异系数
	适应性	单位面积产量

（2）甘蔗扩种旱灾脆弱性评估权重系数计算

对于承灾体脆弱性评估指标体系权重计算，本研究同样将不同因子进行归一化，并选用熵值法作为权重计算模型技术。首先对脆弱性指标进行归一化，再利用熵值法计算得出脆弱性评估指标体系权重（表4-10）。

表 4-10　甘蔗扩种干旱灾害脆弱性评估指标体系及权重

	一级因素	次级因素	权重系数
甘蔗扩种干旱灾害	敏感性	气候敏感性指数	0.2684
脆弱性评估指标体系		NDVI 变异系数	0.2420
	适应性	单产	0.4896

（3）甘蔗气候敏感性评估模型构建

气候敏感性指数是系统输出量的变化量和系统输入量的变化率的差值，是由气候产量和气候生产潜力计算的。气候产量反映生产系统输出量的变化，气候生产潜力反映生产系统的变化，所以本研究将甘蔗的气候敏感性指数定义为

$$K_m = Y_W / Y_v \tag{4-20}$$

式中，K_m 为气候敏感性指数；Y_W 为气候产量（kg/hm^2），采用 Thornthwaite Memorial 模型计算作物气候生产力，其计算公式为

$$Y_v = 30000 \left[1 - e^{-0.000956(V-20)} \right] \tag{4-21}$$

$$V = \frac{1.05R}{\sqrt{1 + \left(\frac{1.05R}{L} \right)^2}} \tag{4-22}$$

$$L = 300 + 25t + 0.05t^3 \tag{4-23}$$

式中，30000 是经验系数；e=2.71828；V 为年平均蒸发量（mm）；L 为年平均最大蒸发量（mm）；t 是年平均气温（℃）；R 是年平均降水（mm）。

$$Y_r = Y - Y_t \tag{4-24}$$

式中，Y_t 为作物趋势产量，利用滑动平均求得；Y_r 为气象产量。

植被在整个生态系统中至关重要，植被在陆地碳平衡、气候系统、区域初级净生产力中发挥着重要作用，对生态自然环境有较为直观的指示作用。本研究对 NDVI 数据的波动程度通过变异系数进行分析。NDVI 变异系数的计算公式如下：

$$C_{v_{NDVI}} = (\mathrm{NDVI}_\sigma \div \overline{\mathrm{NDVI}}) \times 100\% \tag{4-25}$$

式中，$C_{v_{NDVI}}$ 代表 NDVI 的变异系数，NDVI_σ 代表 NDVI 标准偏差，$\overline{\mathrm{NDVI}}$ 代表 NDVI 的平均值。变异系数值越大表示此地区 NDVI 的波动越大，植被分布越离散，同时也说明此地的生态环境较脆弱。

（4）甘蔗气候适应性评估模型构建

$$甘蔗单产 = \frac{甘蔗总产}{甘蔗播种面积} \tag{4-26}$$

采用综合加权评估模型构建承灾体适应性评价模型。承灾体脆弱性评估模型如下：

$$V = \sum_{i=1}^{n} W_i X_i \tag{4-27}$$

式中，V 为承灾体的脆弱性量化值；X_i 为脆弱性指标体系中的第 i 项指标的量化值；W_i 为指标体系的第 i 项指标的权重系数；n 为指标体系评估指标个数。其中，$0 \leqslant X_i \leqslant 1$，$W_i \geqslant 0$。

2. 甘蔗扩种干旱灾害脆弱性评价与区划

根据模型计算所得结果，采用自然断点法进行等级划分，最终得到甘蔗扩种旱灾脆弱性分区图（图4-21）。

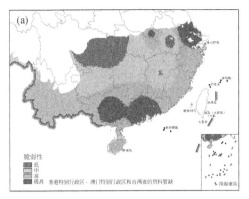

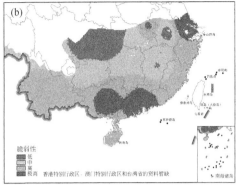

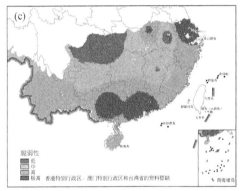

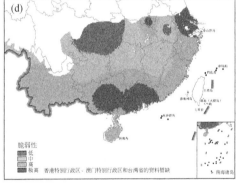

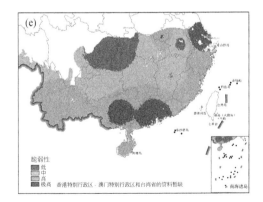

图 4-21　甘蔗扩种旱灾脆弱性空间分布图

（a）历年脆弱性，（b）RCP 2.6_2030 ~ 2060 脆弱性，（c）RCP 2.6_2060 ~ 2090 脆弱性，
（d）RCP 8.5_2030 ~ 2060 脆弱性，（e）RCP 8.5_2060 ~ 2090 脆弱性

1960~2019 年，甘蔗脆弱性较高地区分布在研究区北部和东南部地区，主要以福建、四川和湖北部分地区为主。甘蔗脆弱性较低地区分布在广西、贵州和湖南、安徽部分地区为主，脆弱性在南方其余地区处于中等水平。与基线相比（1960~2019 年），RCP 2.6 情景下，2030~2060 年和 2060~2090 年，研究区的脆弱性分布趋势变化不大。甘蔗脆弱性较高地区分布在研究区北部和东南部地区，主要以福建、四川和湖北部分地区为主。甘蔗脆弱性较低地区分布在广西、贵州和湖南、安徽部分地区为主，脆弱性在南方其余地区处于中等水平。从上面可以看出，RCP 2.6 情景和 RCP 8.5 情景的甘蔗脆弱性分布趋势较相似。

4.2.5　甘蔗扩种干旱灾害暴露性与防灾减灾能力评价

1. 甘蔗扩种干旱灾害暴露性评价

暴露或承载体指可能受到危险因素威胁的所有人和财产。因此，暴露程度是引起甘蔗脆弱性变化的潜在因素，与甘蔗种植比例有关。对于某区域来说，甘蔗的种植比例越大，气象灾害的风险也就越大。

（1）甘蔗扩种旱灾暴露性评估技术体系与模型构建

基于历年和未来不同 RCP 情景下的 19 种气候环境因子，利用 MaxEnt 模型确定了甘蔗潜在扩种范围，通过 ArcGIS 10.4 掩膜提取工具来获取潜在扩种区域内的耕地面积，同时收集潜在扩种区域内的省（市）级甘蔗播种面积资料，将潜在扩种范围内的甘蔗播种面积与耕地面积的比值作为暴露性评价指标，其计算公式如下：

$$E = \frac{AM}{AF} \tag{4-28}$$

式中，E 为暴露性指数，AM 为某甘蔗种植面积（m^2）；AF 为甘蔗耕地面积（m^2）。

（2）甘蔗扩种干旱灾害暴露性评价与区划

根据模型计算所得结果，借助 ArcGIS 10.4 软件，采用自然断点法进行等级划分，最终分别得到甘蔗扩种旱灾暴露性分区图。

广西作为我国甘蔗的主要生产区域，其种植范围和产量占全国的 65% 和 70%，其对 GDP 的贡献约为 70 亿美元。我国制糖业在世界上的地位很大程度上依赖于广西，90% 以上的食糖生产来自甘蔗。广西制糖业在全国制糖生产中占有举足轻重的地位。在广西，种植甘蔗对当地农民收入的贡献高达 50%~80%。因此，从图 4-22 看出，在不同 RCP 情景下，甘蔗暴露性较高地区分布在广西地区，暴露性较低地区分布在研究区的偏北部省份为主。其余地方，云南省、贵州省和广东省地区的暴露度主要以中等水平为主。

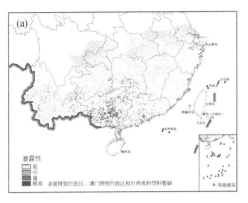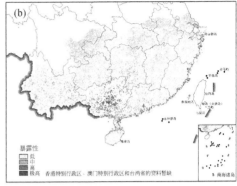

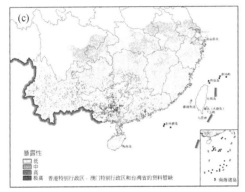

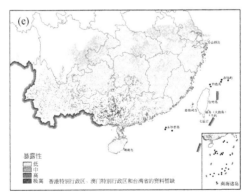

图 4-22　甘蔗扩种旱灾暴露性空间分布图

（a）历年暴露性，（b）RCP 2.6_2030～2060 暴露性，（c）RCP 2.6_2060～2090 暴露性，

（d）RCP 8.5_2030～2060 暴露性，（e）RCP 8.5_2060～2090 暴露性

2. 甘蔗扩种干旱灾害防灾减灾能力评价

防灾减灾能力是人类社会为保障承灾体免受或少受自然灾害威胁所拥有的基础条件和专项防御能力，是用于防治和减轻自然灾害的各种措施和对策。防灾减灾能力越强，可能遭受潜在损失越少，自然灾害风险越小。其主要形式有经济投入、人口素质提高、应灾能力等。本研究采用专家打分法计算防灾减灾能力评估指标体系中各个指标的权重，并将计算结果与根据综合加权评估模型建立的干旱灾害防灾减灾能力评估模型相结合进行甘蔗扩种干旱灾害防灾减灾能力评估与制图研究。

（1）甘蔗扩种旱灾暴露性评价技术体系

从防灾能力和应灾能力两个方面进行分析，选取农田施肥量和区域人均GDP等因素，建立了防灾减灾能力评估指标体系（表4-11）。

表4-11　甘蔗扩种旱灾防灾减灾能力评估指标体系

防灾减灾能力	施肥量
	化肥投入量
	投入水平
	农民人均收入

（2）防灾减灾能力评估权重系数计算

经过专家打分法确定了甘蔗扩种区域防灾减灾能力的权重，得出防灾减灾评估指标体系权重（表4-12）。

表4-12　甘蔗扩种区域防灾减灾能力指标体系及权重

一级因素	次级因素	权重系数
减灾能力	人均GDP	0.4876
	农田施肥量	0.5273

（3）甘蔗扩种旱灾暴露性评价模型构建

防灾减灾能力评估模型如下：

$$R = \sum_{i=1}^{n} W_i X_i \tag{4-29}$$

式中，R 为承灾体的防灾减灾量化值；X_i 为防灾减灾指标体系中第 i 项指标的量化值；W_i 为指标体系第 i 项指标的权重系数；n 为指标体系评估指标个数。其中，$0 \leqslant X_i \leqslant 1$，$W_i \geqslant 0$。

（4）甘蔗扩种干旱灾害防灾减灾能力评价与区划

根据模型计算所得结果，采用自然断点法进行等级划分，最终得到甘蔗扩种旱灾防灾减灾能力分区图。

甘蔗对肥料有一定的需求，适宜种植在土壤肥力较高的地区。越是土壤肥力充分的地区，防灾减灾能力越强，具有较强的抗灾能力。此外，选取人均收入作为防灾减灾指标之一，较为富裕的地区，当灾害发生时，居民们可支配一定的金额投入救灾方面，可及时挽救灾害所造成的损失。从图4-23发现，防灾减灾能力极高地区主要为广东省、福建省、江西省和湖南省。贵州省和浙江省的防灾减灾能力较低，需加强相关抗灾基础设施和管理能力。广西、贵州、湖南等部分地区的防灾减灾能力较高。防灾减灾能力中等水平的地区主要分布在云南省。

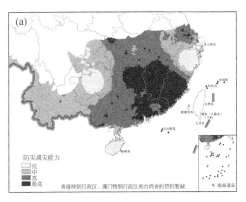
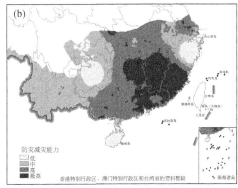
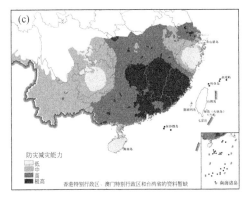
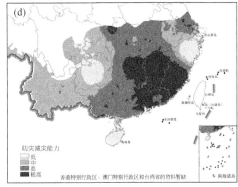

图4-23　甘蔗扩种防灾减灾能力分布

（a）历年防灾减灾，（b）RCP 2.6_2030 ~ 2060 防灾减灾，（c）RCP 2.6_2060 ~ 2090 防灾减灾，

（d）RCP 8.5_2030 ~ 2060 防灾减灾

4.2.6 甘蔗扩种干旱灾害风险评价与区划

自然灾害风险是指未来若干年内可能达到的灾害程度及其发生的可能性（黄崇福等，1999）。根据自然灾害风险的形成机理，自然灾害风险是危险性（H）、暴露性（E）、脆弱性（V）和防灾减灾能力（R）综合作用的结果，通常采用自然灾害指数表征风险程度（史培军等，2020）。基于自然灾害风险评估理论，本研究选择危险性、暴露性、脆弱性和防灾减灾能力 4 个指标进行甘蔗扩种干旱灾害的风险评估及制图研究。

1. 甘蔗干旱灾害风险模型构建

本研究利用自然灾害风险指数法、加权综合评估法和熵权法，建立了甘蔗扩种干旱灾害风险指数，用以表征灾害风险程度，具体计算公式如下：

$$RI = H^{W_H} \times E^{W_E} \times V^{W_V} \times [1-R]^{W_R} \tag{4-30}$$

式中，RI 是甘蔗扩种干旱灾害风险指数，其值越大代表灾害风险越大；H、E、V、R 分别表示甘蔗扩种干旱灾害的危险性、暴露性、脆弱性和防灾减灾能力因子指数；W_H、W_E、W_V、W_R 分别为危险性、暴露性、脆弱性和防灾减灾能力因子所占权重，采用了熵权法计算。W_H、W_E、W_V、W_R 分别为 0.3179、0.209、0.2245、0.2485。

2. 甘蔗干旱灾害风险与区划

根据模型计算所得结果，并进行可视化以及区划研究，最终完成了潜在历史、未来不同 RCP 情景下扩种区的甘蔗干旱灾害风险空间分布图（图 4-24）。

不同模拟情景下，研究区偏北部地区的甘蔗扩种干旱灾害风险普遍低，南部地区的甘蔗扩种干旱灾害风险明显高与其他地区，偏中部地区主要以风险中等水平为主。总的来说，气候变化背景下，广西甘蔗扩种干旱灾害风险呈现随纬度降低而增加的趋势。

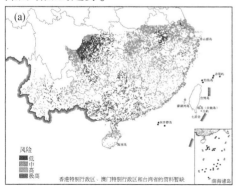
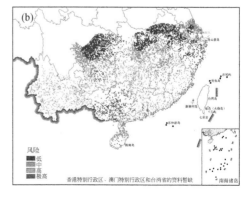

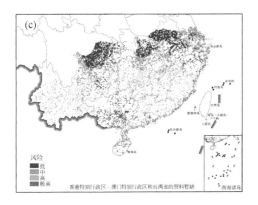
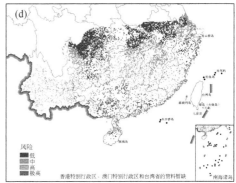

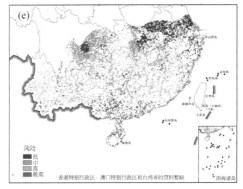

图 4-24　甘蔗扩种干旱灾害风险与区划

（a）历年风险分布，（b）RCP 2.6_2030~2060 风险分布，（c）RCP 2.6_2060~2090 风险分布，

（d）RCP 8.5_2030~2060 风险分布，（e）RCP 8.5_2060~2090 风险分布

参 考 文 献

黄崇福.1999.自然灾害风险分析的基本原理.自然灾害学报，（02）：21-30.

李丹君，张继权，郭恩亮，等.2017.基于 SVDI 的吉林省中西部干旱识别及干旱危险性分析.
水土保持通报，37（04）：321-326+332.DOI：10.13961/j.cnki.stbctb.2017.04.054.

孙宏莱，李翠莹，刘畅，等.2021.软枣猕猴桃栽培园常见危害及其防治措施.耕作与栽培，
41（05）：66-71.DOI：10.13605/j.cnki.52-1065/s.2021.05.018.

谭宗琨，丁美花，杨鑫，等.2010.利用 MODIS 监测 2008 年初广西甘蔗的寒害冻害.气象，
36（4）：116-119.

谭宗琨，欧钊荣，何燕.2006.广西蔗糖发展主要气象灾害分析及蔗糖产业优化布局的研究.
甘蔗糖业，（1）：6.

涂美艳，江国良，陈栋，等.2016.猕猴桃冻害预防及灾后挽救建议.四川农业科技，（03）：
10-11.

张继权, 冈田宪夫, 多多纳裕一. 2005. 综合自然灾害风险管理. 城市与减灾, (02): 2-5.

张继权, 冈田宪夫, 多多纳裕一. 2006. 综合自然灾害风险管理——全面整合的模式与中国的战略选择. 自然灾害学报, (01): 29-37.

张琪, 朱萌, 张继权, 等. 2014. 气候变化背景下吉林干旱风险识别研究 [C] //风险分析和危机反应中的信息技术——中国灾害防御协会风险分析专业委员会第六届年会论文集, 516-519.

Akpoti K, Dossou-Yovo E R, Zwart S J, et al. 2021. The potential for expansion of irrigated rice under alternate wetting and drying in Burkina Faso. Agricultural Water Management, 247: 106758.

Akpoti K, Kabo-Bah A T, Zwart S J. 2019. Agricultural land suitability analysis: State-of-the-art and outlooks for integration of climate change analysis. Agricultural Systems, 173: 172-208.

Ewa Baranowska-Wójcik, Dominik Szwajgier. 2019. Characteristics and pro-health properties of mini kiwi (Actinidia arguta). Horticulture, Environment, and Biotechnology, 60 (2): 217-225.

Zhang B Q, Yang L T, Li Y R. 2015. Physiological and biochemical characteristics related to cold resistance in sugarcane. Sugar. Tech., 17 (1): 49-58.

第5章 主要经济作物天气指数保险技术研究

5.1 天气指数保险技术研究进展

5.1.1 天气指数保险概述

　　农业是国民经济和社会发展的基础产业，也是受气象灾害影响最重要的产业之一。随着全球气候变化，极端天气和气候事件增多，气象灾害对农业影响将更加显著（赵艳霞等，2012，2016）。为了提高农业防灾减灾能力和灾后恢复能力，在时间上和空间上分散灾害风险，国内外采取的一个行之有效的方法就是实施农业保险。世界上有 40 多个国家开展了农业保险，比较有代表性的有美国、加拿大政府主导模式，日本政府支持下的相互会社模式，西欧的民办公助模式，以及亚洲发展中国家的国家重点选择性扶持模式。我国的农业保险正式起步于 1982 年，经过 20 多年的试验和发展，形成了具有中国特色的农业保险模式，即政府主导下的政策性保险模式。我国当前的农业保险虽然得到了各级政府的政策扶持，但是由于农业保险风险大、保险公司经营经验不足等问题，政策性农业保险业不可避免地出现了传统农业保险模式的弊病，如逆向选择、道德风险高、理赔时效低、理赔成本高、灾损评估误差大等问题。

　　我国是世界上遭受自然灾害最严重的国家之一，而气象灾害的损失占灾害损失的近 70%。长期以来，我国政府一直把减轻自然灾害作为基本国策之一。党中央高度重视农业保险工作，2004~2022 年的 19 个中央一号文件都对农业保险的发展提出了要求。中央财政从 2007 年开始实施保费补贴，带动我国农业保险进入快速发展阶段。2020 年中国农业保险保费达 128.1 亿美元，已经跃居全球第一，当年美国农业保险保费是 103.7 亿美元。2021 年我国农业保险保费再创新高，达到了 151.7 亿美元。从发展趋势看，今后一段时间我国农业保险的保费在全球范围内将会一直领先。在中央一号文件的支持下，农业保险从 2004 年试点保基本物化成本，到 2018 年开始保完全成本和收入保险的探索，保障水平越来越高，在提高农民种粮积极性、维护国家粮食安全方面起的作用越来越大。我国政策性农业保险试点以"政府引导、政策支持、市场运作、农民自愿"为原则，对保障农业安全生产有重要作用。然而，由于我国各地作物、气候、灾害差异巨大，使得针对分散经营的小规模农户开展农业保险的损失评估及风险分散面临巨大难题。在这种背景下，指数保险产品便逐步引入我国农业保险实践中。

指数保险是将保险标的损失同与损失高度相关的指数结合起来进行赔付的保险形式，赔付的依据是客观的可观测或可计算的指数；天气指数保险是指利用一个或者几个气象要素形成的天气指数同保险标的产量或者损失结合起来，依据不同的指数等级进行赔付的保险形式；农业天气指数保险是天气指数保险在农业领域的应用（也称为天气指数保险）。天气指数保险是以客观监测的、并与被保作物产量或收入高度相关的气象条件为基础，将农作物受灾程度指数化的一种农业保险产品，不仅可应用于农场、农业公司的团体保险，也非常适用于生产规模较小的农户。

农业天气指数保险具有几个明显的优势：一是透明度高，保险合同直接明了，易于推广；二是可操作性强，该保险根据事先约定的天气指数进行赔付，因此不需要专门农业技术人员进行查勘定损，运营成本会大大降低同时也可避免道德风险；三是避免信息不对称，气象信息是公共信息，保险人和投保人都可以获得，减少了投保人逆向选择；四是易实施再保险，可有效转移巨灾风险等。

农业天气指数保险在一定程度上克服了传统农业保险的不足，引起了保险管理部门和政府的普遍关注。2014 年 8 月，《国务院关于加快发展现代保险服务业的若干意见》正式对外公布，这个被称为保险业"新国十条"在为保险业未来若干年的发展提供强大动力的同时，也为保险业更好地服务于国民经济和社会发展拓展了更宽的舞台。特别值得关注的是，在"新国十条"中，明确提出了探索天气指数保险等新兴产品和服务，丰富农业保险风险管理工具，是农业保险创新的方向。2019 年 2 月中共中央办公厅、国务院办公厅印发了《关于促进小农户和现代农业发展有机衔接的意见》，该意见提到要推进价格保险、收入保险、天气指数保险试点，鼓励地方建立特色优势农产品保险制度。可见，发展农业天气指数保险，已经被国家提高到战略高度。

总之，虽然我国虽然农业保险开展了很多年，但由于现有的农业保险产品理赔难、成本高等原因，除了国家支持的主要粮食作物和部分养殖等政策性农业保险外，对农民增收非常重要的特色经济作物的保险涉及较少，背后的关键原因之一是农业保险相关研究的严重滞后、产品单一。近些年，气象服务在农业保险工作中的作用受到政府及有关部门的高度重视，气象部门利用气象的方法在气象灾害风险评估（Zhao et al., 2013；任义方等，2019）、气象灾害对农业造成损失的定量评估（Zhao et al., 2019；Zhang et al., 2021）、保险费率的区划和厘定等方面做了大量工作。特别值得一提的是，农业天气指数保险产品的开发改变了传统农业保险模式，大大提高了灾后理赔的效率，使得灾后迅速恢复生产成为可能；在实践中，天气指数保险与小额贷款等普惠金融相联系，让农户获得更多的支持和保障。

5.1.2　国内外研究现状

1. 国外研究现状

农业天气指数保险作为全球范围内广泛研究和应用的风险转移工具，已具有三十年左右发展历史和实践应用。天气指数保险的理论研究开始于 20 世纪 90 年代末，其产品最早于 1997 年在美国得到应用。目前，美国已有专门的天气指数保险公司（Weather Bill）。21 世纪初，在联合国粮农组织（FAO）和世界银行（World Bank）的推动下，农业天气指数保险产品开始在发展中国家大范围试点与推广。2002 年，墨西哥实施了发展中国家的首个天气指数保险产品。随后，印度、马拉维、埃塞俄比亚以及中国等也相继开展了农业天气指数保险试点项目。由于各地的经济条件和开展方式不同，难免存在失败的案例，如乌克兰试点。

目前，国际上天气指数保险市场正处于蓬勃发展阶段，相关的研究正在进行。主要有如何克服指数保险缺陷的理论和方法研究、天气指数保险关键技术以及效果评估等方面的研究。关于如何克服指数保险缺陷的理论和方法研究，如 Skees（2008）、Hellmuth（2009）针对指数产品在转移相关自然灾害风险方面的缺陷，提出了理论上的解决方案。Leblois and Quirion（2010）认为在选择天气指数时，要最大限度地降低基差风险，实现产量模拟精确化。关于实践应用方面的研究，主要是结合天气指数农业保险的基差风险，给出可采取的应对措施和降低风险的途径。有效开展天气指数保险的关键是天气指数保险产品设计、应用与评估。目前国外已有很多关于气象指数确定方法和气象要素模拟模型应用的研究，例如降水指数、水分胁迫指数、干旱指数、遥感气象指数等保险产品（Leblois A and Quirion P，2013）。Jerry R. Skees（2008）通过设定天气保险触发指数上限和下限来确定单位保险赔付额。C. G. Turvey（2010）以安大略湖冰葡萄酒为例，考虑到天气保险的价格是随葡萄收获期变动的一个随机变量，从而采用蒙特卡罗模拟对天气指数保险进行定价。Bokushheva（2011）通过建立产量和天气变量之间的回归模型，量化了产量对天气指数的敏感度，进而制定保险产品。Leblois A（2013）对尼日尔小米的干旱指数保险进行了事先评估，利用与降水监测网所对应的分区产量数据对保险收益进行了定量化评估。有学者指出 Copula 函数方法比线性相关法更适合为抵御极端天气事件的天气指数保险合同进行定价。对于极端干旱事件，相比于回归方法，基于 Copula 函数方法制定的保险合同会提供更高的风险赔偿。

在天气指数保险的设计和应用的研究中，Deng（2007）对佐治亚州和南加利福尼亚不同区域的保险纯费率进行了研究，Varangis（2005）对发展中国家的天气指数保险提供了一些建议和意见；Vercammen（2000）介绍了指数合同的赔付以及触发机制；Skees et al（1997）认为相邻县市之间的保险纯费率有一定的相互关系；Mahul（1999）分析了天气指数保险产品的效果，The World Bank（2007）、David Hatch（2008）、Casey Brown 和 James W. Hansen（2008）等从不同的角度对天气指数保险及其相关内容进行了研究，其中的主要问题是天气指数保险产品的适用范围较小。绝大部分试点都分布在气候条件较为恶劣的中低收入国家的农牧区，如埃塞俄比亚、肯尼亚、摩洛哥等地。一方面这些国家和地区的农牧业饱受灾害性的天气影响，天气指数保险为当地农户提供了急需的风险管理工具；另一方面，恶劣的气候条件使得各个试点的天气指数保险项目都具有一定的独特性和针对性，不利于天气指数保险在全球范围内推广。

2. 国内研究现状

在国际农业发展基金（IFAD）、世界粮食计划署（WFP）和政府机构的支持下，我国保险公司开始探索研发指数保险。2007 年上海安信农业保险公司率先推出天气指数保险，2009~2013 年，以安徽省的"水稻种植天气指数保险产品等"为领头，进行试点的指数保险产品已逐步覆盖了水稻、蔬菜、果树、烟叶、水产等多个领域（吕开宇等，2014）。浙江省研究了水稻保险气象理赔指数并搭建了应用平台，福建、广东、陕西分别探讨了台风气象灾害指数、橡胶甘蔗风力指数以及苹果气象指数的保险。随着我国农业保险试点的深入推广，现有的农业保险产品已经不能有效满足农户多层次的风险保障需求。2013 年 3 月《农业保险条例》正式实施后，保监会发文表示，鼓励各公司积极研究开发天气指数保险、价格指数保险、产量保险、收入保险、农产品质量保险、农村小额信贷保证保险等新型产品（中国银行保险监督管理委员会，2013）。农业天气指数保险在一定程度上克服了传统农业保险的不足，具有信息透明度高、可降低道德风险和抑制逆向选择、交易和管理成本低、易实施再保险、可有效转移巨灾风险等优点，引起了保险管理部门和政府的普遍关注（孙朋，2012）。2014 年 8 月，国务院在《关于加快发展现代保险服务业的若干意见》中要求"探索天气指数保险等新型产品和服务"。

从实践看，国内农业天气指数保险工作已形成了由政府主导，气象、农业、保险等部门以及国际组织参与的局面，表明天气指数保险将成为我国农业保险发展的重要方向。在开展农业保险试点的实践基础上，国内天气指数保险在费率厘定、天气指数保险产品设计与应用，以及少数关于克服天气指数保险基差风险问题等方面已有了一些研究。

1）费率厘定

费率厘定作为天气指数保险合同的核心部分，是天气指数保险的重要研究内容之一，通常在区划不同风险等级的基础上进行。单产风险分析法是农业保险费率厘定的主要方法之一，从作物单位面积产量的时间序列数据出发，遵循"作物单产-趋势剔除-分布拟合-定量评估"的范式来厘定费率（王克和张峭，2013）。针对现有单产风险分析法中的不确定性问题，叶涛（2012）指出趋势处理和单产分布拟合是关键的考虑因素，而王克和张峭（2013）认为重点在于提出准确估计风险损失和合理模拟风险损失分布的方法。目前，我国已初步开展了结合风险区划结果并利用不同的拟合风险损失分布的方法进行保险费率的厘定。如王克和张峭（2008）对新疆棉花、陈平（2013）对湖北中稻、陈新建（2008）对湖北水稻、吴垠豪（2012）对新疆棉花、肖宇谷等（2014）对黑龙江玉米等开展费率厘定及相关方法的研究。

2) 天气指数保险产品设计与应用

针对粮食作物和经济作物受旱涝、低温冻害、高温热害、强风等气象型灾害影响问题，我国也开展了相关的天气指数保险产品设计、应用与评估的研究工作。关于干旱或洪涝的气象指数产品的研究，孙朋（2012）通过引入灾害风险强度指标更为科学地建立了降雨量赔付指数模型，同时对纯保费的风险修正也使得保险产品的大规模推广更加具有可行性。陈盛伟（2014）系统地给出了农业气象干旱指数保险产品设计的理论框架，以农作物生理特性为切入点，分析农作物需水量、缺水量与实际损失之间的相关程度，结合参数单产波动模型构造干旱指数赔付模型，为费率的科学厘定提供了依据。此外，张爱民等（2007）对安徽省水稻小麦旱涝、储小俊（2014）对江苏南通棉花开展了相关的研究。关于低温冻害、低温冷害的气象指数产品的研究：娄伟平（2009，2011）针对浙江柑橘产区的冻害天气，构建了柑橘冻害的气象理赔指数；根据浙江历年茶叶逐日经济产量，基于气温与茶叶遭受霜冻的损失产量的关系，研制了茶叶霜冻天气指数农业保险产品。殷剑敏等（2012）研制了江西南丰蜜橘低温冻害气象指数。关于高温热害的气象指数产品的研究：陈盛伟（2010）为安徽水稻试点的保险产品设计了累计高温差指数，娄伟平（2009）根据浙江省柑橘5月上半月热害指标来建立柑橘农业气象灾害风险分析模型，设计了柑橘气象灾害保险理赔指数。孙擎（2014）以江西早稻高温逼熟问题开展了气象指数产品研究。关于台风、暴雨等短时极端性天气的气象指数产品：尹宜舟等（2010）以福建省连江县为试点，建立了较宽泛意义的台风灾害天气指数保险赔付方案；娄伟平等（2010）建立单季稻暴雨灾害保险气象理赔指数。还有综合气象指数产品，即未指定针对某种特定气象灾害，通过对当地气候资源与产量间关系的分析来构建保险指数：有学者利用降水、温度、日照等气象因子及大气环流因子，通过建立单季稻灾损模型，研制水稻农业天气指数保险产品；类似地，王韧（2015）设计了湖南省水稻天气指数保险方案，杨太明（2015）设计了针对小麦关键生育期的多种灾害指数模型（干旱指数、倒春寒指数、干热风指数、阴雨日数指数Ⅰ、阴雨日数指

Ⅱ），确定了指数保险赔付的触发值及赔付标准；叶涛（2014）开展农业气象灾害综合风险研究和构建风险模型；曹雯等（2019）研究了宁夏枸杞病害天气指数保险。

事实上，天气指数和作物灾害损失定量关系模型的构建是天气指数保险设计的难点和核心，灾损模型主要基于统计模型、人工控制试验和作物模型等方法。使用人工控制试验成本较高，且所需试验环境条件要求精确（孙擎等，2015），因此大部分研究使用了基于统计模型的方法。例如娄伟平等（2009）根据多年生果树产量变化同树龄、大小年以及环境因子的关系，建立柑橘产量处理方法，分离出趋势产量、气象产量、营养产量，并基于农业气象灾害风险评估技术确定低温冻害、5 月上半月热害指标及其对柑橘产量的灾损率，设计了柑橘冻害天气指数保险。杨太明等（2013）通过对安徽省宿州市历史产量损失与主要灾害的气象指标进行对比分析，确定了干旱指数、倒春寒指数、干热风指数、阴雨日指数共5 个小麦关键生育期天气指数，设计了安徽冬小麦天气指数保险产品。刘映宁等（2010）采用相关分析、正交多项式及积分回归等方法，对陕西 1971～2003 年夏玉米的单产与气象因子的关系进行了分析，进一步设计了陕西苹果冻害农业保险风险指数。任义方等（2011）用小波分析及 EOF 分析了河南省冬小麦的干旱时空分布特征，构建了冬小麦干旱指数后，用聚类分析方法对冬小麦进行了干旱区划，最后对河南省冬小麦用单产分布模型进行了冬小麦减产率的拟合，并计算得出保险纯费率；李文芳（2012）用 ARIMA 模型拟合了湖北省 82 个县市的中稻产量，计算得到减产率，然后用非参数核密度法得出保险纯费率；郭兴旭等（2010）用正态分布、对数正态分布、Logistic 分布、Beta 分布、非参数核密度法的方法对湖北省油菜的保险纯费率进行了厘定，并比较了各种不同分布之间优劣，认为合理的农业保险费率就应当具体研究每一个地区单产分布的具体情况，根据其最吻合的单产分布来计算保险纯费率。李心怡等（2020）比较了主要的作物气象产量和趋势产量的分离方法，发现 3 年滑动平均和五点二次平滑法更具有普适性。杨晓娟等（2020）使用 DSSAT CERES-Maize 模型模拟了玉米的干旱损失，并根据干旱灾害的发生概率，厘定了玉米水分关键期干旱指数保险费率，最后采用投影寻踪的统计方法，设计干旱指数保险赔付方案。

3）天气指数保险基差风险

在开展农业保险试点的实践基础上，国内在费率厘定、天气指数保险产品设计方面已有了不少尝试性的研究，但关于克服天气指数保险基差风险问题的实践性研究相对较少。基差风险是指农户预期损失的不确定性，是农户承担的未被农业保险保障的剩余风险，即按照保险赔偿时按照区域性指数而未按实际损失的赔付方法，虽然数据客观、理赔方便迅速，但由于指数和实际损失之间存在不完全相关性，保险赔付无法完全匹配每个农户的实际损失（Joanna et al., 2007；庹国柱等，2008；张峭等，2015；丁少群等，2017；王月琴，2020）。基差风险产生的因素可分为三类——赔付时间偏差、空间异质性和保险产品设计误差。一般基差风险主要表现为空间基差风险（Okada，2016）。Clarke et al（2012）发现印度降雨指数保险的赔付率和减产率之间存在较弱的相关性，风险基差较大。杨太明等（2013）将历史天气指数赔付率与历史产量损失率的对比定义为基差比，基差比越接近于0，表明基差风险越小。Norton et al（2012）认为应该根据相邻位置保险保费支出的不同，考虑空间地理特征（观测站之间的高度、经纬度）的差异进而量化天气指数保险的基差风险。陈盛伟（2010）指出加大地面气象观测站网密度，可以减少天气指数保险的"空间基差"；娄伟平（2011）采用支持向量机进行历史资料反演，延长中尺度自动气象站资料，从而减小天气指数保险的"空间基差"；刘映宁（2010）提出针对不同空间尺度的农业天气指数保险，采取不同的灾害监测方法及指数产品设计可以有效地改善"基差"问题。

综上所述，农业天气指数保险作为农业保险的创新型产品，在抵御气象风险方面的优势非常明显，有助于全面、客观地反映农业系统性风险（庹国柱，2003；2014）。目前农业天气指数保险已经有一些实践经验和技术积累，形成了较为完整的天气指数保险产品设计流程，但也面临一些技术上的挑战，例如指数构建的合理性问题、灾损计算问题、天气指数保险的空间基差风险问题、农业天气指数保险产品很少，无法满足保险行业的需求等问题。

本章将针对云南茶树干旱和低温、山东茶树冻害、山东设施番茄黄瓜寡照、浙江茶树高温热害和秋冬干旱、江苏油菜低温等灾害研发天气指数保险产品并进行推广应用，以期为保障农户收益、减灾增效、全面推进乡村振兴发挥积极作用。

4）天气指数保险技术设计流程和步骤

图5-1为天气指数保险产品设计流程图，由中国气象局减灾司牵头，组织气象部门相关专家编写了《农业保险气象服务指南——天气指数设计》，关于2018年底在气象部门发布，对指导开展天气指数保险起到了一定的规范作用。

（1）需求分析和实地调查

①需求分析。气象、财政、农业和保险公司等多部门联合对当地的农业产业、主要作物、主要气象灾害进行分析，初步确定天气指数保险标的物和保障程度，如保险金额、保险试点范围、政府财政补贴、多数农户的实际参保需求及农户缴费比例等事项。

②实地调查。调查内容包括标的物的主要种植区域分布，标的物关键发育期，影响标的物产量的主要气象要素及时段；不同年景下标的物单产，正常年景、好年景、差年景的代表年份；标的物单位面积的种植管理成本，标的物产品

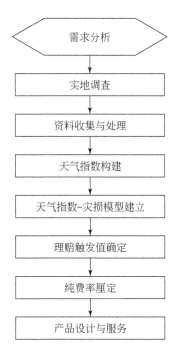

图 5-1　天气指数保险产品设计流程图

价格，不同年景的收入水平，购买保险产品最多能承受的保费等信息。

调查形式包括赴保险标的物主要生产基地，通过实地观察、与当地农户交流；邀请经营主体、政府部门有关人员和相关专家座谈。

在需求分析和实地调查的基础上，确定标的物的主要承保灾种及主要保险时段。

（2）资料收集与处理

①资料及来源。承保区域 10 年以上的气象资料，以及多年农作物产量资料、农作物生育期资料、重要气象灾害资料、基础地理信息、生产记录、试验观测资料及灾情信息等。主要来源于气象、农业、统计、民政等部门，以及高校、科研院所、新型农业经营主体（专业合作社、种养殖大户）和文献书籍等。

②数据质量控制。对收集到的气象、产量和灾情等历史资料进行质量控制，主要包括实地调查验证和统计检验方法。

③气象灾情资料处理。利用历史气象资料，结合气象灾害指标值，对收集到的气象灾情资料进行甄别。

（3）天气指数构建

天气指数可以由单一气象要素构成，也可以是多个气象要素构成的综合气象指数。一般应满足客观性、独立可验证性，具有较好的稳定性。指数可采用已有的气象灾害指标，也可通过统计分析方法构建得到与减产率显著相关的指数作为反映保险标的物灾害损失程度的天气指数。

①基于已有的规范化农业气象灾害指标，包括行业标准、地方标准或业务指标等，确定造成保险标的物灾害的天气指数。

②通过查阅文献，初选造成保险标的物灾害的相关气象要素（光、温、水），采用敏感系数、方差分析或多重比较等方法分析减产率与气象因子的关系，按照气象因子对产量的影响最大，且因子之间相关性较低的原则，筛选灾害关键致灾因子作为保险标的物灾害的天气指数。

（4）指数–灾损模型建立

建立天气指数与灾害损失关系模型，在此列举常规步骤（以减产率为例）：

①计算气象灾害减产率：基于历年单产数据，采用时间序列分析方法拟合趋势产量以得到相对气象产量，减产率即为相对气象产量中的减产部分。

$$y_w = \frac{y - y_t}{y_t} \times 100\% \tag{5-1}$$

式中，y_w 是相对气象产量；y 是实际产量；y_t 是趋势产量。

②确定典型气象灾害样本（年）：将某一气象灾害明显发生且导致标的物发生减产的样本作为典型气象灾害样本（年）。

③构建天气指数–灾损模型：基于提取的典型气象灾害样本（年），采用统计学等方法，得到天气指数与减产率的关系模型。

④确定天气指数阈值：基于天气指数–灾损模型，计算获得不同减产率对应的天气指数阈值（即不同程度灾害影响对应的天气指数阈值）。

（5）理赔触发值确定

天气指数理赔触发值表征的是当实际天气指数超过指数保险中规定的值时，保险公司开始做出赔付的值。

理赔触发值的确定过程一般为：基于建立的天气指数–灾损模型，利用保险区域的气象资料和标的物产量资料，分析历史上保险标的物灾害发生损失，计算得出不同天气指数阈值对应的灾害损失率。考虑损失率等实际情况，确定相应的天气指数理赔触发值。

（6）纯费率厘定

天气指数保险产品多采用单产风险分布模型法来厘定费率。天气指数保险的纯费率计算公式可表示为

$$R = \frac{E(\text{loss})}{\lambda Y} = \frac{\int_F^1 x f(x)\, dx}{\lambda Y} \tag{5-2}$$

式中，R 为纯保险费率；$E(loss)$ 为产量损失的数学期望，x 为减产率序列，$f(x)$ 为单产风险的概率分布，目前较常用的分析作物单产风险分布的参数模型包括 Beta 分布、Gamma 分布、Weibull 分布、Logistic 分布、Burr 分布、对数正态分布和双曲线反正旋分布等；F 为理赔触发值对应的减产率；λ 为保障比例，根据保险区域当地的实际情况确定；Y 为预期单产。

（7）天气指数保险产品设计与服务

在完成天气指数设计的基础上，参与天气指数产品条款设计与服务。

①天气指数保险费率优化。开展较大范围天气指数产品设计时，要注重基差风险控制，对天气指数保险费率进行优化。

②天气指数保险条款设计。由保险公司设计保险条款。气象部门重点对保险条款中保险责任、保险金额和保险费、保险期限和赔偿处理中的与气象相关的条款进行把关。

③天气指数保险气象服务。气象部门可以提供的指数保险理赔服务包括但不限于天气指数跟踪、气象灾害监测预警评估及相关证明出具等服务。

（8）相关名词解释

①农业保险。保险机构根据农业保险合同，对被保险人在种植业、林业、畜牧业和渔业生产中因保险标的物遭受约定的自然灾害、意外事故、疫病、疾病等保险事故所造成的财产损失，承担赔偿保险金责任的保险活动。

②政策性农业保险。以保险公司市场化经营为依托，政府通过保费补贴等政策扶持，对种植业、养殖业因遭受自然灾害和意外事故造成的经济损失提供的直接物化成本保险。政策性农业保险将财政手段与市场机制相对接，可以创新政府救灾方式，提高财政资金使用效益，分散农业风险，促进农民收入可持续增长。

③保险标的物。保险人对其承担保险责任的各类保险对象。本研究中适宜开展天气指数保险的标的物主要是种植业保险对象，如大宗粮食作物（水稻、小麦、玉米）、油料作物（如油菜、大豆、花生）、特色经济作物（棉花、茶叶、苹果、甘蔗、马铃薯、烟叶），以及部分水产养殖（露天养殖对象）等。

④天气指数。一个或一组外部的、独立的变量，一般由与保险标的物产量或品质相关的温度、降水和光照等气象要素构成。

⑤天气指数保险。把一个或几个气象要素（如气温、降水、光照等）对保险标的物的损害程度指数化，并以这种客观的指数作为保险理赔依据的一类保险。

⑥农业气象灾害。在农业生产过程中所发生导致农业减产的不利天气或气候条件的总称。适宜开展天气指数研发的农业气象灾害一般包括干旱、洪涝、渍害、连阴雨、低温冷害、冻害、高温热害、干热风等。

⑦保费。投保人为取得保险保障，按保险合同约定向保险人支付的费用。

⑧天气指数保险触发值。开始启动保险理赔时所对应的天气指数值。

⑨赔付率。一定会计期间赔款支出与保险收入的百分比，单位为百分率（%）。

⑩保险费率。保险人按单位保险金额向投保人收取保险费的标准，单位为百分率（%）。

⑪纯费率。纯保费占保险金额的比率，是保险费率的主要组成部分，由损失概率确定。

⑫基差风险。保险合同约定天气指数所反映的保险标的风险状况与保险标的实际风险状况之间的差异。

5.2　天气指数保险技术研究案例

5.2.1　云南茶树干旱和低温

1. 研究背景

茶叶是云南省重要的高原特色农业产品，2020 年全省茶园面积达 493.5khm^2，茶叶总产量达 46.3 万 t，均居全国首位（国家统计局，2021）。临沧市位于云南省西南部，是云南第一产茶大市，也是勐库大叶种茶的诞生地和普洱茶的最大产地，还是闻名中外的"滇红之乡"。临沧茶园大多分布在海拔 1500~2000m 的地区。

春季名优茶生产是当地茶农主要收入来源之一。干旱是春茶面临的最为严重的气象灾害之一，造成上年成熟叶片的落叶，发芽推迟，生长缓慢，甚至植株干枯。2009 年冬季至 2010 年春季的持续干旱，使得云南 80% 茶园受灾，春茶减产 50%。此外，春季茶芽逐渐开始萌发，幼嫩芽叶萌发生长，茶树组织器官处于活动状态，抗寒能力降低。这时低温发生频发，特别是高海拔地区，易引起嫩芽萌发缓慢，幼嫩芽叶严重冻伤而失去价值。尤其，当地广泛种植的勐库大叶种茶，抗寒性差，遭遇 0℃ 以下气温即发生冻害，而干旱条件下低温的发生又会加重茶树受冻程度。干旱和低温引起春茶品质和产量下降，茶农经济损失加大。作为转移农业风险重要工具的天气指数农业保险，抵御气象风险的优势明显，在有效降低投保人经济损失、激励投保人开展防灾减损的同时也降低了保险经营主体查勘定损等方面的成本，受到了投保人和保险经营主体的广泛青睐。

2. 数据来源

气象资料：双江县国家基准气象站（海拔 1044m）1957~2020 年逐日气象要素，包括最高气温、最低气温、降水量、日照时数、平均风速、平均相对湿度；双江县区域自动站忙糯大浪坝（海拔 2200m）、忙糯（海拔 1862m）、坝糯（海拔 2110m）、大文清平水库（海拔 2008m）、邦丙（海拔 1656m）、沙河营盘（海拔 1140m）、勐库（海拔 1125m）、贺六（海拔 1242m）、大文（海拔 1623m）、冰岛湖（海拔 1431m）、双江勐库冰岛（海拔 1697m）、小黑江（海拔 894m）的 2009～2020 年逐日温度。

茶树资料：通过收集茶树有关灾害文献、气象灾害年鉴、民政部门等的灾害数据；2013～2019 年临沧市茶产业采摘面积、产量、产值、茶农人均茶叶收入；调研临沧市临翔区、凤庆县、沧源县、双江县、镇康县等地有关茶树冬春季低温和干旱发生及损失的情况，作为开展双江地区茶树天气指数保险研究的参考。

3. 天气指数–灾损模型构建

(1) 冬春季干旱

考虑到茶树不同阶段的降水分布情况和茶树生长对水分的需求不同，在缺乏详细生育期记录条件下，研究按照秋茶采摘结束后 11 月至来年春茶采摘结束 5 月构建不同月份的缺水量来表征水分的不足程度。在此基础上，选择关键月份的降水量作为茶树干旱指数。

逐月缺水量（WD）计算：

$$WD = P - ET_c \tag{5-3}$$

式中，P 为逐月降水量，ET_c 为逐月茶树需水量。

逐月需水量（ET_c）计算：

$$ET_c = k_c \times ET_0 \tag{5-4}$$

式中，k_c 为作物系数，取 0.95。ET_0 的计算采用 FAO（1998）推荐的 Penman-Monteith 公式，进行逐日可能蒸散量的计算：

$$ET_0 = \frac{0.408\Delta(R_n - G) + \gamma \dfrac{900}{T+273} U_2(e_s - e_a)}{\Delta + \gamma(1 + 0.34 U_2)} \tag{5-5}$$

式中，ET_0 表示可能蒸散量；R_n 和 G 为地表净辐射和土壤热通量；T 表示日平均气温；U_2 表示 2m 高处风速；e_s 和 e_a 分别表示饱和水气压和实际水汽压；Δ 表示饱和水气压曲线斜率；γ 表示干湿表常数。

茶树 11 月～次年 5 月逐月平均降水量、需水量和缺水量如表 5-1 所示，其中当年 12 月～次年 4 月相对其他月份是茶树缺水较为严重的阶段。从作物生理角度讲，2～4 月茶树逐渐从萌动期过渡到采摘高峰期，对水分非常敏感，需水量增加，降水的不足会导致干旱发生。而当年 12 月～次年 1 月的冬春旱常使茶树秋梢的芽、叶受害，轻则使越冬芽发育不良，春芽瘦弱稀疏，重则芽、叶青枯干死。此外，从不同等级缺水量的发生频率分析可知（图 5-2）：缺水超过 80mm

且发生概率大（>50%）情况发生在 2 ~ 4 月；缺水在 60 ~ 80mm 且发生概率较大（>30%）情况主要发生在 12 月 ~ 次年 1 月。

表 5-1　双江县茶树 11 月 ~ 次年 5 月逐月降水量、需水量和缺水量

月份	降水量（mm）	需水量（mm）	缺水量（mm）
11	49.3	78.2	-28.9
12	17.3	74.4	-57.1
1	18.1	85.5	-67.4
2	15.1	97.3	-82.2
3	17.5	125.3	-107.8
4	42.1	131.5	-89.4
5	93.4	137.5	-44.1
全过程	252.8	729.7	-476.9

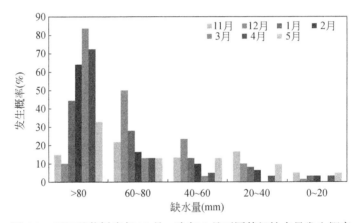

图 5-2　双江县茶树当年 11 月 ~ 次年 5 月不同等级缺水量发生概率

因此，综合考虑当年 12 月 ~ 次年 4 月作为干旱指数保险研究时段，并选择相应的降水量作为干旱指数。结合调研结果，最终建立茶树冬春季不同干旱指标阈值对应的茶树损失率（表 5-2）。

表 5-2　双江县冬春季干旱对春茶造成的损失率（%）

月份	降水量（mm）								
	0	(0-3]	(3-6]	(6-10]	(10-15]	(15-20]	(20-25]	(25-30]	(30-35]
12 ~ 次年 1	5	4	3	2	0	0	0	0	0
2	18	10	6	3	0	0	0	0	0
3 ~ 4	77	65	57	45	35	25	15	10	5

（2）冬春季低温

冬春季茶树逐渐进入萌芽期，如果遭受持续低温，就会抑制茶叶的"窜头"，推迟茶叶采摘期甚至减产。同时，综合考虑不同茶树品种，不同生育阶段抗寒能力和树龄等因素，将当年 12 月～次年 2 月茶树低温灾害作为重点研究对象。

基于各个气象站现有数据分析了海拔对气象站日最低气温的影响规律，验证了基于支持向量机等四种机器学习方法延长后的区域站数据有效性，采用了CLDAS、ERA5 等格点气象数据，发现区域站和长时间序列格点气象数据对小气候的区分度不够，存在基差风险。因此，以数据质量最高且时间序列最完善的双江县国家基站数据作为测算依据，参考区域站数据规律，建议以高海拔地区的乡镇作为产品示范区域，在一定程度降低气象数据带来的基差风险。

灾损方面，在余丽萍（2017）、金志凤（2014）、宗志桥（2018）等研究基础上，结合调研的灾损数据，确定了双江县冬春季低温赔付比例（表5-3）。

表5-3　双江县冬春季低温对春茶造成的损失率（%）

极端日最低气温 T_i（℃）	（2-3]	（1-2]	（0-1]	（-1～0]	（-2～-1]	≤-2
赔付比例（%）	17	23	33	43	87	100

4. 费率厘定

运用经验费率法对产品进行定价，基本思想是利用"收支平衡"的原理来厘定纯费率。最终根据 2000～2020 多年平均损失率作为相应保险纯费率的近似值，确定茶树冬春干旱保险纯费率为12.8%，冬春低温保险纯费率为11.4%。

以冬春季低温灾害为例，表5-4 给出了以当前设定的损失率，历史上发生茶叶低温灾害，保险公司对茶叶损失的赔偿情况。结果显示在近 20 年中，双江县春茶发生低温灾害理赔的总年数为 11 年。

表5-4　双江县冬春季低温灾害春茶损失率回溯分析

年份	极端日最低气温（℃）	损失率（%）
2000～2001	1.5	23
2003～2004	2.5	17
2004～2005	2.8	17
2007～2008	1.4	23
2009～2010	1.5	23

年份	极端日最低气温（℃）	损失率（%）
2010～2011	1.8	23
2011～2012	2.5	17
2012～2013	2.8	17
2013～2014	1.0	33
2017～2018	2.8	17
2019～2020	2.4	17
平均损失率		11.4

5. 合同设计

（1）冬春季干旱

①参保标的。双江县地区春季茶树。

②保险期限。当年 12 月 1 日开始～次年 4 月 30 日结束。

③气象统计约定。保险期内，统计约定测站各时段内累积降水量所对应的赔付表 5-2 中的损失率，实行累积赔付，累计赔偿金额以保险金额为限。

④气象站约定。双江县约定气象站为双江站（站号 56950）。

（2）冬春季低温

①参保标的。双江县地区春季茶树。

②保险期限。当年 12 月 1 日～次年 2 月 28/29 日。

③气象统计约定。保险期内，统计约定测站极端日最低气温所对应的损失率（表 5-3），实行一次性赔付。极端日最低气温为保险期内逐日最低气温的最低值（℃）。

④气象站约定。双江县约定气象站为双江站（站号 56950）。

5.2.2 山东茶树冻害

1. 研究背景

山东省日照绿茶是中国最北方的茶，为中国国家地理标志产品。因地处北方，昼夜温差极大，茶叶生长缓慢，具有香气高、滋味浓、叶片厚、耐冲泡等特点，是日照茶农主要的收入来源。但日照茶树常受低温冻害的影响，影响茶树的生长发育和产量，较严重的冻害甚至可以将茶树冻死冻伤。低温冻害主要包括冬季冻害和春季冻害两种（朱秀红等，2008）。

关于茶树低温冻害的研究，在南方如浙江、福建等省开展的研究较多。徐金勤等（2018）分析了浙江省茶叶早春霜冻的时空变化特征。娄伟平等（2011）基于不同开采期计算了浙江省县级的天气指数保险费率，并设计了保险产品。陈家金等（2018）基于 AHP-EWM 方法和加权综合法构建并计算了福建茶树不同气象灾害的危险性，并进一步进行致灾危险性区划。王学林（2015）对江南茶区的茶树进行了不同等级低温霜冻灾害的气候适宜度区划。金志凤等（2014）对浙江省茶叶的气象灾害进行了精细化综合风险区划。关于北方茶树天气指数保险的相关研究相对较少。

开展日照茶树的低温冻害开展天气指数保险研究可以有效保障茶农收入，加快理赔速度，降低道德风险，全面推进乡村振兴。

2. 数据来源

研究使用的气象数据来源于山东省日照市五莲县国家气象台站的日值观测资料，气象要素包括日最低气温、降水等，数据时段为 1959～2018 年。

根据山东省日照市五莲县气候情况和实际调研结果，茶树冬季冻害主要发生在 1 月，因此以每年的 1 月 1 日～1 月 31 日作为茶树冬季冻害发生的时期。

3. 天气指数–灾损模型构建

（1）天气指数选取

依据山东省日照市五莲县气象局提供的《日照茶树季节生长周期气象指标》，当日最低气温低于–10℃时，易发生冻害；当日最低气温低于–12℃时，易发生大冻害；当日最低气温低于–14℃且日最低气温低于–10℃持续天数在 3 天以上，易发生特大冻害。依据山东省日照市五莲县气象局提供的《日照茶树冻害等级指标》，当–12℃<日最低气温≤–10℃且 1d<持续天数≤3d 且–0.5℃<冬季月平均气温≤0℃，发生轻度冻害；当–15℃<日最低气温≤–12℃且持续天数≥1d 且–1.0℃<冬季月平均气温≤–0.5℃，发生中度冻害；当日最低气温<–15℃且持续天数>1d 且冬季月平均气温<–1.0℃时，发生重度冻害。同时，根据山东省日照市五莲县气象局统计 1969～2018 年气象资料及茶树受冻害资料，茶树冻害与冬季月平均气温、极端最低气温、极端最低气温连续低于–10℃的天数关系密切，其绝对数值越大，冻害越重，反之冻害较轻或不受冻。因此，本研究将–10℃作为茶树受冬季冻害的阈值，将低温的持续天数作为指数。具体指数的公式如下：

$$\text{ColdIndex}(d) = \sum_{d=1}^{n} d \tag{5-6}$$

式中，ColdIndex 表示冻害指数，当日最低气温低于-10℃时，ColdIndex 开始累计，当日最低气温≥-10℃时，则停止累计，如果低温持续多天，则 d 连续累加，$d=1$，…，n 表示连续发生冬季冻害的天数。

（2）减产率计算

目前关于茶树灾损的研究很少有针对山东地区的，数据资料较少。因此，本研究根据山东省日照市五莲县气象局提供的茶树冻害指标《日照茶树冻害等级指标》，茶树发生冬季冻害可能减产率为：轻度冻害减产 10% ~ 20%；中度冻害减产 20% ~ 30%；重度冻害减产 30% 以上。将茶树受冬季冻害的灾损和低温冻害指数假定为线性关系，如图 5-3 所示。

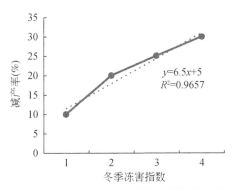

图 5-3　茶树减产率与冬季冻害指数的关系

茶树减产率模型为 $y=6.5x+5$，其中，y 为减产率，x 为冬季冻害指数。

（3）最优概率分布模型选择

统计 1959 ~ 2018 年五莲县 1 月日最低气温的分布情况，如图 5-4 所示，该分布近似于正态分布，在-5℃附近发生频率最高，占到总数的 10% 左右，低于-15℃和高于 5℃的发生频次最少，占到总数的 1% 以下。对冬季冻害，即 1 月低于-10℃、-12℃、-14℃的天数进行统计。低于-10℃在 1959 ~ 2018 年间共发生 212 天，低于-12℃在 1959 ~ 2018 年间共发生 71 天，低于-14℃在 1959 ~ 2018 年间共发生 16 天。

统计 1 月低于-10℃的持续天数，将其概率分布使用 12 种概率分布模型［正态分布（Norm）、指数分布（Expon）、指数韦伯分布（Exponweib）、韦伯分布（Weibull）、帕累托分布（Pareto）、伽马分布（Gamma）、Beta 分布、瑞利分布（Rayleigh）、极值分布（Genextreme）、均匀分布（Uniform）、对数伽马分布（Loggamma）和对数正态分布（Lognorm）］分别进行拟合，经过 KS-检验计算得出模型的最优参数及各个模型的 p 值（表 5-5）。

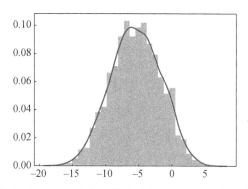

图 5-4　1959~2018 年五莲县 1 月最低温度分布直方图

表 5-5　五莲冬季冻害持续天数概率分布模型的 p 值

分布模型	Norm	Expon	Exponweib	Weibull	Pareto	Gamma
p 值	5.63E-9	3.68E-28	3.68E-28	8.08E-8	3.78E-28	3.68E-28

分布模型	Beta	Rayleigh	Genextreme	Uniform	Loggamma	Lognorm
p 值	3.78E-28	2.38E-13	5.55E-26	4.65E-34	7.36E-9	6.34E-28

其中，Weibull 分布的 p 值最高，因此本研究使用 Weibull 分布计算保险纯费率，其概率分布如图 5-5 所示。

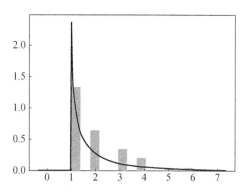

图 5-5　1959~2018 年五莲县 1 月最低温度低于-10℃持续天数的 Weibull 概率分布图

4. 费率厘定

保险的纯费率等于保险损失的期望值，即纯保费占保险金额的比例，可表达为

$$R = \frac{E(\text{loss})}{\lambda Y} = \sum (L_r \times P_i) \tag{5-7}$$

式中，R 为保险纯费率（%），loss 为作物损失，$E(\text{loss})$ 为作物损失的期望值即保险损失的期望值，λ 为保障比例，Y 为预期单产，L_r 为不同灾害等级的减产率（%），P_i 为不同灾害等级的发生概率（%）。

根据茶树冬季冻害指数和最优 Weibull 概率分布模型，计算得到冬季冻害的保险纯费率为 1.535%。

5. 合同设计

①参保标的。各品种茶树

②保险期限。冬季冻害：每年 1 月 1 日~1 月 31 日。

③气象统计约定。保险期限内实行累计赔偿，累计赔偿金额以保险金额为限。

5.2.3　山东设施番茄黄瓜寡照

1. 研究背景

设施农业是目前世界各国用以提供新鲜农产品的主要技术措施，指在人为可控环境下，采用人工技术手段，通过农业工程、机械以及管理技术来创造适宜动植物生长发育的优良环境，使其在最经济的生长空间内，获得最高的产量、品质和经济效益的一种高科技现代农业方式。2016 年我国设施农业总面积为 208.2 万 hm^2，其中山东设施农业总面积为 29.6 万 hm^2，全国排名第二。山东设施农业多以非加温型日光温室为主，受外界气象条件影响较大，抵御不利气象条件能力较弱，主要种植作物为番茄和黄瓜（张继波等，2016）。

寡照灾害是设施蔬菜生产中最为常见的农业气象灾害之一。持续寡照胁迫造成设施番茄开花期推迟，开花数和单穗果实数减少，座果率降低。此外，寡照胁迫还会造成番茄果实维生素 C、可溶性糖、可溶性固性物含量和糖酸比降低，有机酸含量升高（朱丽云等，2017）。对于设施黄瓜来说，寡照会导致黄瓜叶片光合作用减弱，营养物质合成不足，株高、生物量、产量等的生长受到抑制（张继波等，2016）。因此，急需对设施番茄黄瓜的寡照灾害进行风险管理，保障农户利益。

蔬菜天气指数保险作为蔬菜风险管理、蔬菜价格调控和保护农民利益的重要创新手段，越来越受到各级政府和社会各界的关注。截至 2016 年，已在江苏、安徽、四川、广东、福建、陕西等省开展了蔬菜灾害保险试点，已在上海、江苏、北京、成都、宁夏、山东、甘肃等省（市）开展了蔬菜价格指数保险试点。

但针对山东省设施番茄黄瓜寡照灾害的天气指数保险尚未见报道。

2. 数据来源

收集气象数据、产量数据、灾害数据等，以及试验数据。

收集 1956～2018 年山东省青州、沂水、邹平三个气象站点的日照时数，用来计算寡照天数的持续小时或天数。

3. 天气指数–灾损模型构建

（1）减产率计算

设施黄瓜受寡照灾害的产量损失参考控制试验结果（张继波等，2016）。具体试验设计如下：在温室中均匀选取四垄长势良好的黄瓜幼苗，其中三垄做寡照处理，一垄做对照（CK）。供试日光温室坐北朝南，单坡式结构，东西长 45m、南北宽 9m，温室顶部覆盖白色聚乙烯薄膜（0.08mm），夜间覆盖草帘；供试黄瓜品种为"津优 35"，待幼苗生长至第 4 片真叶时定植，大行距 55cm，小行距 35cm，每垄 36 株，缓苗一周后进行寡照处理，寡照处理通过遮阳网遮蔽实现，将遮阳网内光合有效辐射控制在 100～200μmol CO_2/（$m^2·s$），与阴雨（雪）天气时日光温室内光合有效辐射基本一致。试验开始后，将做寡照处理的黄瓜幼苗用遮阳网遮蔽，分别于寡照处理第 1d、3d、5d、7d、10d、15d 由北向南揭开遮阳网，每次露出 6 株幼苗，分别标记为 S1、S3、S5、S7、S10、S15；各寡照处理结束后，供试黄瓜幼苗均在正常光照条件下进行恢复处理，以 R 表示；CK 与寡照处理相对应也分为 6 组，以减少日光温室内南北向温、湿度及光线差异的影响。试验期间各处理水分和养分均保持在适宜水平。

设施黄瓜产量与寡照持续天数如图 5-6 所示。

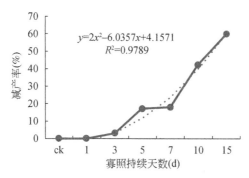

图 5-6　设施黄瓜产量与寡照持续天数图

分别使用线性方程、二次方程和对数方程建立设施黄瓜灾损（y）与寡照持

续天数（x）的模型，其中二次方程的拟合程度最高（$R^2 = 0.9789$），公式为

$$y = 2x^2 - 6.0357x + 4.1571 \tag{5-8}$$

设施番茄受寡照灾害的产量损失参考控制试验结果（朱丽云，2017），具体试验设计如下：试验于 Venlo 可控玻璃温室内进行，供试材料为"金粉 5 号"，育苗基质为草炭和蛭石按 3∶1 体积比混合而成，待植株长至两叶一心时定植于塑料盆（口径 25.4cm、深 19.7cm）中，盆内土壤为壤质黏土，呈弱酸性，土壤肥力均一。以第一花序上有 1 朵以上的花被张开 90°角以上为标准判定花期，待番茄植株进入花期后，选取生长健壮、长势相对一致的植株移入人工气候箱（TPG-1260，Australia）中进行低温寡照控制试验。温度设置为 18/8℃，光合有效辐射（PAR）设置为 200μmol CO_2/（$m^2 \cdot s$），另外设置 28/18℃ 为对照组（CK）生长的光温条件。其中温度日变化设置模拟自然温度变化特征设计动态低温，最高温度设置在白天 14:00，最低温度设置在凌晨 5:00，各时段温度通过气候箱程序自动控制，气候箱实际温度波动范围在 ±0.5℃ 内，光周期为 12h，相对湿度设置为 75%，每个处理持续时间分别为 2d、4d、6d、8d、10d，每个处理为 5 个重复。在处理结束后移至与 CK 相同的适宜环境中恢复生长直至拉秧。试验期间按常规栽培管理，保持番茄在适宜的水分与养分条件下生长。

受寡照灾害影响的设施番茄产量与寡照持续天数如图 5-7 所示。

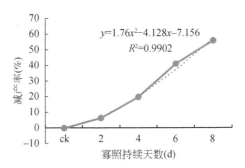

图 5-7　设施番茄产量与寡照持续天数关系图

分别使用线性方程、二次方程和对数方程建立设施番茄灾损（y）与寡照持续天数（x）的模型，其中二次方程的拟合程度最高（$R^2 = 0.9902$），公式为

$$y = 1.76x^2 - 4.128x - 7.156 \tag{5-9}$$

（2）天气指数选取

设施寡照选择寡照持续天数为天气指数，具体公式如下：

$$GZ = f(SD) \tag{5-10}$$

式中，GZ 为寡照指数，SD 表示寡照持续天数

$$\mathrm{GZ} = f(\mathrm{SD}) = \sum_{d=1}^{n} d \tag{5-11}$$

如果某日的日照时数小于 3h，则发生寡照，$d=1$。如果连续，则连续累加，$d=1$，…，n 表示持续天数。

2017～2019 年观测的设施黄瓜、番茄生育期分别如下：

①设施黄瓜：2017-10-11 定植，2018-5-20 拉秧（2017-10-11 开始采摘），2018-9-12 定植，2019-6-10 拉秧（2018-10-20 开始采摘）。

②设施番茄：8 月～次年 7 月。

因此只统计和计算在黄瓜和番茄生育期内发生的寡照灾害，统计时段分别为黄瓜 10 月 1 日～次年 6 月 30 日，番茄 8 月～次年 7 月。

由于灾害样本数量的限制，部分情况下寡照天气发生概率过小，在部分情况下灾害发生概率较大，因此需通过概率分布模型计算出不同寡照水平下的发生概率。本研究使用 12 种概率分布模型对青州、沂水、邹平 3 个站点的寡照持续 3 天及以上天数的概率分布进行拟合（表 5-6），使用 KS-检验选择模型的最优参数及其 p 值，将 p 值作为判断模型好坏的标准。

表 5-6　青州、沂水和邹平寡照持续 3 天及以上概率分布模型的 p 值

分布模型	青州	沂水	邹平
Norm	2.26E-33	2.70E-38	5.15E-29
Expon	1.00E-117	9.33E-145	1.10E-108
Exponweib	1.00E-117	9.33E-145	1.10E-108
Weibull	1.21E-29	2.03E-34	1.12E-26
Pareto	1.00E-117	9.33E-145	1.10E-108
Gamma	1.79E-97	9.33E-145	5.93E-106
Beta	5.50E-117	9.33E-145	1.11E-108
Rayleigh	2.63E-52	1.03E-61	1.52E-47
Genextreme	5.23E-81	4.02E-86	4.31E-108
Uniform	1.35E-169	1.05E-227	2.34E-208
Loggamma	2.33E-32	1.43E-36	7.70E-27
Lognorm	1.23E-102	1.85E-142	1.10E-108

从表 5-6 可以看出，对于青州、沂水和邹平来说，Weibull 分布模型的 p 值最高，模型结果最优，因此本研究选择 Weibull 分布模型作为青州、沂水和邹平的最优概率分布模型，其模型参数和模型概率分布分别如表 5-7 和图 5-8 所示。

表 5-7　青州、沂水和邹平寡照天数持续 3 天及以上最优概率分布模型及其参数

试点	概率分布模型	参数
青州	Weibull	0.204, 3, 1.605
沂水	Weibull	0.346, 3, 1.156
邹平	Weibull	0.079, 3, 1.574

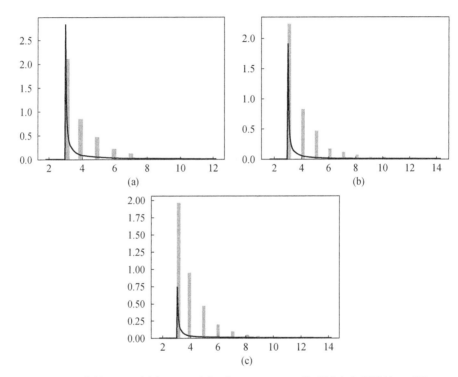

图 5-8　青州（a）、沂水（b）和邹平（c）Weibull 模型拟合寡照持续 3 天及
以上天数概率分布

统计青州、沂水和邹平每年发生寡照灾害次数，如图 5-9 所示。可以看出，3 个站点大部分年发生次数较为接近。青州、沂水和邹平平均每年发生次数分别为 6.3 次、7.7 次和 6.8 次。青州发生寡照较多的年份为 1974 年 13 次，1985、1990、2003、1976 年 11 次；沂水寡照灾害较重，沂水发生寡照灾害较多的年份为 2008 年 15 次，1961 和 2006 年 14 次，1963、2001 和 2011 年 13 次；邹平发生寡照灾害较多的年份为 1960 年 15 次、2007 年 14 次、1964 年 13 次。

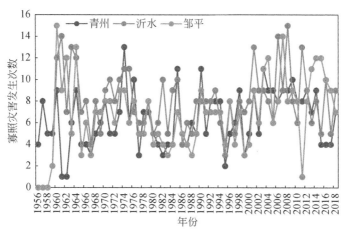

图 5-9　青州、沂水和邹平每年发生寡照灾害次数统计

4. 费率厘定

保险的纯费率等于保险损失的期望值，即纯保费占保险金额的比例，可表达为

$$R = \frac{E(\text{loss})}{\lambda Y} = \sum (L_r \times P_i) \tag{5-12}$$

式中，R 为保险纯费率（%），loss 为作物损失，E（loss）为作物损失的期望值即保险损失的期望值，λ 为保障比例，Y 为预期单产，L_r 为不同灾害等级的减产率（%），P_i 为不同灾害等级的发生概率（%）。

以寡照灾害持续 3d 及以上的 Weibull 概率分布模型和作物灾损模型分别计算青州、沂水和邹平的保险纯费率，如表 5-8 所示。

表 5-8　青州、沂水和邹平寡照灾害纯费率表

地区	设施黄瓜纯费率（%）	设施番茄纯费率（%）
青州	3.575	4.495
沂水	8.284	6.763
邹平	2.1996	1.8406

5. 合同设计

①参保标的。设施番茄、黄瓜。

②保险期限。设施黄瓜：10 月 1 日 ~ 次年 6 月 30 日；设施番茄：8 月 1 日 ~

次年 7 月 31 日。

③气象统计约定。保险期限内实行累计赔偿,累计赔偿金额以保险金额为限。

5. 2. 4 浙江茶树高温热害和秋冬干旱

1. 研究背景

浙江省地处中、低纬度沿海过渡地带的亚热带季风气候区,适宜发展茶叶生产,是我国绿茶重要生产基地。2020 年,浙江省茶园面积 309.9 万亩,茶叶产量达 17.7154 万 t。茶叶生产已成为浙江山区农民的主要经济收入来源之一,茶叶主产县农民人均收入的 1/3 以上来自于茶叶生产。

但浙江省夏季受西北太平洋上的副热带高压影响,每年 7 ~ 8 月易出现高温天气,夏茶高温热害时有发生,茶树遭受高温热害后不仅会造成当年夏秋茶减产、甚至绝收,还会影响第二年春茶经济产出。如 2013 年夏季浙江省出现自 1949 年以来最严重的高温干旱,7 月初到 8 月 19 日,浙江大部分地区出现了 10 ~ 20 天超过 40℃的罕见高温极端天气,全省有 207.9 万亩茶园出现茶树叶子灼伤、枯萎现象,全省茶叶直接经济损失 13.1 亿元,同时造成 2014 年春茶减产 2 成左右。在秋冬季节,受大陆性高压控制,浙江省易出现秋冬干旱,影响茶树正常生长,造成次年春季茶芽萌发偏迟、茶芽减少、瘦弱,影响春茶产量。如 2019 年 9 月上旬到 12 月中旬、2020 年 9 月下旬到 2021 年 2 月上旬的秋冬干旱分别造成 2020 年、2021 年春茶减产 20% ~ 30%、25% ~ 35%。在全球气候变暖的大背景下,浙江省夏季炎热程度总体呈增强趋势,秋冬干旱发生强度、频率增加。茶树高温热害、干旱已成为茶叶生产中主要农业气象灾害之一,严重影响和制约了浙江省茶叶经济发展。

2. 数据来源

收集了近年来国内外关于茶树高温热害、旱害的相关试验报道文献、浙江省近 10 年茶树高温热害、旱害报道;向浙江省新昌县、余杭区、衢江区等地茶农调查了近 10 年高温热害、旱害发生及对茶叶生产的影响资料。

2020 ~ 2021 年开展了夏季茶叶生产与茶树叶面温度的对比观测。观测点位于 N 29°28′、E 121°01′,海拔高度 208m,所在茶场已有 20 多年茶叶生产史,茶场种植有平阳特早(弱耐热性)、嘉茗 1 号(中耐热性)两个品种。平阳特早从 3 月中旬到 10 月均采摘生产茶叶。茶场建有区域自动气象站。在 7 ~ 9 月上旬,开展 9m² 固定茶篷每 7 天产量、100cm² 固定茶篷每 7 天达采摘标准芽叶数(茶叶采摘后,新的芽叶达到标准需要一定时间)观测。高温期间叶温观测处拍照(热害情况观测)。

3. 天气指数-灾损模型构建

（1）高温热害

茶树受高温危害后症状为热害开始初期，树冠顶部嫩叶首先受害，但没有明显的萎蔫过程，之后叶片主脉两侧的叶肉因叶绿体遭破坏产生红变，接着有界线分明、部位不一的焦斑形成，然后叶片蛋白质凝固，由红转褐甚至焦黑色，直至脱落。受害顺序为先嫩叶、芽梢后成叶和老叶，先蓬面表层叶片后中下部叶片。叶片枯萎脱落、枝叶由上而下逐渐枯死，甚至整枝枯死。

有学者剪取龙井 43 茶树枝条，放入纯水内培养，在智能人工气候培养箱中进行 43℃ 高温处理。处理前茶树的芽和叶片呈翠绿色，外形完整且生长正常。高温处理 3h 后，芽和叶上开始出现浅褐色斑点。随着高温处理时间的延长，褐色斑点的颜色不断加深，数量不断增加。处理 12h 时，茶树嫩芽下的枝条开始明显变褐，24h 时，褐色斑点不断聚集形成大型褐色斑块，叶片的边缘呈烧焦状并向内卷曲。48h 时，茶树幼嫩的芽和叶全部被烧焦，成熟叶片也多数呈烧焦状，整株茶树枯萎死亡。

根据受害症状将茶树热害的等级分为 4 级（娄伟平等，2019），如表 5-9 所示。

表 5-9 茶树热害等级划分标准

热害程度	热害等级	表现症状
轻度热害	四级	受害茶树上部成叶出现变色、枯焦，茶芽仍呈现绿色，芽叶受害率<20%
中度热害	三级	受害茶树上部成叶出现变色、枯焦或脱落，茶芽萎蔫、枯焦，芽叶受害率在 20%～50%
重度热害	二级	受害茶树叶片变色、枯焦或脱落，且蓬面嫩枝已出现干枯，芽叶受害率在 50%～80%
特重热害	一级	受害茶树叶片变色、枯焦或脱落，且有成熟枝条出现干枯甚至整株死亡，芽叶受害率>80%

图 5-10 是 2021 年 7 月 31 日嘉茗 1 号茶树茶丛顶部逐小时最高叶温与最高气温的对比观测，该日 0～16 时天气晴朗，17～23 时观测点出现雷阵雨天气。

嘉茗 1 号茶树是丛生型，顶部叶片少，和空气接触面大。在没有太阳辐射（0～7 时、17～23 时）时，叶片和空气热量交流充分，二者温度接近。白天在太阳直接照射下，叶片吸收太阳辐射升温比空气快，茶树叶温和气温差值随时间增大，在 12～16 时达到 5～8℃。叶温和气温差值变化与空气相对湿度变化呈现相

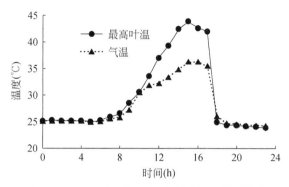

图 5-10 2021 年 7 月 31 日茶树叶温、气温分布

反的变化趋势，相对湿度大时，叶温和气温差值小，反之叶温和气温差值大。叶温和气温差值与相对湿度之间有如下关系：

$$\Delta T = 28.2 - 0.32U \tag{5-13}$$

式中，ΔT 叶温和气温差（℃）；U 为日平均相对湿度（%）。

持续晴天，水分蒸发大，土壤干旱会造成叶温和气温差变大。进一步分析表明，叶温和气温差与晴天连续日数呈正相关，相关系数为 0.8496，达 0.05 显著水平。夏季在副热带高压控制下，随着晴热天气持续，一方面白天气温升高，相对湿度变小，茶树叶温与空气温度差增大，使茶树热害加重；另一方面夜间气温逐日升高，湿度变小，茶树冠层处于较高温度中，白天受到的伤害不容易恢复。因此，高温晴热天气持续时间越长，茶树热害越严重。

根据热害成因，茶树高温热害可分为干热型热害、酷热型热害。

干热型热害：夏季气温较高，如遇上持续晴天，空气干燥、湿度低，植株蒸腾作用强烈，茶树冠层失水过快，此时即使土壤水分充足，根系吸水仍有可能满足不了冠层蒸腾需求，导致冠层-气温差显著升高，从而使茶树遭受热害。

酷热型热害：夏季持续出现茶树所能忍耐临界温度以上的高温酷热天气，使茶树植株因高温而遭受热害。

建立两类茶树热害指标如下（娄伟平等，2019）（表 5-10 和表 5-11）。

表 5-10 茶树干热型热害等级判定标准

热害程度	热害等级	强耐热性品种	中耐热性品种	弱耐热性品种
轻度热害	四级	$T \geq 30$ 且 $U \leq 65$ 且 $T_h \geq$ 35 且 $d \geq 8$	$T \geq 30$ 且 $U \leq 65$ 且 $T_h \geq$ 35 且 $d \geq 6$	$T \geq 30$ 且 $U \leq 65$ 且 $T_h \geq 35$ 且 $d \geq 4$
中度热害	三级	$T \geq 30$ 且 $U \leq 65$ 且 $T_h \geq$ 35 且 $d \geq 12$	$T \geq 30$ 且 $U \leq 65$ 且 $T_h \geq$ 35 且 $d \geq 10$	$T \geq 30$ 且 $U \leq 65$ 且 $T_h \geq 35$ 且 $d \geq 8$

续表

热害程度	热害等级	强耐热性品种	中耐热性品种	弱耐热性品种
重度热害	二级	$T≥30$ 且 $U≤65$ 且 $T_h≥35$ 且 $d≥15$	$T≥30$ 且 $U≤65$ 且 $T_h≥35$ 且 $d≥13$	$T≥30$ 且 $U≤65$ 且 $T_h≥35$ 且 $d≥12$
特重热害	一级	$T≥30$ 且 $U≤65$ 且 $T_h≥35$ 且 $d≥17$	$T≥30$ 且 $U≤65$ 且 $T_h≥35$ 且 $d≥16$	$T≥30$ 且 $U≤65$ 且 $T_h≥35$ 且 $d≥15$

注：T 和 T_h 分别为日平均气温、日最高气温（℃）；U 为日平均相对湿度（%）；d 为持续天数（d）。

表 5-11　茶树酷热型热害等级判定标准

热害程度	热害等级	强耐热性品种	中耐热性品种	弱耐热性品种
轻度热害	四级	$T_h≥38$ 且 $d≥8$ 或 $T_h≥40$ 且 $d≥5$	$T_h≥38$ 且 $d≥6$ 或 $T_h≥40$ 且 $d≥3$	$T_h≥38$ 且 $d≥4$ 或 $T_h≥40$ 且 $d≥1$
中度热害	三级	$T_h≥38$ 且 $d≥12$ 或 $T_h≥40$ 且 $d≥9$	$T_h≥38$ 且 $d≥10$ 或 $T_h≥40$ 且 $d≥7$	$T_h≥38$ 且 $d≥8$ 或 $T_h≥40$ 且 $d≥5$
重度热害	二级	$T_h≥38$ 且 $d≥15$ 或 $T_h≥40$ 且 $d≥13$	$T_h≥38$ 且 $d≥13$ 或 $T_h≥40$ 且 $d≥11$	$T_h≥38$ 且 $d≥12$ 或 $T_h≥40$ 且 $d≥9$
特重热害	一级	$T_h≥38$ 且 $d≥17$ 或 $T_h≥40$ 且 $d≥16$	$T_h≥38$ 且 $d≥16$ 或 $T_h≥40$ 且 $d≥14$	$T_h≥38$ 且 $d≥15$ 或 $T_h≥40$ 且 $d≥12$

注：T_h 为日最高气温（℃）；d 为持续天数（d）。

根据茶树高温热害等级判别标准和观测结果，建立夏秋茶热害指数（表 5-12 ~ 表 5-14）。

表 5-12　弱耐热性茶叶品种夏秋茶热害气象指数

		持续天数（d）								
热害指标	$T≥30$ 且 $U≤65$ 且 $T_h≥35$	4~6	7~9	10~12	13~15	16~18	19~21	22~24	25~27	28~30
	$T_h≥38$	4~6	7~9	10~12	13~15	16~18	19~21	22~24	25~27	28~30
	$T_h≥40$	2~4	5~7	8~11	12~14	15~18	19~21	22~24	25~27	28~30
损失率（%）		6	10	16	20	22	24	26	28	30

表 5-13　中耐热性茶叶品种夏秋茶热害气象指数

		持续天数（d）								
热害指标	$T≥30$ 且 $U≤65$ 且 $T_h≥35$	6~8	9~11	12~14	15~17	18~20	21~23	24~26	27~29	30~32
	$T_h≥38$	6~8	9~11	12~14	15~17	18~20	21~23	24~26	27~29	30~32
	$T_h≥40$	4~6	7~9	10~13	14~17	18~20	21~23	24~26	27~29	30~32
损失率（%）		6	10	16	20	22	24	26	28	30

表 5-14　强耐热性茶叶品种夏秋茶热害气象指数

		持续天数（d）								
热害指标	$T \geqslant 30$ 且 $U \leqslant 65$ 且 $T_h \geqslant 35$	8 ~ 11	12 ~ 14	15 ~ 17	18 ~ 20	21 ~ 23	24 ~ 26	27 ~ 29	30 ~ 32	33 ~ 35
	$T_h \geqslant 38$	8 ~ 11	12 ~ 14	15 ~ 17	18 ~ 20	21 ~ 23	24 ~ 26	27 ~ 29	30 ~ 32	33 ~ 35
	$T_h \geqslant 40$	6 ~ 9	10 ~ 13	14 ~ 17	18 ~ 20	21 ~ 23	24 ~ 26	27 ~ 29	30 ~ 32	33 ~ 35
损失率（%）		6	14	20	22	24	26	28	30	32

注：T 为日平均气温，T_h 为日最高气温，U 为日平均相对湿度。

（2）秋冬干旱

当茶树水分长期处于不平衡状态时，就会引起植株体内水分亏缺，代谢活动受到影响，生长发育受到抑制。茶树首先表现为芽叶生长受阻，蓬面表层成熟叶片先出现焦边、焦斑，然后向叶片内部和基部扩展，叶片受害区域与尚未受害的区域界限分明；受害顺序为先叶肉后叶脉，先成叶后老叶，先叶片后顶芽嫩茎，先地上部分后地下部分。

茶树生长发育的适宜土壤相对含水量是 70% ~ 90%。茶树遭受旱害（土壤相对含水量低于 50%）后，根系发育会受到严重抑制，芽的萌发比正常情况大约推迟半个月，新梢的生育期大为缩短，其产量明显下降，胁迫时间指数与茶叶相对减产量呈线性相关。

茶树旱害按受害症状的轻重可分为 4 级（表 5-15）。

表 5-15　茶树旱害等级划分标准

旱害程度	旱害等级	表现症状
轻度旱害	四级	受害茶树上部嫩叶受影响较小，部分老叶逐渐失水缺绿，随后叶缘慢慢卷曲，叶尖变褐，叶片受害率<20%
中度旱害	三级	受害茶树嫩叶开始受到影响，新稍叶间距变小，新叶小且卷曲，老叶片萎蔫枯焦脱落，顶芽处于闭合状态，尚未干死，叶片受害率在 20% ~ 50%
重度旱害	二级	茶树叶片枯焦脱落，出现大量的鸡爪枝，随着重度干旱时间的延长，大部分鸡爪枝枯死，主干尚有部分未干死，叶片受害率在 50% ~ 100%
特重旱害	一级	受害茶树地上部分叶片全部干死脱落，地下部分根毛干枯死亡，茶树整体随着干旱时间的延长而死亡，叶片受害率 100%

气象因子是影响茶树旱害的主要因子。气温偏高，造成茶树蒸腾作用加强，

需水量加大，从而加重干旱危害。本书作者根据茶树旱灾成因和浙江省气候特点，提出茶树秋季干旱天数指标：指该地 8 月 11 日到 11 月 5 日，如某一天降水量小于 1.0mm，且从该日开始连续 10 天中，连续两天的逐日降水量小于 1.0mm，且连续 10 天的降水量之和小于 8.0mm，则在第 11 天开始统计旱期；如果干旱开始后遇到某日后连续两天总降水量达到 15mm 或三天总降水量达到 20mm 或五天总降水量达到 30mm，则该日旱情结束。统计干旱期间干旱天数时，如某日位于该地 5 天滑动平均日平均气温稳定通过 10℃终日前按 1 天统计，如某日位于该地日平均气温稳定通过 10℃终日及以后按 0.5 天统计。并建立浙江省茶树秋季旱害等级判定标准（表 5-16）（娄伟平等，2019）。

表 5-16　浙江省茶树秋季旱害等级判定标准（d）

旱害程度	旱害等级	弱耐旱性品种	中耐旱性品种	强耐旱性品种
轻度旱害	四级	10～25	15～30	25～40
中度旱害	三级	26～40	31～45	41～55
重度旱害	二级	41～60	46～65	56～75
特重旱害	一级	≥60	≥66	≥76

根据茶树秋冬干旱灾害等级判别标准和对次年春茶产量影响的调研结果，建立秋季旱害对次年春茶造成的赔付比例（表 5-17）。

表 5-17　秋季旱害对次年春茶造成的赔付比例（%）

干旱天数	11～20	21～30	31～40	41～50	51～60	61～70	71～80
弱抗旱性	5	10	15	25	35	45	55
中抗旱性	2	4	8	13	20	28	37
强抗旱性	0	0	0	4	7	10	15

干旱天数	81～90	91～100	101～110	111～120	121～130	131～140	141～150
弱抗旱性	65	76	88	100	100	100	100
中抗旱性	46	56	68	82	95	100	100
强抗旱性	22	30	38	48	60	72	85

4. 费率厘定

（1）茶树热害保险费率厘定

以余杭区茶树热害保险费率厘定过程为例说明。在浙江省杭州市余杭区径山

茶产区建有区域气象站：四岭水库（K1017）、百丈镇（K1193）、山沟沟村
（K1194）、黄湖镇（K1195）、径山镇（K1196）、径山村（K1198）、长乐村
（K1401）、绿景村（K1403）、石竹园村（K1410）、溪口村（K1411）、仙岩村
（K1412）、青山村（K1413）、赐壁村（K1414）、鸬鸟镇（K1415）、前溪村
（K1423）、四岭名茶厂（K1424），将区域气象站资料延长到 2003 年。

　　对应用区域各区域气象站所在地热害理赔率资料序列采用 Beta、Exponential、
Gumbel、Gamma、Generalized Extreme Value、Inverse Gaussian、Logistic、Log-
Logistic、Lognormal、Lognormal2、Pareto、Pareto2、Pearson Type V、Pearson Type
VI、Student、Weibull 等分布的概率密度函数拟合，分布模型中的参数估计采用
极大似然法，从中选出 Kolmogorov-Smirnov 检验值排序在前 5 位的 5 种分布。利
用 P-P 图从信息扩散模型和选择的 5 种分布模型中，选择最优的理论概率分布模
型进行序列的风险概率估算。

　　以四岭水库弱耐热性茶树品种夏季热害为例，利用 Kolmogorov-Smirnov 检验
值选择的前两种分布模型分别是 Johnson SB、Gumbel Max，它们和信息扩散模型
拟合四岭水库弱耐热性茶树品种夏季热害损失率出现概率的拟合结果 P-P 图，如
图 5-11 所示。可以看出，以 Johnson SB 分布拟合效果最优。

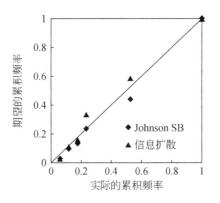

图 5-11　四岭水库两种分布模型和信息扩散模型的 P-P 图

　　利用 Johnson SB 分布和各站 2003～2019 年热害损失率，得到各站点各耐热
性茶树品种夏季热害保险纯费率（表 5-18）。

表 5-18　各站点各耐热性茶树品种夏季热害保险纯费率

站点	四岭水库	百丈镇	山沟沟村	黄湖镇	径山镇	径山村	长乐村	绿景村
弱耐热性	11.61	9.67	6.66	17.22	18.75	8.32	15.99	9.87
中耐热性	7.04	5.27	4.23	10.47	11.42	5.38	9.23	5.4

续表

站点	四岭水库	百丈镇	山沟沟村	黄湖镇	径山镇	径山村	长乐村	绿景村
强耐热性	4.34	2.44	2.44	6.73	6.86	3.5	6.11	3.5
弱耐热性	12.1	3.66	9.88	14.11	14.11	8.83	12.17	7.79
中耐热性	5.4	1.85	5.8	7.38	7.38	4.71	5.89	4.32
强耐热性	2.9	1.24	4.09	5.59	5.59	3.5	2.91	2.9

（2）茶树旱害保险费率厘定

以衢州市衢江区为例，采用衢州站（58633）计算 2000～2020 年秋冬旱损失率，根据 Kolmogorov-Smirnov 检验和 P-P 图分析，以信息扩散模型拟合效果最优。取相对免赔额为 5%，利用信息扩散模型分布，得到各抗旱性茶树品种保险费率（表 5-19）。

表 5-19　衢州市衢江区各抗旱性茶树品种秋冬旱害保险纯费率

品种	费率（%）
强抗旱性	1.07
中抗旱性	6.85
弱抗旱性	14.90

5. 合同设计

（1）高温热害

①参保标的。各品种茶叶，分为弱耐热性、中耐热性、强耐热性品种。

弱耐热性：龙井 43、白叶 1 号。中耐热性：嘉茗 1 号、黄茶、浙农 117、银霜、翠峰、浙农 139。强耐热性：鸠坑群体种、茂绿。

②保险期限。5 月 1 日～10 月 15 日。

③气象统计约定。保险期内，分别统计各品种约定测站 3 项热害指标的高温热害持续发生天数所对应的赔付表中的赔付比例，之后分别将各品种达到各指标的高温过程赔付比例累加，累计赔偿金额以保险金额为限，各品种分别取 3 个指标中的最大值作为最终赔付金额。

④气象站约定。四岭水库（K1017）、百丈镇（K1193）、山沟沟村（K1194）、黄湖镇（K1195）、径山镇（K1196）、径山村（K1198）、长乐村（K1401）、绿景村（K1403）、石竹园村（K1410）、溪口村（K1411）、仙岩村（K1412）、青山村（K1413）、赐璧村（K1414）、鸬鸟镇（K1415）、前溪村（K1423）、四岭名茶厂（K1424）。

（2）秋冬旱

①参保标的。各品种茶叶，分为弱抗旱性、中抗抗旱性、强抗旱性品种。

弱抗旱性：龙井 43、白叶 1 号。中抗旱性：白叶茶、嘉茗 1 号、迎霜、黄金桂、黄金芽、浙农 117。强耐热性：鸠坑群体种。

②保险期限。当年 8 月 11 日~次年 4 月 20 日。

③气象统计约定。旱期起始日算法：指该地 8 月 11 日到 11 月 5 日，如某一天降水量<1.0mm，且从该日开始连续 10 天中，不发生任意连续两天的逐日降水量均大于 1.0mm 的情况，且连续 10 天的累计降水量<8.0mm，则在第 11 天开始统计旱期，旱期起始时间必须落在 8 月 11 日到 11 月 5 日，否则不做旱期统计。

旱期结束日算法：如干旱开始后遇到某日有降水（降水≥0.1mm）且其后连续两天总降水量达到 15mm 或三天总降水量达到 20mm 或五天总降水量达到 30mm，则该日前一日作为旱情结束日。

干旱天数统计：按照旱期起始时间与结束日计算干旱天数，当某日位于该地 11 月 23 日前按 1 天统计，如某日位于 11 月 23 日及以后按 0.5 天统计。

旱期如遇跨年，仍可连续统计，直至旱期结束，最晚不超过 4 月 20 日（含）。

保险期限内实行累计赔偿，累计赔偿金额以保险金额为限。

④气象站约定。浙江省衢州市衢江区约定气象站为衢州（58633）。

5.2.5　江苏油菜低温

1. 研究背景

我国油菜可分为春油菜和冬油菜，其中冬油菜种植面积占绝大多数，且主要集中在长江流域。江苏气象条件优越，适宜油菜生长，是我国重要的油菜种植区域。2019 年江苏省油菜种植面积 14.4 万 hm²，总产 50.5 万 t，约占全国总产量的 13%。近年来，受粮油价格上涨影响，农民种植积极性提高，外加油菜花观光旅游经济的发展，种植面积不降反增。

受全球气候变暖影响，江苏低温冻害频次增多、强度增强，低温冻害是油菜的重要自然灾害之一，油菜苗期低温、蕾薹期"倒春寒"、开花期低温会造成油菜不同程度的减产。江苏曾在 1961 年、1969 年、1976 年、1980 年、1994 年、2008 年、2018 年出现过较严重的低温冻害，对油菜产量产生较大的影响。因此开展提高油菜低温冻害的防灾减灾能力、灾后恢复生产的研究十分必要。农业保险是常用风险转移的手段，常规农业保险在查险、定损、理赔、估价等方面存在一定问题，基于天气指数的保险能较好地解决这些问题。因不同区域气候的差异性，针对江苏油菜天气指数保险的研究较少，该研究成果将为江苏油菜低温冻害天气指数保险设计提供依据，对于拓展天气指数保险领域，规避油菜种植低温冻害风险很有必要。

2. 数据来源

综合考虑研究点的代表性和观测资料的样本长度，经过比较，最终选择江苏省南京市高淳区作为研究的代表点。选取高淳国家气象站 1961～2019 年油菜播种到成熟期（根据生育期观测资料，确定多年平均起止日期为 9 月 21 日至次年 5 月 22 日）的气象数据；收集整理了南京市高淳区油菜种植面积、总产量、单产数据和灾情信息，油菜数据来源于南京市统计年鉴，灾情信息来源于《中国气象灾害大典（江苏卷)》和南京市气象局的历年灾情记录。

南京市高淳区处于江苏省西南部，为亚热带季风气候，气象条件优越，适宜油菜生长。乡村振兴，产业先行。近年来，高淳在大力发展主导产业的同时，大力推动特色农业的发展，多方面积极培养"油菜经济"，外加当地政策支持，油菜种植面积稳步上升。

3. 天气指数-灾损模型构建

（1）减产率计算

产量主要受农业生产水平和气象条件的影响，因此可将油菜单产分解为随生产力变化的趋势产量、随气象条件变化的气象产量、随机变量三部分，计算公式如下：

$$Y = Y_w + Y_t + \varepsilon \tag{5-14}$$

式中，Y 为实际单产；Y_w 为气象产量；Y_t 为趋势产量，由 5 年滑动平均求得；ε 为随机变量，由政策等因素导致，占比小，可忽略。

低温冻害对油菜产量的影响因地区、年份而异，为便于对比分析，本研究通过气象产量计算相对气象产量，把相对气象产量中负值部分定义为减产率，计算公式如下：

$$S = \begin{cases} \left| \dfrac{Y_i - Y_t}{Y_t} \right| \times 100\% & Y_i < Y_t \\ 0 & Y_i \geq Y_t \end{cases} \tag{5-15}$$

式中，S 为减产率，Y_i 为第 i 年实际单产。

（2）天气指数选取

油菜极易受苗期低温、蕾薹期"倒春寒"、开花期低温影响，且各生育期同一低温造成的灾害程度不一致。油菜苗期生长最适温度为 10～20℃，当最低气温降至-5～-3℃叶片轻度受冻，-9～-6℃叶片严重受冻，外围大叶基本冻死，低于-10℃心叶冻死，植株死亡；冬油菜一般开春后，气温稳定在 5℃ 以上时现蕾，气温在 10℃ 以上时可迅速抽薹，当蕾薹期低于-2℃将严重受冻，造成裂薹和死蕾；开花期遇到 5℃ 以下低温，开花明显减少。

　　天气指数的选取既要准确反映实际损失、受人为影响小，也要客观稳定、有效控制基差风险，在实际操作中也要易于保险公司定损和理赔、易于投保人理解和推广。相关研究表明，油菜对低温敏感，减产与低温关系密切，且低温不受人为影响，便于投保人理解和操作，适合构建天气指数。本研究根据油菜对低温的敏感性、不同生育期低温致灾性，参考《南方水稻、油菜和柑橘低温灾害》（GB/T 27959—2011）、《实用农业气象指标》、《高淳区农业气候手册》，把低温冻害临界指标分为3级：1级冻害影响较轻，2级冻害影响中等，3级油菜严重受冻、减产明显，每个等级有对应的最低气温范围（表5-20）。其中苗期分为3个等级，蕾薹期和开花期设置1个等级。

表5-20　油菜低温冻害临界指标

	苗期			蕾薹期	开花期
低温冻害等级	1（轻）	2（中）	3（重）	3（重）	3（重）
温度范围（℃）	−5 ~ 0	−9 ~ −6	<−10	<−2	<5
平均起止日期（月/日）		9/21 ~ 1/29		1/30 ~ 3/17	3/18 ~ 5/8

　　油菜低温冻害不仅与极端最低气温相关，还与持续天数有关，在油菜生育期出现的冻害，造成的灾害一般呈现叠加效应。为反映低温冻害的累计效应，综合考虑低温强度和持续时间对油菜的影响，设计低温冻害天气指数：

$$F = \sum_{j=1}^{n} H_j \tag{5-16}$$

式中，F 为低温冻害天气指数，H_j 为某一年的第 j 天低温冻害的灾害等级，n 为时间序列。

4. 天气指数模型构建

　　由于天气指数存在基差风险，本研究根据《中国气象灾害大典（江苏卷）》和南京市气象局灾情记录对油菜样本进行筛选，去除了非低温冻害导致油菜减产的年份。计算结果表明，1961 ~ 2019 年油菜低温冻害天气指数最大值为94，出现在1977 年，最小值为10，出现在2017 年，其中81%的天气指数介于20 ~ 60，$F<20$ 出现概率为6.8%，$F>80$ 出现概率为5.1%，极值的出现概率较小（图5-12）。

　　为建立油菜低温冻害天气指数模型，采用油菜减产率与天气指数进行回归分析，得到减产率与低温冻害天气指数的关系模型，如式（5-17）所示，相关系数0.51，通过了0.05 显著性水平检验。

$$S = 0.159F + 3.685 \tag{5-17}$$

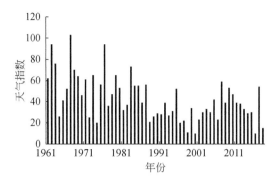

图 5-12　油菜低温冻害天气指数

图 5-13 为油菜低温冻害天气指数与减产率的散点图。

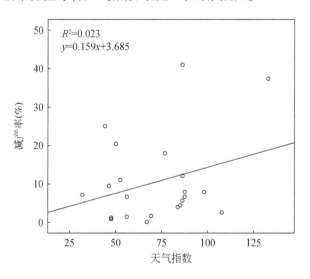

图 5-13　油菜低温冻害天气指数与减产率的散点图

根据天气指数的影响程度，将天气指数分为五级（表 5-21），Ⅱ、Ⅲ级发生概率为 77.2%；Ⅰ级发生概率较小，且对油菜生长影响较小，平均造成 5.4% 的减产率；Ⅳ级影响较大，平均造成 14.9% 的减产率，但发生概率较低，概率仅为 9.1%；Ⅴ级对油菜影响极大，但发生概率最小，仅为 4.6%。由此可见，低温冻害一般会造成油菜 3.8%~19.6% 的减产率，这与实际生产比较一致，因此，本研究中天气指数构建合理可行。

表5-21 油菜低温冻害天气指数与减产率关系

等级	F 阈值	发生概率（%）	减产率（%）	平均减产率（%）
Ⅰ	$1 \leqslant F \leqslant 20$	9.1	3.8~6.9	5.4
Ⅱ	$21 \leqslant F \leqslant 40$	36.3	7.0~10.0	8.5
Ⅲ	$41 \leqslant F \leqslant 60$	40.9	10.1~13.2	11.7
Ⅳ	$61 \leqslant F \leqslant 80$	9.1	13.3~16.4	14.9
Ⅴ	$81 \leqslant F \leqslant 100$	4.6	16.5~19.6	18.1

5. 费率厘定

纯保费率的计算是保险合同设计的重要组成部分，也是低温冻害风险的主要体现。天气指数纯保费率的计算一般采用燃烧定价法来计算，燃烧定价法通过假设未来期望损失率与历史损失分布相同，通过历史数据来估算期望值的一种方法。其计算公式如下：

$$R = \frac{E(\text{loss})}{\lambda \mu} = E(\text{loss}) = \sum_{k=1}^{n} S_k P_k \qquad (5\text{-}18)$$

式中，R 为纯保费率，$E(\text{loss})$ 为期望损失值，λ 为保障比例，μ 为预期油菜单产，S_k 为第 k 级低温冻害的减产率，P_k 为第 k 级低温冻害的发生概率，k 为低温冻害指数等级，n 为时间序列。

基于分析1961~2019年油菜生育期气象资料，得出低温冻害天气指数与灾害发生概率，代入式（5-18）计算出不同触发条件下纯保费率和保费（表5-22）。当触发值 F_0 为81时，保费最低为84.7元/hm²，在历史数据中只触发过一次。相比较而言，触发值 F_0 为41或61时，灾害发生概率大、获得赔付可能性高，且保费少、经济效益高。投保人可根据实际情况，选择合适的触发条件，以便在低温冻害灾害中获得更大收益。

表5-22 油菜低温冻害天气指数不同触发条件下纯保费率和保费

F_0 取值	纯保费率（%）	保费（元/hm²）
21	10.4	1101.5
41	6.8	720.2
61	2.1	222.4
81	0.8	84.7

6. 合同设计

保险赔偿的触发条件及相应的赔付标准是油菜低温冻害天气指数保险合同的核心部分，其赔付公式如下：

$$I = \begin{cases} \left(\dfrac{S-S_{\min}}{S_{\max}-S_{\min}}\right)Q & F_m \geq F_0 \\ 0 & F_m < F_0 \end{cases} \tag{5-19}$$

式中，I 为单位面积赔付金额，Q 为保额，$S_{\max}$ 为最高减产率（历史最高减产率为 40.3%），$S_{\min}$ 为赔付触发值对应减产率，F_m 为第 m 年天气指数，F_0 为保险赔付触发值。当天气指数大于或等于触发值时，投保人可获得保险赔偿。投保人可以根据历史灾情及实际情况，选择适合的触发值条件进行投保，以获得更好的经济效益。

保额一般通过生产成本或产量确定，一般为最近连续 5 年平均产量的 40% ~ 80%。参照江苏农业保险网及相关研究，本研究通过 2015 ~ 2019 年平均产量、油菜最新平均单价和历史最大减产率相乘获得保额。油菜历史最高减产率为 40.3%，按照现在油菜的市场价计算，保额为 10591.8 元/hm²，约为 706.1 元/亩，这与《江苏省政策性农业保险油菜种植保险条款》和《省政府办公厅关于做好 2014 年全省农业保险工作的通知》（苏政发〔2014〕21 号）中规定的油菜每亩保险金额三个档次（400 元、550 元、700 元）中第三个档次十分吻合。

免赔额指在保险合同中规定的损失在一定限度内保险人不负赔偿责任的额度，主要是为了减少频繁发生的小额赔付，提高被保险人的责任心和注意力，降低保险机构的经营成本。按照相关规定，本研究定义损失率 10% 为免赔额，赔付标准如表 5-23 所示。

表 5-23　油菜低温冻害天气指数赔付方案

天气指数	赔付比例（%）	赔付金额（元/hm²）
$F \leq 20$	0	0
$21 \leq F \leq 40$	24.4	2584.4
$41 \leq F \leq 60$	48.2	5105.2
$61 \leq F \leq 80$	72.0	7626.1
$81 \leq F \leq 100$	95.8	10146.9
$F > 100$	100.0	10591.8

5.3　天气指数保险产品示范与应用

5.3.1　浙江茶树

1. 调研工作

项目研发期间，项目组分别对杭州余杭区、衢州衢江区、丽水龙泉市、安吉等地进行实地调研，调研方式分为茶农基地实地调研、会议形式两种调研。调研内容包括茶树生产情况、灾情、保险需求、财政情况等。其中会议形式调研主要是由当地农业保险协调小组办公室（以下简称农险办）组织各成员单位、农户及项目组参加，会议内容主要为商定当地保险条款中的保额、保险期限、保险标的等保险内容。此外，项目组会对农险办各成员单位、农户进行一次技术上的宣导，这是本项目研究内容之一，也有助于后续保险承保理赔工作的顺利开展。

2. 投保及理赔情况

2019～2021 年浙江基本未发生春季霜冻灾害，但秋冬旱灾害、热害发生明显，尤其是秋冬旱灾害发生频率高，危害较大，据农户普遍反映，2019 年秋冬旱最为严重，受 2019 年秋旱影响，2020 年春季茶叶减产程度较大，早品种损失在 20%～30% 以上，鸠坑种损失在 10%～15% 左右，在 2013 年、2017 年也遭遇过秋冬旱造成的茶叶减产。

为保障产业的可持续发展态势，关于茶树灾害提出针对秋冬旱灾害导致春茶产量减产的保险品种，以及针对高温热害的夏秋茶的产量保险。

包含高温热害、秋冬旱、春季低温冻害的茶叶综合保险于 2021 年在衢州衢江区开始运行，同时 2021 年还在龙泉市、安吉县开始试运行秋冬旱、春季低温保险，该综合险为全省首个茶叶类综合政策性农业保险，其特点是每个灾害及保额独立，农户可以依据需求进行选择性投保。

在保险产品承保之前，项目组赴龙泉辅助保险公司、农险办对参保农户进行了现场条款宣导，解答相关条款问题。

2021～2022 年累计 3 个试点共有 649 户农户投保，投保面积 1.44 万亩，秋冬旱及高温热害保费收入 82.27 万元，其中秋冬旱在 2021 年赔付较高，当年平均赔付率约为 165.3%。

3. 存在的问题

一直以来农户认为春季的低温霜冻灾害是唯一构成春茶产量减产的风险。实际上，秋冬旱对春季茶叶的危害也很大，如 2020 年等。主要原因是春季霜冻灾害很直观，而秋冬旱灾害是隐性的，很多茶农不了解春茶产量的下降是秋季和冬季的干旱导致，因此在该险种的扩面、承保等方面，有关部门要加强对产品的宣导与科普，可大大提高承保能力，降低灾害风险。

此外，试点地区承保才进入第二年，相关数据还有待进一步验证，尤其是最近几年凉夏明显，高温热害对夏秋茶的影响较小，导致农户参保积极性不高。产品自试点以来，各地要求开展茶树秋冬旱、高温热害试点扩面的需求较多，下一步，项目组还将配合相关单位进一步进行调研工作，针对试运行期间的建议意见对条款进行完善，深入推进茶叶类综合政策性农业保险进一步落地应用，拓宽服务领域，助力精准扶贫和乡村产业振兴。

5.3.2　江苏油菜

1. 推广应用情况

由于油菜极易受苗期低温、蕾薹期倒春寒、开花期低温的影响，政策性油菜保险作为一种保障措施得到广泛推广。研发的油菜低温冻害天气指数有效应用到油菜种植保险产品中，为《中国人民财产保险股份有限公司江苏省分公司中央财政补贴型油菜种植保险条款》中关于油菜低温冻害理赔条款的设定提供了相关数据和技术支撑。由于设定的指数直观易懂，便于农户理解，可操作性强，受到广泛的支持，且近年来低温冻害频繁，因此农户购买积极性高。同时，气象部门开通为农服务通道，为保险的推广提供了便利，在保险理赔时，依据气象观测数据开具气象证明，也方便了农户理赔，获得一致好评。

2020 年 12 月 29 日江苏省自北向南出现较强降雪、降温和大风天气，全省出现严重冰冻；2021 年 1 月 5～7 日再现强寒潮天气，在田油菜普遍发生不同程度的冻害。2021 年 1 月下旬据江苏省农技推广站调查，全省油菜冻害发生比例达95.5%，为近年来同期冬季冻害发生最重的一年，油菜苗情整体弱于往年。全省油菜冻害发生 290 万亩，占秋播面积的 95.5%。其中，一级冻害占 35.6%。冻害造成外围叶片逐渐泛白枯死，绿叶数明显减少，有效光合作用降低，干物质积累速度低于往年同期水平，植株生长发棵量有所减小。构建的低温冷害天气指数在 2021 年 1 月的低温冻害中进行应用，以高淳、兴化为代表。

2019～2021 年高淳油菜低温冻害天气指数分别为 27、14、32，2021 年油菜低温冻害天气指数较前两年有所增高，高淳≤0℃为 21 天，均出现在 2020 年 12 月和 2021 年 1 月，油菜正处于越冬期，极端最低气温-7.1℃，但持续时间短，造成影响较小；抽薹开花期≤5℃仅为 2 天，对抽薹开花期影响不大。

对于高淳地区，2019 年参保油菜面积 29382.34 亩，投保农户 25085 户，保费 65 万，理赔 0.6 万；2020 年参保油菜面积 23011.71 亩，投保农户 21328 户，保费 50 万，理赔 0.6 万；2021 年参保油菜面积 54132 亩，投保农户 20283 户，保费 152 万，理赔 76 万；2022 年参保油菜面积 36106 亩，保费 101 万，理赔 43 万。

图 5-14 为 1961～2021 年高淳油菜低温冻害天气指数。

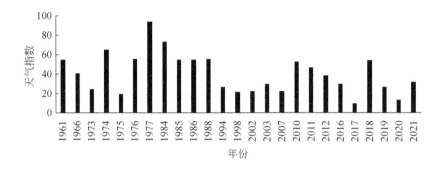

图 5-14 1961～2021 年高淳油菜低温冻害天气指数

1971～2021 年兴化油菜低温天气指数在 20 世纪 70 年代到 2010 年较低，在 21 世纪 10 年代较高（图 5-15）。1971～2010 年日最低气温<-5℃共 20 天，2011～2021 年日最低气温<-5℃共 95 天，是前者的近 5 倍，严寒天气较多，对油菜生长影响很大。其中，2021 年兴化油菜越冬期出现历史最低气温-12.0℃，且出现连续<-5℃共 4 天，<0℃共 44 天，<-5℃共 16 天，冻害严重，对油菜生长影响较大。

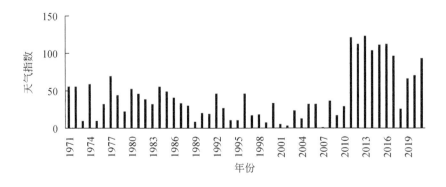

图 5-15 1971～2021 年兴化油菜低温冻害天气指数

2. 推广服务中存在的问题

在近几年的油菜种植保险推广中也暴露出一些问题，首先，大部分农户对农业保险理解不深入，投保意识淡薄，而且农业保险的种类较多，广大农户该如何选择适合自己的险种也存在困难，因此需要加强保险的宣传，利用好新的传播途径和方法做好宣传工作，提高农民的风险防控意识，帮助其深入了解保险的作用。其次，保险工作人员的专业性需要进一步加强，强化业务培训，熟悉业务流程和工作职责，每年要做好回访，摸清基层情况和用户需求。最后，进一步规范保险业务，制定系统管理办法和措施，确保保费收缴便捷和赔付到账及时，落实好保险的承保目标。在理赔时，由于保险灾害涉及面广，为了切实维护农民的利益，有效规避风险，在查勘时需实事求是，认真申报落实保险赔付资金，提高信誉，只有让农户切切实实感受到保险的实惠性，才能真正地推广农业保险。

参 考 文 献

曹雯，武万里，杨太明，等.2019.宁夏枸杞炭疽病害天气指数保险研究.干旱气象，37
　　（05）：857-865.

陈家金，黄川容，孙朝锋，等.2018.福建省茶叶气象灾害致灾危险性区划与评估.自然灾害
　　学报，27（01）：198-207.

陈平，陶建平，赵玮.2013.基于风险区划的农作物区域产量保险费率厘定研究——以湖北中
　　稻县级区域产量保险为例.自然灾害学报，22（02）：51-60.

陈盛伟.2010.农业气象指数保险在发展中国家的应用及在我国的探索.保险研究，（3）：7.

陈盛伟，张宪省.2014.农业气象干旱指数保险产品设计的理论框架.农业技术经济，（12）：
　　32-38.

陈新建，陶建平.2008.湖北省水稻生产风险区划的实证研究.统计与决策，（19）：86-88.

储小俊，曹杰.2014.基于 Copula 方法的天气指数保险产品设计——以南通棉花降水指数保险
　　为例.生态经济，30（10）：34-37.

丁少群，罗婷.2017.我国天气指数保险试点情况评析.上海保险，（05）：56-61.

郭兴旭，陶建平，曾小艳.2010.湖北省油菜保险纯费率比较研究——基于不同单产分布下的
　　实证研究.保险研究，1：65-72.

国家统计局.2021.中国统计年鉴.北京：中国统计出版社.

金志凤，胡波，严甲真，等.2014.浙江省茶叶农业气象灾害风险评价.生态学杂志，33
　　（03）：771-777.

李文芳.2012.基于非参数核密度法的农作物区域产量保险费率厘定研究.生态经济，251
　　（4）：61-64.

李心怡，张祎，赵艳霞，等.2020.主要作物产量分离方法比较.应用气象学报，31（01）：
　　74-82.

刘映宁，贺文丽，李艳莉，等 . 2010. 陕西果区苹果花期冻害农业保险风险指数的设计 . 中国农业气象，31（1）：125-129.

娄伟平，吴利红，倪沪平，等 . 2009. 柑橘冻害保险气象理赔指数设计 . 中国农业科学，42（04）：1339-1347.

娄伟平，吴利红，姚益平 . 2010. 水稻暴雨灾害保险气象理赔指数设计 . 中国农业科学，43（03）：632-639.

娄伟平，吉宗伟，邱新法，等 . 2011. 茶叶霜冻气象指数保险设计 . 自然资源学报，26（12）：2050-2060.

娄伟平，吴利红，陈华江，等 . 2010. 柑橘气象指数保险合同费率厘定分析及设计 . 中国农业科学，43（09）：1904-1911.

娄伟平，吴利红，姚益平，等 . 2019. 浙江省茶叶气象灾害风险精细化区划 . 北京：气象出版社 .

吕开宇，张崇尚，邢鹏 . 2014. 农业指数保险的发展现状与未来 . 江西财经大学学报，（02）：62-69.

任义方，赵艳霞，王春乙 . 2011. 河南省冬小麦干旱保险风险评估与区划 . 应用气象学报，22（05）：537-548.

任义方，赵艳霞，张旭晖，等 . 2019. 江苏水稻高温热害气象指数保险风险综合区划 . 中国农业气象，40（6）：391-401.

孙朋 . 2012. 农业气象指数保险产品设计研究 . 泰安：山东农业大学 .

孙擎，杨再强，殷剑敏，等 . 2014. 江西早稻高温逼熟气象灾害指数保险费率的厘定 . 中国农业气象，35（5）：561-566.

孙擎 . 2015. 江西省早稻天气指数保险技术研究 . 南京：南京信息工程大学 .

庹国柱，李军 . 2003. 我国农业保险试验的成就、矛盾及出路 . 金融研究，（09）：88-98.

庹国柱，朱俊生 . 2008. 对相互保险公司的制度分析——基于对阳光农业相互保险公司的调研 . 经济与管理研究，（5）：23-27+33.

庹国柱 . 2014. 论中国及世界农业保险产品创新和服务创新趋势及其约束 . 中国保险，（02）：14-21.

王克，张峭 . 2013. 基于数据融合的农作物生产风险评估新方法 . 中国农业科学，46（05）：1054-1060.

王克，张峭 . 2008. 我国东北三省主要农作物生产风险评估 . 农业展望，（07）：23-29.

王韧，邓超，谭留芳 . 2015. 基于湖南省 14 地市面板数据的水稻气象指数保险设计 . 求索，（01）：69-73.

王学林 . 2015. 江南茶区春霜冻风险评价技术研究 . 南京：南京信息工程大学 .

王月琴 . 2020. 天气指数保险空间基差风险的量化评估研究 . 北京：中国农业科学院 .

吴垠豪，王军 . 2012. 我国棉花生产风险区划及保险费率精算研究——以新疆各县（市）、兵团师为例 . 经济问题探索，（11）：100-105.

肖宇谷，王克，王晔 . 2014. Bootstrap 方法在农业产量保险费率厘定中的应用 . 保险研究，（09）：21-28.

徐金勤, 邱新法, 曾燕, 等. 2018. 浙江茶叶春霜冻害的气候变化特征分析. 江苏农业科学, 46 (22): 101-105.

杨太明, 刘布春, 孙喜波, 等. 2013. 安徽省冬小麦种植保险天气指数设计与应用. 中国农业气象, 34 (02): 229-235.

杨太明, 孙喜波, 刘布春, 等. 2015. 安徽省水稻高温热害保险天气指数模型设计. 中国农业气象, 36 (02): 220-226.

杨晓娟, 张仁和, 路海东, 等. 2020. 基于 CERES-Maize 模型的玉米水分关键期干旱指数天气保险: 以陕西长武为例. 中国农业气象, 41 (10): 655-667.

叶涛, 聂建亮, 武宾霞, 等. 2012. 基于产量统计模型的农作物保险定价研究进展. 中国农业科学, 45 (12): 2544-2551.

叶涛, 史培军, 王静爱. 2014. 种植业自然灾害风险模型研究进展. 保险研究, (10): 12-23.

殷剑敏. 2012-03-24. 江西南丰蜜桔冻害气象指数保险产品开发. 江西省气候中心.

尹宜舟, Marco Gemmer, 罗勇, 等. 2010. 台风灾害气象指数保险相关技术方法初探. 第 27 届中国气象学会年会现代农业气象防灾减灾与粮食安全分会场论文集: 765-772.

余丽萍, 汪晨, 王治海. 2017. 浙江早生春茶霜冻灾害定量评估模型. 气象与环境科学, 40 (2): 5.

张爱民, 马晓群, 杨太明, 等. 2007. 安徽省旱涝灾害及其对农作物产量影响. 应用气象学报, (05): 619-626.

张继波, 薛晓萍, 李楠, 等. 2016. 寡照对北方日光温室黄瓜光合、形态及产量的影响研究. 山东气象, 36 (01): 23-26+68.

张峭, 王克, 李越, 等. 2015. 中国主粮作物收入保险试点的必要性及可行方案——以河北省小麦为例. 农业展望, 11 (07): 18-24.

赵艳霞, 郭建平. 2016. 重大农业气象灾害立体监测与动态评估技术研究. 北京: 气象出版社.

赵艳霞. 2012. 气候变化对中国粮食生产影响研究. 北京: 气象出版社.

中国银行保险监督管理委员会. 2013. 农业保险条例.

朱丽云, 杨再强, 李军, 等. 2017. 花期低温寡照对番茄开花坐果特性及果实品质的影响. 中国农业气象, 38 (07): 456-465.

朱秀红, 马品印, 成兆金, 等. 2008. 鲁东南地区茶叶产量与气候条件的关系研究. 中国农学通报, (08): 340-343.

宗志桥. 2018. 普洱茶气象指数保险产品设计研究. 昆明: 云南财经大学.

Bokusheva R. 2011. Measuring dependence in joint distributions of yield and weather variables. Agricultural Finance Review, 71 (1): 120-141.

Casey Brown and James W Hansen. 2008. Agricultural Water Management and Climate Risk. Report to the Billand Melinda Gates Foundation.

Clarke D J, Mahul O, Rao K N, et al. 2012. Weather Based Crop Insurance in India . Policy Research Working Paper: 1-31.

David Hatch. 2008. Agricultural insurance: a powerful tool for government sand farmers. Comunica

Fourth Year Second Phaset.

Deng X H, Barnett J B, VedenovV B. 2007. Is the reaviable market for area- based crop insurance. American Journal of Agriculture Economics, 89 (2): 508-519.

Hellmuth E, Osgood E, Moorhead A. 2009. Is index insurance an effective tool to manage climate-related disasters?. International Research Institute for Climate Prediction Columbia University.

Joanna Syroka, Erin Bryla. 2007. Developing Index- Based Insurance for Agriculture in Developing Countries. Department of Economic and Social Affairs, United Nations.

Leblois A, Quirion P. 2010. Agricultural insurances based on meteorological indices: realizations, methods and research agenda. Sustainable Development Papers.

Leblois A, Quirion P . 2013. Agricultural insurances based on meteorological indices: realizations, methods and research challenges. Social Science Electronic Publishing, 20 (1) .

Mahul, Olivier. 1999. Optimal area yield crop insurance. American Journal of Agricultural Economics, 81: 75-82.

Norton M T, Turvey C, Osgood D. 2012. Quantifying spatial basis risk for weather index insurance. The Journal of Risk Finance, 14 (1): 20-34.

Okada F. 2016. Sustainable Growth in Crop Natural Disaster Insurance: Experiences of Japan Jeonju, KoreaIn FFTC- RDA International Seminar on Implementing and Improving Crop Natural Disaster Insurance Program.

Skees J R. 2008. Innovations in index insurance for the poor in low- income countries. Agricultural and Resource Economics Review, 37 (1): 1-15.

Skees J R , Barnett B B J . 1997. Designing and rating an area yield crop insurance contract. American Journal of Agricultural Economics, 79 (2): 430-438.

Turvey C G, Kong R. 2010. Weather risk and the viability of weather insurance in China's Gansu, Shaanxi, and Henan provinces . China Agricultural Economic Review, 2 (1): 5-24.

Varangis P, Skees J, Barnett B. 2005. Weather Indexes for Developing Countries. Climate Risk and the Weather Market: Financial Risk Management with Weather Hedges. London: Risk Books: 279-294.

Vercammen A J. 2000. Constraine deficient contracts for area yield crop insurance . American Journal of Agriculture Economics, 82 (4): 856-864.

World Bank. 2007. Index Insurance for Weather Risk in Lower-Income Countries. The World Bank.

Zhang Y, Zhao Y X, Qing Sun. 2021. Increasing maize yields in northeast China are more closely associated with changes in crop timing than with climate warming. Environmental Research Letters, 16: 54-52.

Zhao Y X, Chen S N, Shen S H. 2013. Assimilating remote sensing information with crop model using ensemble kalman filter for improving LAI monitoring and yield estimation. Ecological Modelling, 270: 30-42.

Zhao Y X, Wang C Y, Zhang Y. 2019. Uncertainties of climate change impacts on Maize yield simulation—a case study in Jilin Province. Journal of Meteorological Research, 33 (4): 777-783.

第6章 主要经济作物提质增效气象保障技术

6.1 主要经济作物精细化气候区划

在全球气候变化大背景下，极端天气事件诱发的农业气象灾害风险加大，重要农产品供给与光温水等气候资源环境承载能力的矛盾日益尖锐，如何定量评估农业气象灾害风险，利用好光、温、水等气候资源，实现趋利避害是保障国家粮食安全的重要课题。农业气候资源和农业气象风险区划是关键决策依据之一，是科学调整农业结构、农业适应气候变化、防灾减灾、提升农业生产潜力的重要举措。农业气候资源区划是在分析农业气候资源的基础上，利用对农业地理分布和生物学产量有决定意义的农业气候指标，遵循农业气候相似性原则和地理分异规律，将一个地区划分为若干农业气候条件有明显差异的区域的气候区划。它是反映气候与农业生产关系的区域划分。其主要目的是为了合理配置农业生产或改进耕作制度、引进与推广新品种和制定农业区划和规划提供气候依据。农业气候区划对农业生产布局、种植制度改革、引进新品种以及重大农业技术决策的确定均具有重要意义。近几年，气候适宜度方法被广泛用于农作物和气候条件之间适应程度的研究，主要应用领域为开展气候变化背景下农业气候资源的适宜性评估、农业应对气候变化及合理开发和高效利用农业气候资源等。

6.1.1 大田经济作物气候区划

1. 大豆

（1）研究区概况及数据来源

研究区地理位置、气候条件、气象站点分布及数据来源等信息详见 2.1.1 小节。

（2）研究方法

①气候区划指标及适宜度等级阈值划分。对不同发育期内的各气象要素与大豆相对气象产量进行 Spearman 相关分析（Li et al., 2020），选取影响大豆产量最关键的气象要素。对关键气象要素和相对气象产量进行二次曲线拟合，参考《农业气象产量预报业务质量考核办法》，产量增减在 3%～5% 预报等级为"平偏丰/歉"，故以 4% 减产率为适宜指标的边界，结合大豆生长发育的适宜条件，分早、

中、晚熟区和整个东北地区确定大豆气候区划指标体系。

基于区划指标和适宜度模型计算 1990～2019 年东北地区春大豆气候适宜度，对气候适宜度和相对气象产量分别进行线性拟合和幂函数曲线拟合，以两条拟合曲线相交时的适宜度划分大豆最适宜等级，4% 和 50% 减产率与幂函数曲线的交点作为适宜与次适宜，次适宜与不适宜的阈值，最终将东北大豆划分为最适宜、适宜、次适宜、不适宜 4 个等级。

②基于区划指标隶属度函数的适宜度模型。基于影响大豆产量的关键气候区划指标，采用模糊数学隶属度函数方法构建了大豆气候适宜度模型：

$$S_x = \begin{cases} 0.5 - 0.5 \times \dfrac{X_h - X}{X_h}, & X > X_h \\[2mm] 0.5 + 0.5 \times \left(1 - \dfrac{|X - X_m|}{(X_h - X_1)/2}\right), & X_1 < X < X_h \\[2mm] 0.5 - 0.5 \times \dfrac{X - X_1}{X_1}, & X < X_1 \end{cases} \qquad (6\text{-}1)$$

$$S = \sqrt[3]{S_T \times S_C \times S_S} \qquad (6\text{-}2)$$

式中，S_x 表示气候因子适宜度，X_h 和 X_1 分别表示区划指标上限和下限。X_m 表示最适指标。气候条件越接近最适指标，适宜性值越大，代表越适宜大豆生长。当 $S_x \leqslant 0$ 时，S_x 赋值为 0.01。S 表示大豆气候综合适宜度，S_T、S_C、S_S 分别表示温度、降水和日照适宜度。

③基于作物反应函数的适宜度模型。基于大豆不同发育期对温度、降水量和日照时数的需求及反应，构建基于作物反应函数的大豆气候适宜度模型：

● 温度适宜度模型。本研究采用 Beta 函数（吕贞龙等，2008）计算了温度适宜度，该函数能较好地反映作物生长与温度的关系，且具有普适性，具体公式如下：

$$F(t) = \frac{(t - t_1)(t_h - t)^B}{(t_0 - t_1)(t_h - t_0)^B}, \quad B = \frac{t_h - t_0}{t_0 - t_1} \qquad (6\text{-}3)$$

式中，$F(t)$ 表示某发育期温度适宜度；t 为大豆某发育期日平均气温（℃）；t_h、t_1 和 t_0 分别为大豆各发育期所需的上限温度（℃）、下限温度（℃）和适宜温度（℃），参考东北地区春大豆指标体系，结合生产实践，确定大豆生育阶段三基点温度（表 6-1）。

表 6-1　大豆各生育阶段三基点温度

生育阶段	下限气温（℃）	最适气温（℃）	上限气温（℃）
播种–出苗	7	16	26
出苗–三真叶	10	19	30

续表

生育阶段	下限气温（℃）	最适气温（℃）	上限气温（℃）
三真叶–开花	13	22	32
开花–结荚	16	26	32
结荚–鼓粒	14	23	30
鼓粒–成熟	10	18	26

● 降水适宜度模型。降水适宜度可用来表示大豆发育期降雨量对大豆生长发育和产量形成的适宜程度（王彦平等，2018）。基于大豆正常生长需水量和发育期降雨量构建大豆降水适宜度模型。以 0.7 和 1.2 作为旱涝与正常的分界线（王彦平等，2018；薛志丹等，2019），发育期降水适宜度公式如下：

$$F(r)=\begin{cases} \dfrac{r}{0.7\,\mathrm{ET_c}} & r<0.7\,\mathrm{ET_c} \\ 1 & 0.7\,\mathrm{ET_c}\leqslant r\leqslant 1.2\,\mathrm{ET_c},\quad \mathrm{ET_c}=K_c\times\mathrm{ET_o} \\ \dfrac{1.2\,\mathrm{ET_c}}{r} & r>1.2\,\mathrm{ET_c} \end{cases} \tag{6-4}$$

式中，$F(r)$ 为大豆某发育期降水适宜度，r 为发育期降水量（mm），$\mathrm{ET_c}$ 为大豆发育期理论需水量（mm）。K_c 为大豆作物系数，6 个发育期的作物系数分别为 0.45、0.6、0.9、1.32、1.2、0.7。$\mathrm{ET_o}$ 为大豆参考蒸散量，采用国际粮农组织（FAO）推荐的 Penman-Monteith 方法计算。

● 日照适宜度模型。相关研究表明，当日照时数达到可照时数的 70% 以上时，作物满足对光照反应的适宜状态（杨显峰等，2009），采用下式计算大豆各生育期日照适宜度。

$$F(s)=\begin{cases} \dfrac{s}{s_0} & s<s_0 \\ 1 & s\geqslant s_0 \end{cases} \tag{6-5}$$

式中，$F(s)$ 为大豆某发育期日照适宜度，s 为发育期实际日照时数（h），s_0 为可日照时数（L_0）的 70%（h），L_0 的计算方法参照下式。

$$\sin\frac{t}{2}=\sqrt{\frac{\sin\left(45°-\dfrac{\varphi-\delta-\gamma}{2}\right)\times\sin\left(45°+\dfrac{\varphi-\delta-\gamma}{2}\right)}{\cos\varphi\times\cos\delta}},\ L_0=\frac{2t}{15} \tag{6-6}$$

式中，φ 为地理纬度，δ 为赤纬，γ 为蒙气差，t 为时角。

● 综合适宜度模型。大豆在生育期内正常的生长发育是由温度、降水和日照共同决定的（王莹等，2016），为了反映三者对大豆气候适宜性的影响，构建了大豆综合适宜度模型：

$$F(c) = \sqrt[3]{F(t) \times F(r) \times F(s)} \tag{6-7}$$

$$F = \frac{1}{6} \sum_{i=1}^{6} F(c_i) \tag{6-8}$$

式中，$F(c)$ 为某发育期综合适宜度。F 为生长季气候适宜度，采用等权重的方法计算 6 个发育期综合适宜度的平均值。早（生育期 100d）、中（生育期 120d）、晚（生育期 140d）熟型适宜度通过改变不同发育期的时间来计算。

采用最大值合成的方法（Li et al., 2020），将大豆早、中、晚熟区气候适宜度合成为东北地区大豆气候适宜度。运用 GIS 技术提取农田区域大豆的气候适宜度，并依据适宜度等级阈值，将适宜度划分为 4 个等级，实现东北大豆精细化气候区划。使用 ArcGIS 软件绘制 1990～2004 年和 2005～2019 年两个时段的东北大豆精细化气候区划结果，统计分析不同适宜度等级区域的面积变化。

（3）研究结果

①大豆气候区划指标的确定。受种植制度、品种和气候等因素的影响，东北不同区域大豆发育时段略有差异，但生长季都在 5～9 月。为使不同熟型区域的区划指标存在可比性，直接将生长季内不同月份的气象要素与相对气象产量进行相关分析（表6-2），统计所有市、县达显著相关（$P<0.1$）水平相关系数的中位数作为相关分析的最终结果，筛选出影响东北大豆产量的关键发育期气象要素。由表6-2可知，在大豆生长季内，与相对气象产量相关性最强的温度、降水和日照因子分别为 8 月平均气温（$R = -0.33$）、5～9 月累积降雨量（$R = 0.40$）和 7 月累积日照时数（$R = -0.39$），是影响大豆相对气象产量的主要气候因子，故将其作为大豆气候区划的指标。

表6-2　东北地区大豆生长季内气象要素与相对气象产量相关分析

时段	温度	降水	日照
5 月	−0.28	0.26	0.24
6 月	−0.27	0.32	−0.28
7 月	0.01	0.37	−0.39
8 月	−0.33	0.33	−0.31
9 月	0.30	0.15	−0.23
生长季	0.28	0.40	−0.34

东北地区（不分熟型）大豆生长季关键气象要素与相对气象产量二次曲线拟合（图6-1）结果表明，大豆相对气象产量与气象要素存在抛物线型关系且显著相关（$P < 0.01$），温、光、水过多或过少均会引起产量下降。同样对不同熟型大豆种植区域进行了拟合。基于稳产线（减产率为4%）与抛物线的交点，综

合大豆各生育期对气象条件的要求，确定了东北地区分熟型的大豆气候区划指标（表6-3）。不同熟型的区划指标存在差异，且与东北地区不分熟型的指标各异，针对不同熟型的大豆存在不同的气候区划指标。

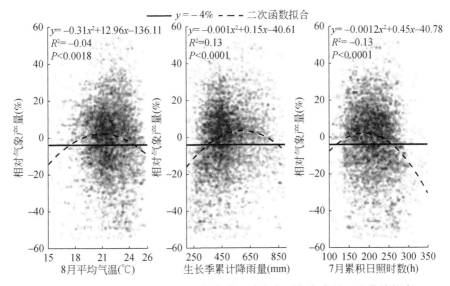

图 6-1　东北地区大豆生长季关键气象要素与相对气象产量二次曲线拟合

表 6-3　东北地区和早、中、晚熟区大豆气候区划指标

气象要素	阈值划分	早熟	中熟	晚熟	东北
8 月平均温度（℃）	适宜下限	17	17.6	17.8	17.4
	最适宜	19.1	20.4	21.3	21
	适宜上限	21.2	23.2	24.8	24.6
5~9 月累积降雨量（mm）	适宜下限	244.3	316.8	372.4	354.4
	最适宜	490.7	550.6	629.9	600.2
	适宜上限	737.0	784.2	887.2	845.8
7 月累积日照时数（h）	适宜下限	169.5	152.8	86.1	119.4
	最适宜	233.2	210.4	160.3	188.7
	适宜上限	296.9	268.1	234.6	257.9

②基于区划指标隶属度函数的适宜度空间分布。东北地区大豆（不分熟型）基于区划指标隶属度函数的温度适宜度评价结果［图6-2（a）］显示，海拔较低的平原和低纬度地区适宜度较高。降水适宜度［图6-2（b）］则以研究区东部和北部更高。可能是东部地区降水充足，北部地区较凉爽的气温导致蒸散发减少，从而使两地均满足了大豆生长发育所需水分。大豆为短日作物，内蒙古东四盟高海拔地区过高的日照时长使得日照适宜度［图6-2（c）］处于较低水平。分熟型

的气候适宜度［图 6-3（a）～（c）］和三者最大值合成的气候适宜度［图 6-3（d）］空间分布显示，早、中、晚熟适宜度较高的中心区域分别靠近黑龙江、吉林和辽宁，适宜度空间分布受海拔和纬度的影响较大。相比不分熟型的适宜度结果，叠加早中晚熟型的气候适宜度空间分布显示更多空间的异质性。以呼伦贝尔地区为例，前者［图 6-2（d）］整体适宜度较低，后者［图 6-3（d）］则在呼伦贝尔东部地区的农田区域表现出更高的适宜度，这也更符合大豆实际种植情况。

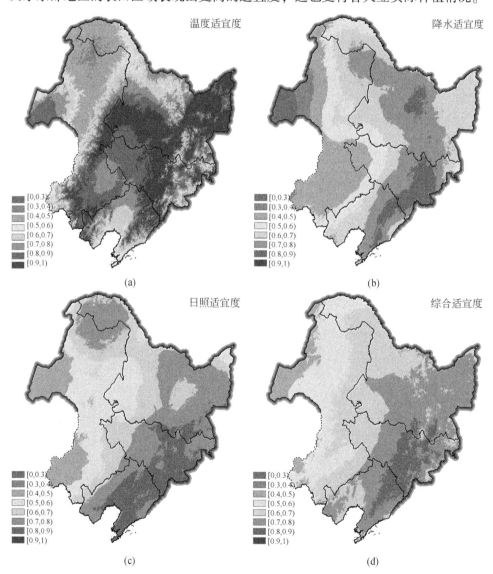

图 6-2　东北地区大豆（不分熟型）基于区划指标隶属度函数的温度（a）、降水（b）、
日照（c）、综合（d）适宜度

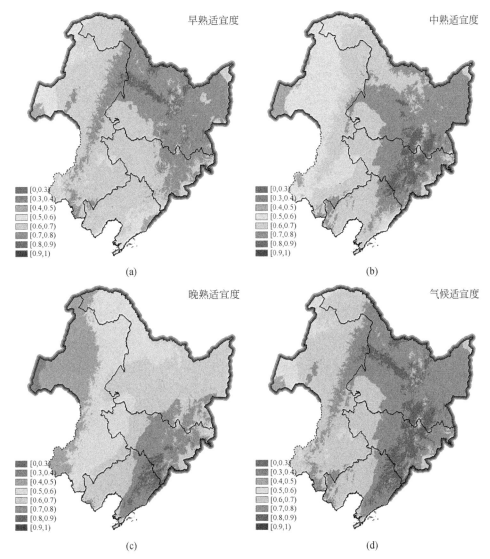

图 6-3　东北地区大豆（分熟型）基于区划指标隶属度函数的早熟（a）、中熟（b）、
晚熟（c）气候适宜度及三者最大值合成的气候适宜度（d）空间分布

　　③基于作物反应函数的大豆气候适宜度空间分布。东北春大豆基于作物反应函数的早、中、晚熟气候适宜度及三者最大值合成的气候适宜度空间分布如图 6-4 所示，仅靠发育期时间差异来区分大豆的不同熟型，计算得到的早、中、晚熟气候适宜度空间分布相似度较高，但依然显示出最适重心由北向南移动的趋势。基于作物反应函数的气候适宜度空间分布与基于区划指标隶属度函数的温度适宜度空间分布结果相似，表明温度可能是影响大豆气候适宜度空间分布的主要因素。

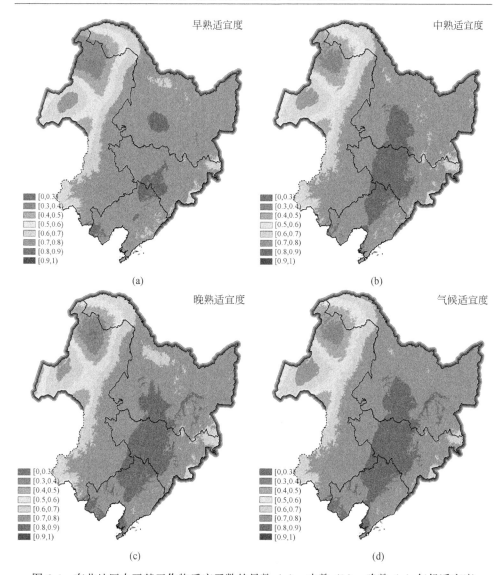

图6-4　东北地区大豆基于作物反应函数的早熟（a）、中熟（b）、晚熟（c）气候适宜度
及三者最大值合成的气候适宜度（d）空间分布

　　④东北地区大豆气候适宜度验证。不同市、县多年平均单产、减产率均方根
和高稳产量3个指标与气候适宜度的相关分析结果（图6-5）显示，基于区划指
标隶属度函数的分熟型气候适宜度在表达大豆产量特征方面全面优于不分熟型的
适宜度评价结果，产量相关指标随适宜度的增加并非呈线性变化趋势，而是随着
适宜度的增加变化率降低。说明随气候适宜度增加，产量有趋于稳定的趋势，与
生产实际相符合。通常来讲，当适宜度增加到一定程度，大豆产量会趋于一个相

对稳定的水平。基于作物反应函数的气候适宜度评价结果在表达单产变化上，其相关性要优于基于区划指标隶属度函数的气候适宜度评价结果，但在表达产量稳定性上，其与减产率均方根的相关性未达显著（$P<0.01$）水平，且单产变化率随气候适宜度增加有增大的趋势，不符合生产实际。原因可能是基于作物反应函数的大豆气候适宜度评价结果，仅靠生育期的时间差异来代表不同熟型，但未改变大豆不同熟型的适宜度指标，导致不能将三种熟型的大豆很好地区分开来。而大豆熟型（特别是品种）是导致大豆单产差异的重要因素，一般晚熟品种的单产更高。此外，温度是主导大豆熟型分布最关键的因素，这也解释了为何适宜度空间分布受温度适宜度的影响最大。综上分析，分熟型的基于区划指标隶属度函数的气候适宜度评价方法可用于东北大豆气候适宜度评价，且优于作物反应函数方法。

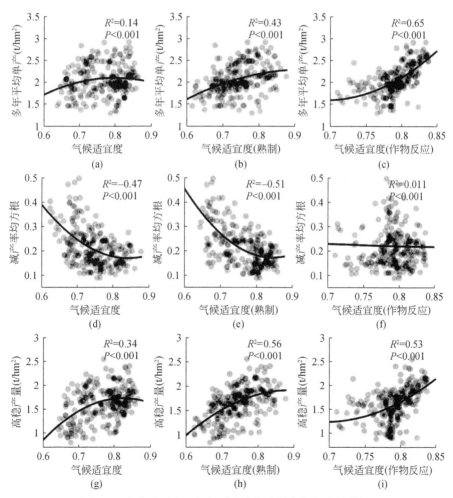

图6-5　东北地区大豆气候适宜度与产量指标相关性分析

⑤大豆气候区划等级阈值确定。基于区划指标隶属度函数的气候适宜度与相对气象产量的关系（图6-6）显示，相对气象产量随气候适宜度的增加呈显著增加的趋势。线性拟合和幂函数拟合曲线在适宜度为0.76时相交，幂函数拟合曲线与4%和50%减产率的交点分别出现在适宜度为0.65和0.49时。据此将气候适宜度划分为最适宜（$S \geqslant 0.76$）、适宜（$0.65 \leqslant S < 0.76$）、次适宜（$0.49 \leqslant S < 0.65$）和不适宜（$S < 0.49$）4个等级。

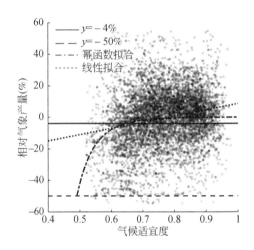

图6-6　气候适宜度与相对气象产量关系

⑥大豆精细化气候区划。分1990~2004年和2005~2019年两个时段，基于不同熟型区划指标的隶属度函数方法对东北春大豆进行了精细化气候区划（图6-7）。结果显示大豆种植最适宜区域分布于吉林省中东部、松嫩平原北部和三江平原除最北部地区外的大部分区域。适宜区主要分布在松辽平原东部的大庆市、松原市和沈阳市一带。次适宜区主要分布于松嫩平原的西部和辽河平原南部地区。不适宜区面积极少，主要分布在呼伦贝尔大草原地区。相比于1990~2004年，2005~2019年大豆种植最适宜区显著增加，适宜、次适宜、不适宜区域都在减小［图6-7（c）］。最适宜区面积的扩张主要源于研究区北部的黑河市及与其接壤的呼伦贝尔市东部地区。随着气候变暖，东北地区大豆气候适宜性增加，适宜大豆种植的地区向高纬度和高海拔地区扩张。

2. 谷子

（1）研究区概况及数据来源
研究区地理位置、气候条件、气象站点分布及数据来源等信息详见2.1.2小节。
（2）研究方法
①温度适宜度。温度对于谷子的生长、发育、产量以及品质起着十分重要的

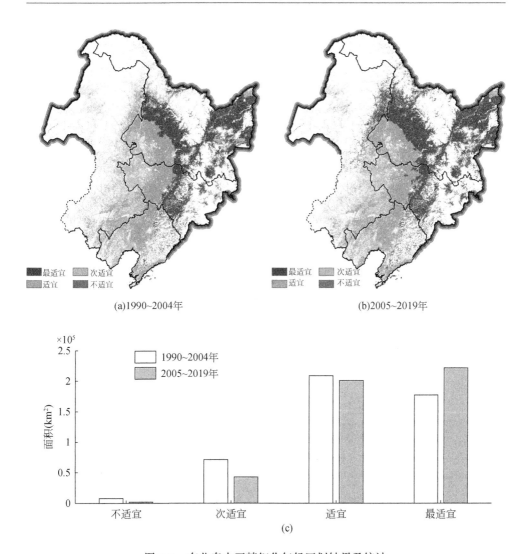

图 6-7　东北春大豆精细化气候区划结果及统计

作用，生长季的最适温度为白天 22 ~ 25℃、夜间 18 ~ 21℃，这区间的温度最利于谷子开花受粉，气温过高会使花粉的生活力下降，而气温过低会导致花药不开裂，从而造成谷子障碍性冷害（张玲等，2011）。本研究在前人研究的基础上（张新龙，2021）确定了谷子各生育期的三基点温度，谷子各生育期的温度适宜度计算方法见 6.1.1 小节。

②降水适宜度。谷子较为耐旱，在不同生育阶段对水分的需求不同，总体表现为"前期宜旱，中期宜湿，后期怕涝"（薛景轩等，2005）。综合研究区的实际情况和谷子降水量/需水量指标，确定降水适宜度函数计算方法见 6.1.1 小节。

③日照适宜度。谷子喜光不耐阴，充足的阳光有利于培育壮苗、花粉分化以及光合作用。在前人研究的基础上（黄璜，1996），以日照时数大于可日照时数的55%作为谷子达到对光照反映的适宜状态，谷子各生育期的日照适宜度计算方法6.1.1小节。

④综合适宜度。谷子不同生育期对温度、日照和降水等气象要素的需求不同。为分析不同生育期各气象要素对产量的影响，首先对谷子单产资料进行处理，即

$$\Delta Y_j = \frac{Y_j - Y_{j-1}}{Y_{j-1}} \times 100\% \tag{6-9}$$

式中，j 代表第 j 年，$j-1$ 代表第 $j-1$ 年，ΔY_j 为第 j 年相对于第 $j-1$ 年谷子单产增减率，即作物产量气象影响指数，Y_j、Y_{j-1} 分别为第 j 年和第 $j-1$ 年研究区内各省谷子单产。

随后计算各生育期温度、降水和日照与谷子产量气象影响指数的相关系数，每个生育期的相关系数除以全生长季相关系数的总和作为每个生育期温度、降水和日照适宜度的权重系数（表6-4），利用公式（6-10）和公式（6-11）计算谷子生长季各单一要素的气候适宜度，即

$$\begin{cases} b_{ti} = \dfrac{a_{ti}}{\displaystyle\sum_{i=1}^{n} a_{ti}} \\[3ex] b_{ri} = \dfrac{a_{ri}}{\displaystyle\sum_{i=1}^{n} a_{ri}} \\[3ex] b_{si} = \dfrac{a_{si}}{\displaystyle\sum_{i=1}^{n} a_{si}} \end{cases} \tag{6-10}$$

$$\begin{cases} F(t) = \displaystyle\sum_{i=1}^{n} \left[b_{ti} F_i(t) \right] \\[2ex] F(r) = \displaystyle\sum_{i=1}^{n} \left[b_{ri} F_i(r) \right] \\[2ex] F(s) = \displaystyle\sum_{i=1}^{n} \left[b_{si} F_i(s) \right] \end{cases} \tag{6-11}$$

式中，b_{ti}、b_{ri}、b_{si} 分别为第 i 个生育期温度、降水和日照适宜度的权重系数，$F(t)$、$F(r)$、$F(s)$ 分别为谷子生长季温度、降水和日照适宜度。

表 6-4　谷子气候适宜度计算权重系数

生育期	温度适宜度（a_{ti}）	降水适宜度（a_{ri}）	日照适宜度（a_{si}）
播种–出苗期	0.06	0.04	0.09
出苗–拔节期	0.15	0.09	0.04
拔节–抽穗期	0.04	0.15	0.10
抽穗–成熟期	0.12	0.06	0.06

再采用几何平均法，得到谷子生长季的综合适宜度。即

$$F(S)=\sqrt[3]{F(t)\times F(r)\times F(s)} \tag{6-12}$$

（3）研究结果

①温度适宜度。在两个气候年代中，中国北方地区谷子生长季温度适宜度的空间差异均较大，高值区分布广泛，低值区集中在甘肃西南部和内蒙古北部。从年代变化上分析，较 1960～1989 年（前 30 年）而言，1990～2019 年（后 30年）研究区谷子生长季温度适宜度高值区面积有所增加，主要出现在东北地区西部；低值区面积明显减少，以内蒙古变化最为明显，其北部低值区完全消失。总体而言，研究区约有 77.44% 的区域温度适宜度增加，气候变暖对谷子生长发育产生积极影响。

②降水适宜度。在两个气候年代中，中国北方谷子生长季降水适宜度地区间差异性均较大，高值区出现在东北地区东部、甘肃南部、陕西南部和河北北部；低值区出现地区较为集中，主要为甘肃北部和内蒙古西北部。从年代变化上分析，较 1960～1989 年（前 30 年）而言，1990～2019 年（后 30 年）研究区降水适宜度高值区面积增加约 5.0%，增加区域相对集中，主要出现在东北地区东部；降水适宜度低值区面积略微减少，主要出现在内蒙古西部。总体而言，随着气候变暖，研究区 76.3% 的区域降水适宜度增多，23.7% 的区域降水适宜度减少。

③日照适宜度。在两个气候年代中，中国北方谷子生长季日照适宜度整体较高，大多数地区日照适宜度处于 0.85 以上，仅在甘肃南部、陕西南部和河南南部适宜度较低，低于 0.75。

从年代变化上分析，与 1960～1989 年（前 30 年）相比，1990～2019 年（后 30 年）研究区日照适宜度高值区面积减少 14.6%，东北地区西部、内蒙古北部、河北大部和山东北部的高值区基本消失，同时甘肃南部、陕西南部和河南南部低值区面积增大；总体而言，由于气候变暖的影响，研究区 80.7% 的区域谷子日照适宜度下降。

④综合适宜度。根据综合适宜度的计算结果，利用自然断点法将研究区谷子综合适宜度划分为最适宜、适宜、次适宜、不适宜 4 个等级，以此绘制两个气候

年代研究区谷子生长季综合适宜度空间分布图。其中，最适宜为 $0.65 \leqslant S < 1$、适宜为 $0.4 \leqslant S < 0.65$、次适宜为 $0.2 \leqslant S < 0.4$、不适宜为 $S < 0.2$。

最适宜区：1960~1989 年（前 30 年），谷子最适宜区主要分布在东北地区中东部、河北东北部、山东东部、陕西中南部、山西南部和河南南部等区域，其面积约占研究区总面积的 21.5%。1990~2019 年（后 30 年），谷子最适宜区面积较之前明显增多，增多面积约占研究区面积的 10.5%，主要出现在山东、山西一带。谷子最适宜区生长季平均温度为 15~25℃，累积降水量为 700~1100mm，日照时数为 600~1200h，可谓热量资源丰富、光照充足，降水量充沛，各方面资源均能够满足谷子生长发育和优质高产的需要，是谷子种植最理想的区域。与 1960~1989 年（前 30 年）相比，1990~2019 年（后 30 年）谷子最适宜区明显扩大的主要原因是，受气候变暖的影响，谷子生长季平均温度升高，温度适宜度增大，而降水适宜度和日照适宜度变化不明显，使得部分谷子适宜区成为最适宜区。

适宜区：1960~1989 年（前 30 年），谷子适宜区分布范围广泛，存在于研究区内的每个省份，主要集中在研究区的东南部地区，其面积约占研究区总面积的 52.3%。1990~2019 年（后 30 年），谷子适宜种植区范围向西北方向转移。谷子适宜区的气候条件对谷子种植的适宜程度总体略逊于最适宜区，但能够满足谷子正常生长发育的需求，适宜谷子生长。与 1960~1989 年（前 30 年）相比，1990~2019 年（后 30 年）谷子适宜区向西北方向转移的主要原因是，第一，受气候变暖的影响，温度升高，原先海拔较高的甘肃西南部因热量不足而影响谷子正常生长的区域成为谷子适宜区；第二，内蒙古西北部降水增多，谷子遭受严重干旱灾害的概率变小，成为谷子适宜区。

次适宜区：1960~1989 年（前 30 年），谷子次适宜区主要分布于甘肃、内蒙古两地，集中在甘肃南部和北部、内蒙古中西部和北部，其面积约占研究区总面积的 19.4%。1990~2019 年（后 30 年），谷子次适宜种植区面积较之前有所减少，整体向西转移。谷子次适宜区综合适宜度较差，其中，甘肃北部谷子生长季平均温度在 5℃左右，累积降水量在 200mm 左右，对谷子结实过程产生不利影响，使得结实率降低，影响当地谷子产量。内蒙古中西部温度、日照均比较适合谷子的种植，但由于地处阿拉善沙漠附近，降水短缺，谷子易发生干旱，延迟抽穗，谷穗变小，形成秃尖，产量下降。而甘肃南部与内蒙古北部谷子生长季平均温度较低，在 0℃左右，易使谷子在出苗期遭受低温冷害。与 1960~1989 年（前 30 年）相比，1990~2019 年（后 30 年）谷子次适宜种植区整体向西转移的主要原因是，受气候变化影响，谷子适宜种植区向西北转移，使得谷子次适宜种植区被压缩。

不适宜区：1960~1989 年（前 30 年），谷子不适宜区分布范围较小，其面积约占研究区总面积的 6.8%，主要存在于甘肃东南部、内蒙古西部和北部。这与马兴祥（2004）、柴晓娇（2012）等的研究结果一致。1990～2019 年（后 30年），谷子不适宜区面积总体变化不大，内蒙古北部不适宜区消失，西部不适宜区增多。不适宜区气候条件对谷子种植的适宜程度极低，但各地制约其种植气候适宜性的因素不同。其中，甘肃东南部处于祁连山区、青藏高原边缘地带、六盘山地等高海拔地区，由于海拔较高，气温相对较低，谷子生长季平均温度低于0℃，谷子无法出苗，因此是谷子种植的不适宜区；内蒙古北部由于纬度较高，谷子灌浆期温度严重不足，影响谷子正常生长，使得谷子产量低而不稳，种植风险大，不适宜谷子种植；内蒙古西部处于阿拉善沙漠，谷子生长季累积降水量在60～100mm，远低于谷子能正常生长发育的需水量，谷子无法生长，因此也不适宜谷子种植。与 1960～1989 年（前 30 年）相比，1990～2019 年（后 30 年）谷子不适宜区变化的主要原因，一是气候变暖使得内蒙古北部温度上升，使得该区域的不适宜区成为次适宜区；二是内蒙古西部降水量与日照时数减少，温度升高，谷子遭受干旱灾害的概率上升，谷子不适宜区增大。

3. 马铃薯

（1）作物及研究区概况

研究区地理位置、气候条件、地形特征、土地利用、气象站点分布及数据来源等信息详见 2.1.3 小节。

（2）研究方法

研究的整体技术路线如图 6-8 所示。

根据相关标准以及论文（詹鑫，2018；李亚杰等，2014；朱赟赟等，2011；FAO-56 推荐的 84 种作物的标准作物系数），选取的区划指标为生育期平均气温、7 月平均气温、生育期降雨量及 7 月降雨量，生育期三积温（表 6-5）如下：

①生育期平均气温。马铃薯经种植播种后，气温达 4℃ 以上即可出苗。维持在 12～21℃ 左右时有益于马铃薯的正常生育，若气温持续高于 30℃ 或者低于10℃ 时则会影响生长。块茎出苗的最适宜温度为 12～18℃，块茎形成的最适宜温度为 18～22℃，而块茎成熟可收的最适宜温度为 15～19℃。

②7 月平均气温。若气温过高，超出了适宜温度就会阻碍块茎的正常生长，超过 25℃ 时块茎停止生长，茎叶生长的适温是 15℃～25℃，超过上限温度停止生长，引起马铃薯产量下降。

③生育期降雨量。马铃薯对水分要求苛刻，全生育期需水量大约在 500～700mm，具体而言早期耐旱、中期喜水、后期怕涝，3 个时期对于水分的要求分别占全生育期需水量的 15%、25% 和 60%。只有各生育期得到马铃薯生理需水量要求的充足水分供应才能实现作物的优质高产。

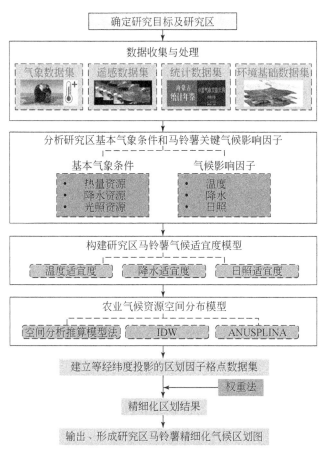

图 6-8 马铃薯精细化气候区划技术路线图

表 6-5 马铃薯生育期三积温（℃）

生育期	下限	最适温度	上限
播种–幼苗期	5	16	25
幼苗–开花期	7	19	30
开花–成熟期	8	17	29

④ 7 月降雨量。花期开始到块茎发育时期对水分要求更高，必须得到充足的水分，然而过多的土壤湿度可能导致块茎霉烂或发生晚疫病。

（3）研究结果

将温度适宜性、降水适宜度、光照适宜度结合北方一作区地形来代表过去 60 年的农业气候资源，用于马铃薯种植的精细气候分区分析。北方一作区由于东西跨度大、地形复杂，农业气候资源具有明显的区域不平衡性（图 6-9）。60

年的温度适宜性在空间上呈现出西低东高、北高南低的特点。高值分布在北方一作区中部地区，低值分布在南部以及北部，小部分分布在黑龙江西北部和内蒙古东北部，从中部向东西两方向逐渐减少。与 1960～1989 年（前 30 年）相比，1990～2019 年（后 30 年）研究区马铃薯生长季温度适宜度高值区面积有所增加，主要出现在青海中北部、低值区面积也明显减少，主要出现在新疆中北部、青海省西北部、甘肃西北部、黑龙江西北部和内蒙古东北部，气候变暖对马铃薯生长发育产生积极的影响。北方一作区降水资源呈现出由北向南、由西向东增加的趋势，其中西北地区降水量最少。60 年的降水适宜性由西向东、由北向东增大。最高值分布地区较少，主要集中在青海、甘肃、吉林和黑龙江东南部。低值分布在西北部，主要有新疆、青海、甘肃和内蒙古中西部等干旱区域。从年代变化上分析，与 1960～1989 年（前 30 年）相比，1990～2019 年（后 30 年）降水适宜度高低值区域增加减少的范围不如温度适宜的明显。高值区域有所增加，主要在青海、宁夏南部区域和吉林、黑龙江的东南部区域。低值区域主要减少的区域集中于新疆北部，增加区域在内蒙古中部地区。与温度适宜度相比，降水适宜度总体而言变化较少。北方一作区整个区域的光照适宜度整体都较高，除陕西、甘肃南部地区之外，均在 0.75 以上。从年代变化上分析，与 1960～1989 年（前 30 年）相比，1990～2019 年（后 30 年）研究区光照高度适宜度在甘肃东南部与陕西西南部地区减少。总体而言，北方一作区光照适宜度变化较少。

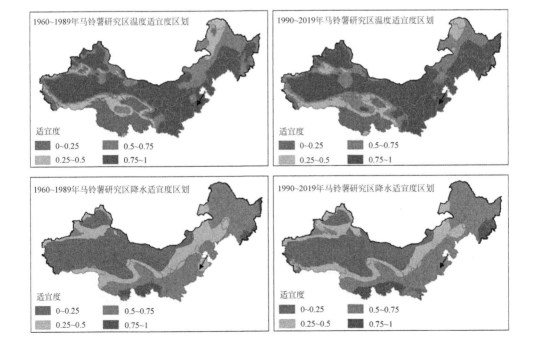

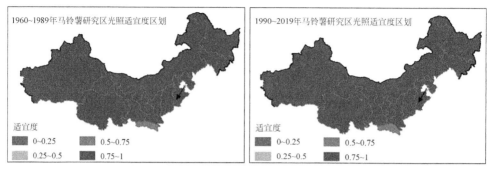

图 6-9 马铃薯北方一作区 1960～2019 年气候资源适宜性分布

结合温度适宜性、降水适宜度、光照适宜度，划分马铃薯北方一作区不同生育期的综合气候适宜度（图 6-10）。三个生育期的气候适宜度全都是由西向东、由北向南增加，青海和新疆南部地区的适宜度一直很低。播种-幼苗期是 3 个生育期的低适宜度地区最多的生育期，集中于新疆、甘肃与青海的西南部地区、内蒙古东北部与黑龙江西北部。高值地区多集中于甘肃、陕西与山西南部。幼苗-开花期的气候适宜度低值区域分布于新疆东部、青海西南部和内蒙古西北部地区。高值区域多集中于吉林和黑龙江中东部。开花-成熟期是 3 个生育期中高适宜度地区最多的生育期，多集中于研究区的中东部，如黑龙江、吉林、河北、山西、陕西和内蒙古中东部地区。从年代变化上分析，与 1960～1989 年（前 30年）相比，1990～2019 年（后 30 年）研究区每个生育期的低适宜度地区分布在新疆、青海、甘肃南部地区和内蒙古东北部，并且在后 30 年均一定程度的减少。

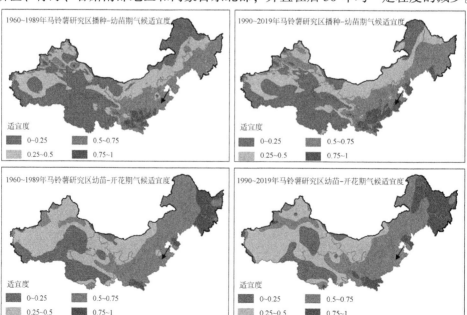

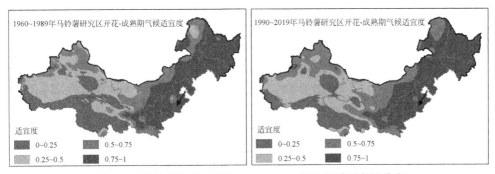

图 6-10　马铃薯北方一作区 1960～2019 年生长季适宜性分布

综合适宜度指数的取值范围为（0，1），越接近于 1，则适宜性越高，反之亦然。根据最优分割法，将马铃薯北方一作区综合适宜度指数划分为如不适宜（0～0.25）、次适宜（0.25～0.5）、适宜（0.5～0.7）和最适宜（0.7～1）（图 6-11）。

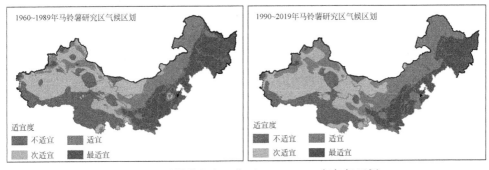

图 6-11　马铃薯北方一作区 1960～2019 年气候区划

最适宜区：1960～1989 年（前 30 年），马铃薯最适宜种植区主要分布在北方一作区的东南部地区，如黑龙江、吉林、河北、陕西、陕西和内蒙古、宁夏、甘肃的东南部地区。1990～2019 年（后 30 年），马铃薯最适宜种植区面积较之前有所扩大，主要集中在研究区东南部，还有零散分布于新疆西北部地区。

适宜区：1960～1989 年（前 30 年），马铃薯适宜种植区分布范围较其他适宜区广泛，主要集中在中部区域和西北部，如内蒙古、宁夏、甘肃和新疆西北部。1990～2019 年（后 30 年），马铃薯适宜种植区范围向研究区西北部扩大，如甘肃、青海和新疆的北部区域。

次适宜区：1960～1989 年（前 30 年），马铃薯次适宜种植区主要分布于西北部区域，如甘肃、青海的北部于新疆大部分地区。1990～2019 年（后 30 年），马铃薯次适宜种植区面积较之前有所增加，整体向西南部扩大，多为不适宜区域转为次适宜区。

不适宜区：1960～1989 年（前 30 年），马铃薯不适宜种植区多分布在西南部区域，如新疆和青海西南部区域。1990～2019 年（后 30 年），马铃薯不适宜种植区面积，转为次适宜和适宜区。60 年的气候区划表明，马铃薯北方一作区大部分区域可以满足马铃薯所需的气候资源条件。适宜度高地区多分布在东部和中部，并且后 30 年逐渐在增加。

4. 花生

（1）研究区概况及数据来源

研究区地理位置、气候条件、气象站点分布及数据来源等信息详见 2.1.4 小节。

（2）研究方法

温度、降水量和日照时数是决定花生能否正常发育的必要气象因素，所以结合研究区内气候资源，引入温度、降水和日照适宜度模型对花生种植适宜性进行定量分析。

①温度适宜度。在花生生育期内，温度是十分重要的因素，不同生育期温度的变化会对花生的产量和品质产生十分巨大的影响。作为喜温作物，积温对花生出芽情况及营养生长阶段起决定性作用，温度决定果实质量好坏以及花生最终产量。采用 Beta 函数计算温度适宜度，该函数对于作物与温度关系具有普适性。具体计算见 6.1.1 小节。

参照相应指标体系、结合黄淮海花生生产实践，确定花生各生育时期三基点温度，如表 6-6 所示。

表 6-6　黄淮海地区花生各生育期三基点温度及作物系数

生育期	下限温度（℃）	上限温度（℃）	适宜温度（℃）	作物系数
出苗期–幼苗期	12	37	22.5	0.50
开花下针期	19	37	27.5	1.15
结荚期–饱果期	15	39	25	0.60

②降水适宜度。花生生育期较长，生育期接近半年，在生育期内水分不足或过多对花生的生长发育和荚果产量、品质都有很大影响。结合黄淮海研究区的实际情况和花生降水量/需水量指标，确定水分适宜度函数计算公式，具体计算方法见 6.1.1 小节。

③日照适宜度。日照时数是光合作用的重要条件，花生的"光补偿点"和"光饱和点"都比较高，进行光合作用所需的日照时数也较多，在一定水分、温

度和二氧化碳条件下，光合作用随光照的增减而增减。相关研究表明，当日照时数达到可日照时数的55%以上时，作物达到对光照反映的适宜状态（杨显峰等，2009），花生各生育期日照适宜度计算方法见6.1.1小节。

④综合适宜度。花生在不同生育期对温度、日照和降水等气象要素的需求不同，为分析不同生育期各气象要素对产量的影响，将各生育期温度、降水和日照适宜度与花生相对气象产量进行相关分析，并将每个生育期的相关系数除以全生育期相关系数的总和作为每个生育期温度、降水和日照适宜度的权重系数（表6-7），花生生长季各单一要素的气候适宜度具体计算方法见6.1.1小节。

表6-7 花生各生育期气候适宜度的权重系数

生育期	温度适宜度（a_{ti}）	降水适宜度（a_{ri}）	日照适宜度（a_{si}）
播种–出苗期	0.06	0.04	0.09
出苗–拔节期	0.15	0.09	0.04
拔节–抽穗期	0.04	0.15	0.10
抽穗–成熟期	0.12	0.06	0.06

（3）研究结果

①温度适宜度。从图6-12可见，在两个气候年代中，黄淮海地区花生生长季温度适宜度在空间上呈现出西低东高、北低南高的特点，高值区主要分布在淮河流域、海河流域东部和黄河流域东部，低值区集中在黄河流域西部，小部分分布在黄河流域北部和海河流域北部。与1960～1989年（前30年）相比，1990～2019年（后30年）研究区花生生长季温度适宜度高值区面积有所增加，主要出现在黄河流域中北部，低值区面积变化不明显。总体而言，研究区约有83.49%的区域温度适宜度增加，气候变暖对花生生长发育产生积极的影响。

②降水适宜度。从图6-13可见，在两个气候年代中，黄淮海地区花生生长季降水适宜度呈现由东南向西北减少的趋势。高值区出现在黄河流域南部、海河流域北部和淮河流域南部；低值区出现地区较为集中，主要为黄河流域北部。从年代变化上分析，与1960～1989年（前30年）相比，1990～2019年（后30年）研究区降水适宜度高值区面积增加约20.87%，增加区域主要分布在黄河流域东部、海河流域北部和淮河流域中部；而降水适宜度低值区面积略微减少，主要出现在黄河流域北部。总体而言，随着气候变暖，研究区92.37%的区域降水适宜度增多，仅在黄河流域和淮河流域极小部分地区降水适宜度减少。

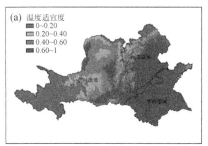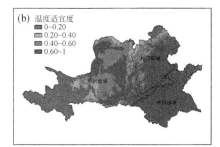

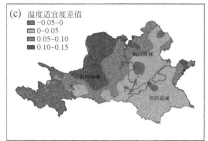

图 6-12 两个气候年代黄淮海地区花生生长季温度适宜度分布对比

(a) 1960~1989 年，(b) 1990~2019 年，(c)（b）-（a）

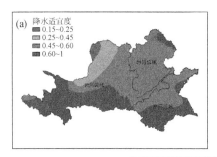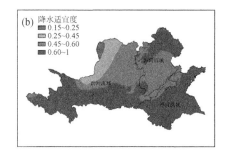

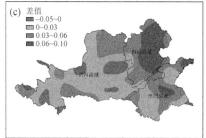

图 6-13 两个气候年代黄淮海地区花生生长季降水适宜度分布对比

(a) 1960~1989 年，(b) 1990~2019 年，(c)（b）-（a）

③日照适宜度。从图 6-14 可见，在两个气候年代中，黄淮海地区花生生长

季日照适宜度整体较高,大多数地区日照适宜度处于0.90以上,仅在研究区南部地区适宜度较低,低于0.85。从年代变化上分析,与1960～1989年(前30年)相比,1990～2019年(后30年)研究区日照适宜度高值区面积减少约27.00%,淮河流域北部、海河流域西部和南部的高值区基本消失,同时淮河流域南部的低值区面积扩大。总体而言,由于气候变暖的影响,研究区87.33%的区域花生日照适宜度下降。

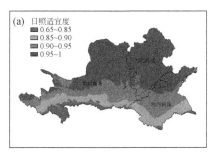
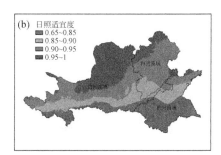
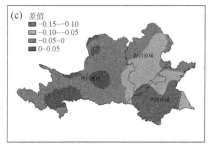

图6-14 两个气候年代黄淮海地区花生生长季日照适宜度分布对比
(a) 1960～1989年, (b) 1990～2019年, (c) (b)-(a)

④综合适宜度。根据综合适宜度的计算结果,利用自然断点法将研究区花生综合适宜度划分为最适宜、适宜、次适宜、不适宜4个等级,以此绘制研究区花生种植气候适宜性区划图(图6-15)。

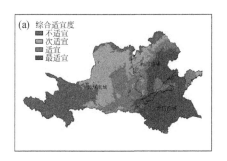
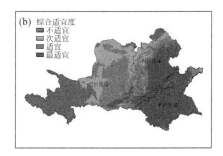

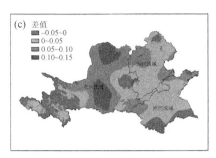

图 6-15　两个气候年代黄淮海地区花生生长季综合适宜度分布对比
(a) 1960~1989 年, (b) 1990~2019 年, (c) (b)-(a)

最适宜区 (0.60≤S<1): 1960~1989 年 (前 30 年), 花生最适宜种植区主要分布在海河流域西部和淮河流域大部分地区, 其面积约占研究区总面积的 31.31%。1990~2019 年 (后 30 年), 花生最适宜种植区面积较之前有所扩大, 主要集中在淮河流域北部、海河流域南部和黄河流域西南部, 增多面积约占研究区面积的 5.94%。花生最适宜种植区生长季平均温度为 20~25℃, 累积降水量为 600~1000mm, 日照时数为 800~1400h, 光温水资源均适宜花生的生长发育, 是花生种植最理想的区域。

适宜区 (0.40≤S<0.60): 1960~1989 年 (前 30 年), 花生适宜种植区分布范围广泛, 主要集中在黄河流域中东部、海河流域中西部和淮河流域北部, 其面积约占研究区总面积的 20.88%。1990~2019 年 (后 30 年), 花生适宜种植区范围向研究区西部转移, 面积有所增大, 占研究区总面积的 25.09%。花生适宜种植区气候条件对花生种植的适宜程度总体略逊于最适宜区, 但能够满足花生正常生长发育的需求, 适宜花生生长。

次适宜区 (0.20≤S<0.40): 1960~1989 年 (前 30 年), 花生次适宜种植区主要分布于黄河流域中部和北部, 海河流域北部和淮河流域东北角, 面积约占研究区总面积的 24.15%。1990~2019 年 (后 30 年), 花生次适宜种植区面积较之前有所减少, 整体向西北转移。花生次适宜种植区综合适宜度较差, 不同区域导致综合适宜度差的原因不同。

不适宜区 (S<0.20): 1960~1989 年 (前 30 年), 花生不适宜种植区分布范围较大, 其面积约占研究区总面积的 23.66%, 主要存在于研究区的西部和北部, 以黄河流域西部为主。1990~2019 年 (后 30 年), 花生不适宜种植区面积减少 3.59%, 主要出现在黄河流域北部和西部。不适宜种植区气候条件对花生种植的适宜程度极低, 不适宜花生种植。

6.1.2 园艺经济作物气候区划

1. 猕猴桃

（1）作物及研究区概况

研究区地理位置、气候条件、气象站点分布及数据来源等信息详见 2.2.2 小节。

（2）研究方法

本研究流程图如图 6-16 所示。

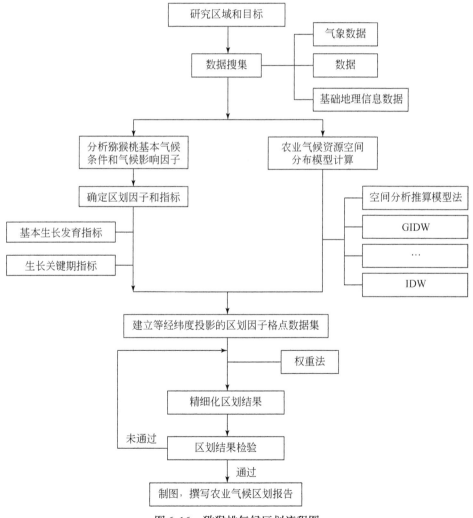

图 6-16 猕猴桃气候区划流程图

为了能够对研究区域的地形因子进行准确运算，本研究使用了中国科学院计算机网络信息中心国际科学数据镜像站提供的中国境内 1km×1km 数字高程模型（digital elevation model，DEM）数据。采用 ANUSPLIN 软件，以中国 1km DEM 栅格数据作为协变量进行各个气候区划因子的精细化插值。ANUSPLIN 具有以下优点：①该方法相对常规的样条函数能够引入海拔、距海距离等多个协变量，有利于提高插值精度，需要手动调试的参数少，相对于 Kriging 来说操作简便；②引入 DEM 作为变量时，对起伏地形下地形气温空间分布细节描述能力较常规的样条函数有所提高；③可同时进行多个表面的空间插值，对长时间序列、多月份的气象要素更加适合；④ANUSPLIN 提供丰富的统计参数、模型诊断参数，有利于根据统计和诊断参数尝试选择最优模型；⑤提供的线性常数能够反映气温随协变量因子的变化情况，如站点海拔作协变量时能反映出气温与海拔的递减率关系。

通过对研究区四省一市的猕猴桃气候条件的分析，从热量、水分、光照等要素进行细分，初步筛选出四大类影响因素。热量条件包括年平均气温、≥0℃积温、≥10℃积温、无霜期，7～8 月平均温度。反映了猕猴桃生长期对热量的需求；水分条件包括年降水量、年相对湿度，反映了猕猴桃生长时根系和叶、果实对水的需求，是典型的喜湿果树；日照条件包括年日照时数、日照百分率，5～8 月累积日照时数，反映了猕猴桃喜光的生物学特性；其他条件包括最冷月均温、最热月均温、年大风日数，由于猕猴桃作为一般果树，越冬期对极端低温有限制性要求，并且其叶片和果实都不耐高温，作为藤蔓植物，在挂果及收获季节也应避免大风影响。通过对相关文献的分析和征求园艺专家意见，最终将年平均气温值、年降水量、≥10℃积温、7～8 月平均温度、无霜期、年空气相对湿度和 5～8 月累积日照这 7 个气候因子作为划分研究区猕猴桃栽培气候适宜区域的主要指标（表6-8）。

表6-8　猕猴桃气候适宜性区划因子

区划因子/适宜性	热量最适宜区	气候偏凉基本适宜区	气候偏热基本适宜区	气候寒冷不适宜区	气候炎热不适宜区
年平均气温（℃）	12～16	10～13	16～18	<10	≥20
5～8 月累积日照（h）	≥700	600～700	500～600	<500	
年空气相对湿度（%）	70～80	60～70	80～90	<50	
年降水量（mm）	1200～1800	1000～1200	1800～2000	<800	
7～8 月平均温度（℃）	22～28	18～24	26～30	<15	≥35
≥10℃积温（℃·d）	4200～5200	3700～4200	5200～5900	≤3700	>5900
无霜期（d）	220～270	130～220	<130		

（3）研究结果

利用 GIS 技术，在实现区划指标空间化基础上，根据要素隶属度建立单因子评价栅格图层；综合评判值 P 则利用 GIS 空间叠加分析功能，采用线性加权和法，将各指标评价栅格图进行叠加，得到气候综合评价栅格图。

$$P = \sum_{i=1}^{s} \alpha_i \mu(x_i) \tag{6-13}$$

式中，P 为适宜性综合评判值，$\mu(x_i)$ 为第 i 指标气候隶属度，α_i 为相对应该指标权重，s 为评判指标个数，P 值在 0~1，用来评价研究区猕猴桃气候综合条件优劣。猕猴桃气候区划气候资源分布如图 6-17 所示。结合研究区猕猴桃生长分布状况的实地调查，确定 $P \geqslant 0.9$、$0.6 < P < 0.9$、$0.6 < P \leqslant 0.5$、$P \leqslant 0.5$ 依次为最适宜、适宜、次适宜、不适宜 4 个等级，据此制作研究区猕猴桃气候区划（图 6-18）。

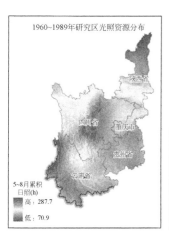
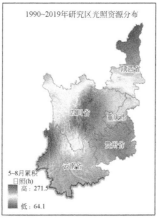
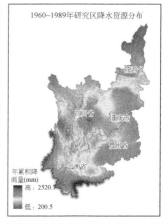
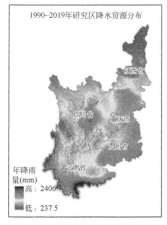

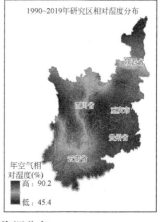

图 6-17　1960~2019 年猕猴桃研究区气候资源分布

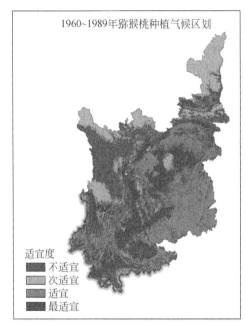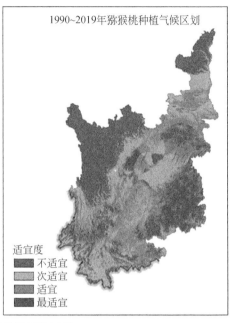

图 6-18　猕猴桃种植气候区划

①最适宜区：最适宜区在 1989 ~ 2019 年有减少趋势，但更集中偏向贵州省，贵州猕猴桃最适宜种植气候区主要位于东部地区。该区光照、降水资源充足，热量适宜；2 月的气温适宜猕猴桃花芽形态分化；正常年份的 3 ~ 4 月，光、温、水适宜，有利于猕猴桃开花授粉、结果，但常有春旱发生，影响授粉授精，幼果发育不良，导致落果、果实小；5 ~ 7 月降水量充足，有利于猕猴桃果实膨大；8 月光照充足，昼夜温差大，有利于猕猴桃果实干物质积累，增加其糖分。该区是猕猴桃的重点发展区。目前，猕猴桃主要种植在水城、盘县、六枝、兴仁等县部分乡镇，建立猕猴桃园区应重点选择该区域。60 年内四川省高适宜区分布在四川盆地西部，沿成都平原向北延伸到广元，向南延伸到乐山市中部及乐山、宜宾、凉山三市州交界处。主要包括广元市、绵阳市、德阳市、成都市、眉山市、乐山市、雅安市和资阳市的约 55 个县。本区域海拔在 500 ~ 800m，气候分区为北亚热带和中亚热带。年均温 15 ~ 18℃，年降水量 800 ~ 1400mm。云南省的气候适宜性在 1989 ~ 2019 年显著降低，同样情况也出现在陕西省南部。

②适宜区：1960 ~ 1989 年适宜区主要集中在云南中北部、贵州南部、四川中西部、陕西南部和重庆市，呈圆环状分布。该区平均海拔在 1200 m 以下，气候资源优渥，土壤肥厚，地势相对平坦，交通发达，水利设施好。多属暖温带半

湿润半干旱气候，年平均温为 11.1～12.5℃，年降水量为 653mm，虽然温度和降水条件相对适宜，但该区普遍相对湿度较低。1990～2019 年，猕猴桃种植适宜区显著减少，减少地区的年降水量和 ≥10℃ 积温有所降低。且相对适度增加，有可能导致猕猴桃溃疡病的发生。

③次适宜区：1960～1989 年，次适宜区主要集中在陕西省北部，该区主要为红枣种植，气候条件并不适合猕猴桃的种植，在往后的 30 年，陕西省北部变为不适宜区。四川省北部邻靠西藏地区，由于海拔的影响该区的温度降低不适宜猕猴桃生长，而处于云贵高原附近的攀枝花市、迪庆藏族自治区和凉山彝族自治区同样属于次适宜区。在 1990～2019 年，次适宜区年平均气温为 8.3～10.4℃，无霜期为 168～220 d。春季气温多变且晚霜冻害的发生概率增加，降水偏少，干旱增加，对猕猴桃的生长、产量和品质有所影响。

④不适宜区：在两个时间段内，不适宜区主要集中在四川省西北部阿坝藏族羌族自治区、绵阳市、德阳市、甘孜藏族自治区和凉山彝族自治区，巴中市和达州市适宜性同样较差。而陕西省北部地区海拔 1100 m 以上的地区，平均气温在 10℃ 以下，春、秋两季多霜冻害，冬季寒冷，冻害严重，无法满足猕猴桃生长所需的气象条件。而陕西省南部地区，分布与秦岭北麓海拔较高处，该区虽然降水条件适宜猕猴桃生长，但是其山高坡陡，土地贫瘠，气候温凉，在猕猴桃生长期的温度条件较差，不适宜猕猴桃的种植。

2. 柑橘

（1）作物及研究区概况

依据我国柑橘实际种植情况，选择四川、重庆、湖北、安徽、江苏、浙江、云南、贵州、湖南、江西、广西、广东、福建 13 个省（自治区）作为研究区（杜尧东，2010），全境位于 20.02～31.16°N、97.21～108.21°E，面积约为 4.73×10⁶ km²，地形地貌复杂多样，主要地形有长江中下游平原、云贵高原、四川盆地等，属亚热带气候，气温较高，且南季风带来的降水丰沛，雨热同期，雨季持续时间长。年均温为 13～20℃，年降水量多在 800～2000mm，年日照时数多在 1000～2000h。据统计，2019 年我国的柑橘总产量达到 4138.1 万 t，而研究区的柑橘产量之和约占该年全国总产量的 98.3 % 左右（刘爱华，2020），是我国柑橘的主产区。

气象数据为研究区内 361 个气象站 1960～2019 年逐日温度、年降水量和日照时数等，源于国家气象信息中心。地理信息数据源自中国科学院资源环境科学与数据中心（http://www.resdc.cn/Default.aspx）提供的行政边界、DEM 高程等数据。

（2）研究方法

根据沈兆敏等（2019）的研究，将南方柑橘划分为 6 个发育期（表6-9）。温度、降水量和日照时数的高低是决定柑橘能否正常生长发育的必要条件，为了定量分析研究区气候条件对柑橘种植适宜度的影响，结合相关研究（许昌燊，2004；千怀遂等，2005），引入各发育期温度、降水、日照适宜度模型对柑橘种植适宜性进行定量分析。

表6-9　南方柑橘种植区各发育期时间和温度指标

发育期	下限温度 t_1（℃）	适宜温度 t_0（℃）	上限温度 t_h（℃）	作物系数 K_c
发芽期	8.1	14	26	0.48
花期	11.8	20	30	0.65
生理落果期	13	21	30	0.76
果实生长发育期	13	22	34	0.95
果实成熟期	13	21	27	0.70
花芽分化期	−5	12.5	23	0.39

①温度适宜度。适宜的温度是影响柑橘生长发育的主要因素之一。赵彤（2018）的研究中表明，最适宜柑橘生长的温度为 16～23℃。气温过低或过高都会使果实的品质受到影响，温度过高会降低开花与坐果率，温度过低则会使其正常生长的平衡性遭到破坏（万继锋等，2019）。参考以往研究（杜尧东，2010），计算温度适宜度的具体计算公式同 6.1.1 小节。

结合有关研究成果确定了柑橘各发育期时间和三基点温度（表6-9）。

②降水适宜度。柑橘喜湿，水分含量过低会使柑橘生长缓慢，而土壤水分含量过多又会造成柑橘根系受损、产量减少（高阳华等，2009）。降水适宜度函数（Pereira et al.，2021）具体计算方法见 6.1.1 小节。

③日照适宜度。光照是否充足对果树的叶片薄厚、果实大小及含酸量有直接的影响，与柑橘产量和品质的形成密切相关（林红等，2016）。在柑橘生长发育期间，充足的光照可使花朵和果实更加强韧，提高开花与坐果率（邓丹丹等，2018），以往研究表明（胡正月，2008），当日照时数达到可日照时数的 55% 以上时，作物达到对光照反应的适宜状态，日照适宜度具体计算公式见 6.1.1 小节。

④生长季适宜度。在柑橘各发育期温度、降水、日照适宜度函数的基础上，计算柑橘 6 个发育期各气象要素适宜度的平均值即为柑橘生长季温度、降水、日照适宜度函数。而后利用自然断点法对 3 种要素适宜度的空间分布格局进行了探究，具体方法见 6.1.1 小节。

⑤综合适宜度。柑橘能否正常生长发育与气候条件关系密切,单一的气候因子可能有利于果实生长,但 2 个因子甚至多个因子的联合可能会产生拮抗作用。为了探究温度、降水量和日照对气候适宜度的共同影响,构建了综合适宜度模型,具体计算方法见 6.1.1 小节。

(3) 研究结果

①温度适宜度。温度适宜度的范围为 0~1。除四川西部外,大部分地区温度适宜度较高。四川西部多为高原和山区,海拔多在 4000m 以上,以寒温带气候为主,不适宜柑橘的种植。总体而言,前后 30 年温度适宜度的空间分布格局并未发生较为明显的变化。

②降水适宜度。降雨适宜度的范围为 0.30~0.82。降雨高适宜区集中在四川省北部、湖北省局部地区。低适宜区较为聚集,主要分布在福建、广东、广西的大部分区域以及江西、湖南、四川、云南等地的部分区域。从年际变化上来看,后 30 年适宜度高值区的面积减小了约 11%,其中安徽和江苏变化较为显著,高值区基本消失。低值区的面积扩大了约 11%,主要为广西、江西的北部地区,其原因可能是气候变化导致降雨异常,适宜度降低 (彭艳玉等,2021)。

③日照适宜度。日照适宜度的范围为 0.44~0.94。适宜度较高的地区主要分布在四川西部、湖北、安徽、江苏省大部分地区,适宜度较低的地区主要分布在四川东部、贵州省的大部分地区。由于日照时数较低,导致柑橘制造有机养分不足,花朵和果实容易脱落,日照适宜性较差。与前 30 年的区划结果相比,后 30 年适宜度高值区的面积扩大了约 16%,集中在四川省海拔较高的区域。低值区的面积减小了约 22%,主要体现在云南省的西部。发生改变的原因可能为全球变暖使高纬度地区热量资源改善,潜在发育期延长。

④综合适宜度。依据生长季综合适宜度,使用自然断点法将南方柑橘种植适宜性划分为 4 个等级:不适宜 ($0 < F_c \leqslant 0.17$),次适宜 ($0.17 < F_c \leqslant 0.36$),适宜 ($0.36 < F_c \leqslant 0.48$),最适宜 ($0.48 < F_c \leqslant 0.74$)。

最适宜区为四川东部、云南南部、广西、湖北和重庆大部分区域,多为亚热带季风气候,年降水量为 1300~1500mm,年日照时数为 1200~2000h。热量充足、光照适宜、雨量充沛。

适宜及次适宜区主要集中在研究区的中部,如贵州、湖南、江西大部分区域,年降水量 >1500mm,年日照时数为 1200~1780h。阴雨时数多,光照资源不够丰富,是该区适宜度略低的原因。

不适宜区分布在研究区的西北和东北部。西北部地区的气候条件为寒冷、冬长、基本无夏、日照充足,虽然光照资源较为丰富,但是降水量较低。东北部地区不满足柑橘正常生长发育的热量条件,适宜度较低。自 1990 年以来,最适宜种植区面积减小了约 29%。不适宜种植面积扩大了约 34%。气候变化使得喜温作物种植界限北移, 改变了柑橘种植结构和品种布局。

6.1.3 特色林果作物 (茶树) 气候区划

(1) 作物及研究区概况

本研究选取我国南方主要产茶省份进行茶树气候适宜性区划, 研究区包括浙江省、福建省、江西省、安徽省、湖北省以及湖南省。其地势平坦, 东面临海, 地处暖温带和南亚热带之间。境内热量资源丰富, 降水充沛, 空气湿润, 光照充足, 无霜期长, 年平均气温为 16 ~ 20℃, ≥10℃ 活动积温为 338.7 ~ 7012.2℃·d, 年降水量 1200 ~ 1700mm, 年平均相对湿度 70% 左右, 年日照时数 1000 ~ 1900h, 为绿茶的生长发育提供了得天独厚的条件。

从中国气象数据共享网上获取浙江省、福建省、江西省、安徽省、湖北省以及湖南省气象站点 1960 ~ 2019 年逐月、逐日累年气温、降水、相对湿度、日照时数等数据。将 60 年气象数据分为前后两个时间段, 分别为 1960 ~ 1989 年和 1990 ~ 2019 年, 计算各站点 30 年平均无霜期、≥10℃ 活动积温、年日照时数、年平均温度等数据。并且利用小网格推算法, 以地形因素作为协变量, 进行精细化空间插值, 精确反映各气象因素的空间分布状况, 将空间分辨率细化至 1km。

(2) 研究方法

适宜茶树栽培的气候条件生长过程要求年平均气温 15℃ 以上, 最适宜栽培地区的年平均气温为 15 ~ 25℃; 不同品种所需积温不同, 中、小叶种茶树要求 ≥10℃ 积温为 4500℃ 以上; 极端最低气温 ≥−10℃; 一般在茶树年生育期中, 平均每月降水量有 100mm 就能满足茶叶生长的需要, 最适宜的年降雨量 1500mm 以上, 1000mm 为适宜下限; 空气相对湿度一般要求在 70% 以上; 年生育期内日照百分率小于 45%, 生产的茶叶质量较优, 若小于 40%, 质量更好; 海拔选择100 ~ 1000m 的山坡地, 坡度不超过 25°。

综合前人对茶树研究成果, 确定各个区划指标等级量化标准, 划分为最适宜、适宜、次适宜和不适宜 4 个等级, 分别赋予 1 ~ 4 的分值。运用 RECLASSIFY 命令, 完成 7 个综合区划指标的精细化的空间分布图 (表 6-10)。

表 6-10　茶树种植气候区划指标

区划指标/适宜性	最适宜 (1)	适宜 (2)	次适宜 (3)	不适宜 (4)
年日照时数 (h)	1200 ~ 1500	1500 ~ 1800	<1200	>1800
年均降水量 (mm)	>1500	1200 ~ 1500	1000 ~ 1200	<1000
年平均温度 (℃)	≥16.5	15 ~ 16.5	13 ~ 15	<13
≥10℃ 活动积温 (℃·d)	≥5000	4500 ~ 5000	4000 ~ 4500	<4000
海拔 (m)	200 ~ 800	800 ~ 1200	≤200	>1200

续表

区划指标/适宜性	最适宜（1）	适宜（2）	次适宜（3）	不适宜（4）
坡度（°）	7.5～15	<7.5	15～24	>24
坡向（°）	175～205	140～175	205～255	<140

本研究采用加权指数求和法建立茶树栽培的综合区划评估模型。计算公式为

$$Y_i = \sum_{j=1}^{m} P_i X_{ij} \tag{6-14}$$

式中，Y_i 为评价目标的得分；P_j 为第 j 个区划指标的权重；X_{ij} 为评价单元 i 在区划指标 j 上评价值；n 为单元数；m 为区划指标数，这里 $m=7$。$i=1$，2，3，…，n 评价单元；$j=1$，2，3，…，m 区划指标。

考虑气候、地形因子对茶树种植的影响是互相制约又相互补充，本研究应用层次分析法（AHP）来给定各区划因子的权重（图6-19）。

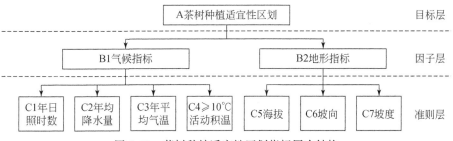

图6-19　茶树种植适宜性区划指标层次结构

根据各指标适宜性的影响程度不同，构建综合区划指标判断矩阵，构造层次单排序和层次总排序，并同时进行一致性检验。

计算结果表明，每个单排序矩阵都顺利通过一致性检验，在此基础上再进行总排序的一致性检验，表明上述判断矩阵具有满意的一致性，说明7个区划指标的权重系数的分配是合理的（表6-11）。

表6-11　茶树区划指标的权重

评价指标	权重	评价指标	权重
气候指标（B1）	0.61	年日照时数（C1）	0.0987
		年均降水量（C2）	0.1524
		年平均温度（C3）	0.2654
		≥10℃活动积温（C4）	0.1056

评价指标	权重	评价指标	权重
		海拔（C5）	0.0879
地形指标（B2）	0.39	坡向（C6）	0.1943
		坡度（C7）	0.0957

（3）研究结果

如图 6-20 所示，研究区在 1960～1989 年大部分区域光照条件最适宜，仅在安徽中北部、湖北东北部和浙江北部部分地区不适宜，而 1990～2019 年研究区的光照适宜度整体下滑，仅在湖南和湖北部分地区出现最适宜，大部分地区处于适宜区，研究区西部的次适宜区扩大，整体光照不适宜区面积减小。

图 6-20　1960～2019 年茶树研究区光照适宜性区划

如图 6-21 所示，降水条件最适宜区域主要分布在浙江、福建，以及浙江南部和湖南部分地区，后 30 年年降水量最适宜区域减少，不适宜和次适宜区域没有明显改变，主要集中在湖北西北和安徽北部地区。

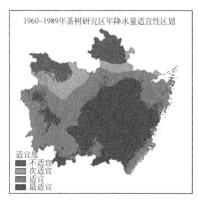

图 6-21　1960～2019 年茶树研究区降水量适宜性区划

如图 6-22 所示，茶树种植研究区活动积温适宜性主要集中在湖北中东部地区、湖南东部地区、江西以及福建大部分地区，整体不适宜区域呈减少趋势，安徽及浙江省的最适宜区域有所增加。

图 6-22　1960～2019 年茶树研究区活动积温适宜性区划

如图 6-23 所示，1960～1989 年年均温适宜性主要分布在福建、江西以及湖南东部地区，次适宜区主要分布在安徽北部，不适宜区主要分布在湖南和湖北西部地区以及浙江大部分地区。1990～2019 年整体适宜性变强，湖北和安徽适宜性变化较为明显。

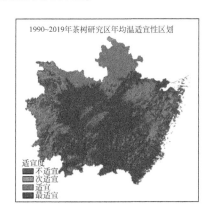

图 6-23　1960～2019 年茶树研究区年均温适宜性区划

如图 6-24 所示，茶树研究区整体坡向区划适宜性一般，海拔适宜性只有湖北西部部分地区不适宜，大部分研究区适宜性良好，湖南西部和福建地区最为适宜。研究区坡度适宜性整体较强。

图 6-24　茶树研究区地形因素适宜性区划

通过参考相关研究及茶叶产量与适宜度指数的拟合分析，确定茶树种植适应性评价等级（表6-12）。

表 6-12　茶树种植适宜性评价等级

茶树种植适宜性评价等级	最适宜	适宜	次适宜	不适宜
综合指数（Y_i）	<1	1 ~ 1.8	1.8 ~ 2.6	>2.6

如图 6-25 所示，1960 ~ 1989 年研究区南部大部分地区适宜性强，北部部分地区适宜性差，整体适宜性呈从北向南上升分布，其中最适宜区分布在福建大部分地区、江西南部、湖南东南部以及浙江省南部地区，适宜区主要分布在湖北南部、安徽南部、浙江中部、江西中北以及湖南大部分地区，次适宜主要分布在湖北北部和安徽中部地区，不适宜区主要分布在安徽北部及湖北西部地区。1990 ~ 2019 年研究区整体适宜性有所增加，其中安徽适宜性增强。

图 6-25　1960～2019 年茶树种植气候区划

6.1.4　热带经济作物（甘蔗）气候区划

（1）作物及研究区概况

本研究选择甘蔗种植的主要省份进行甘蔗气候适宜性区划，分别为广西、广东、云南、海南。广西地处中国热带亚热带交界处，地形复杂，由山脉、丘陵和平原组成，最高海拔达 2800m。广西属于亚热带和热带季风气候，1980～2019 年广西平均气温为 20.3℃，由南向北逐渐降低，平均降水量为 1828.7mm，分布较为不均。甘蔗的整个生长期要求年平均温度 18～30℃，年降雨量≥1200mm，这说明研究区热量和水分条件具有生产甘蔗的潜能。广东省属于东亚季风区，从北向南分别为中亚热带、南亚热带和热带气候，是中国光、热和水资源最丰富的地区之一。从北向南，年平均日照时数由不足 1500h 增加到 2300h 以上，年平均气温约为 19～24℃。全省平均日照时数为 1745.8h、年平均气温 22.3℃。1 月平均气温约为 16～19℃，7 月平均气温约为 28～29℃。云南气候基本属于亚热带高原季风型，立体气候特点显著，类型众多、年温差小、日温差大、干湿季节分明、气温随地势高低垂直变化异常明显。海南地处热带北缘，属热带季风气候，素来有"天然大温室"的美称，这里长夏无冬，年平均气温 22～27℃，≥10℃的积温为 8200℃，最冷的一月温度仍达 17～24℃，年光照为 1750～2650h，光照率为 50%～60%，光温充足，光合潜力高。海南入春早升温快，日温差大，全年无霜冻，冬季温暖，稻可三熟，菜满四季，是中国南部繁育种的理想基地（刘建波等，2009）。

从中国气象数据共享网上获取 1960～2019 年气象数据。数据包括逐月、逐日累年气温、降水、相对湿度、日照时数等。编写数据处理程序，对数据进行筛选和处理，将 60 年气象数据分为前后两个时间段，分别为 1960～1989 年和 1990～2019

年计算各站点 30 年，年均温、年极端最低温、≥25℃连续天数、≥20℃积温和 ≥20℃期间降水量等数据。其中≥20℃活动积温的起始和结束日期，基于每日平均气温，采用 5 日滑动平均法确定。

（2）研究方法

制作区划图第一步，根据表 6-13 的 5 个区划指标回归模拟方程式，利用经纬度、海拔高度等地理信息因子，推算得到 1000m 精细化格点数据分布值。第二步，将 5 个区划指标回归模拟方程的每个站点的残差值利用反距离加权插值法（IDW）进行插值，得到残差 1000m 栅格文件。第三步，将 5 个推出的精细化网格数据栅格与 5 个残差栅格相加，得到残差订正结果。第四步，利用第三步得到的残差订正后 5 个栅格文件进行分专家打分。第五步，将 5 个区划指标的栅格文件进行矩阵加法运算，总分为 100 的区域为最适宜区，总分 99～75 分的区域为适宜区，总分在 75～50 分的为次适宜区，小于 50 分的为不适宜区。最后，对不同适宜性区域搭配不同色系，叠加市行政区边界、名称、图例、标题等，并进行美化，最终完成研究区甘蔗精细化种植农业气候区划专题图。

基于对研究区气候条件的分析，根据甘蔗生长所需的气候条件，选择具有更好代表性的气候指标。指标包括年平均气温、年极端最低气温平均值、日平均气温≥25℃连续天数、≥20℃活动积温和≥20℃期间降雨量，其中≥20℃和≥25℃连续天数的起始和结束日期是采用 5 日滑动平均法确定的。5 个气候因子作为甘蔗种植区的农业气候区划因子。各因子分区指标如表 6-13 所示。

表 6-13　甘蔗种植的农业气候区划指标

区划因子	最适宜区	适宜区	次适宜区	不适宜区
年平均气温（℃）	≥21.0	19～21	18～19	<18
≥20℃活动积温（℃）	≥5000	4000～5000	3000～4000	<3000
年极端最低气温平均值（℃）	≥0	−0.1～−1.0	−1.0～−1.5	<−1.5
日平均气温≥25℃连续天数（d）	≥150	130～150	110～130	<110
≥20℃期间降雨量（mm）	≥1200	1100～1200	1000～1100	<1000

（3）研究结果

如图 6-26 所示，1960～1989 年和 1990～2019 年，甘蔗高适宜度种植区分布在广西、广东和海南地区的面积较大，其中海南可种植面积最大，而在云南地区占比明显较少。

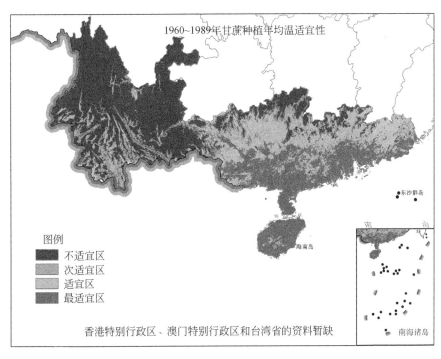

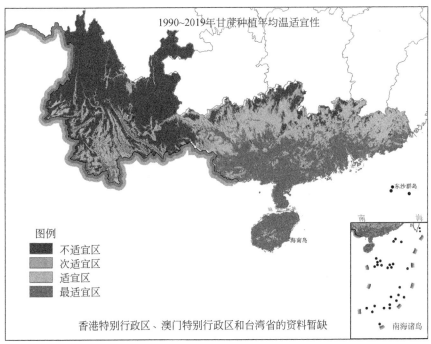

图 6-26　1960~2019 年甘蔗研究区年均温适宜性区划

如图 6-27 所示，1960～1989 年和 1990～2019 年不同时期，研究区极端最低气温发生了显著变化，年极端最低气温不适宜区面积呈现缩小趋势，高适宜区分布出现扩增现象。研究区大部分地区为适宜，最北部小部分地区不适宜。

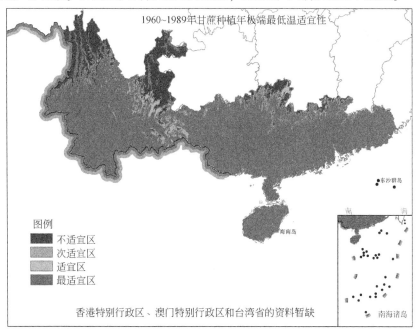

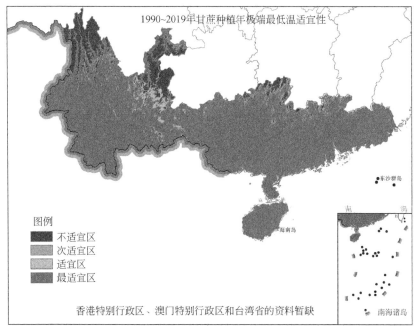

图 6-27　1960～2019 年甘蔗研究区年极端最低温适宜性区划

　　如图 6-28 所示，1960～1989 年，≥25℃连续天数高适宜区分布在东部地区，不适宜区多分布在西部地区。到 1990～2019 年，云南南部地区出现了≥25℃连续天数适宜区分布，云南其他大部分地区依然为不适宜区。

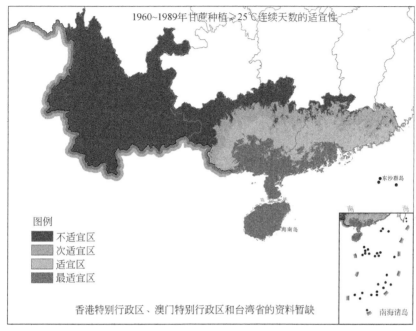

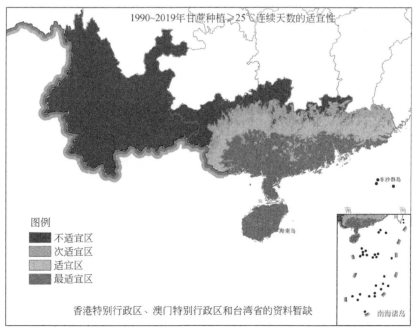

图 6-28　1960～2019 年甘蔗研究区≥25℃连续天数适宜性区划

如图 6-29 所示，1960～1989 年和 1990～2019 年不同时期≥20℃期间降雨量适宜性分布发生了显著变化。整体上，研究区西部地区为低适宜区，东部地区为适宜区。在 1960～1989 年，广西中部地区为次适宜区，到 1990～2019 年，广西中部大部分地区由次适宜区变为适宜区。云南省两个时期的适宜区分布变化不大。

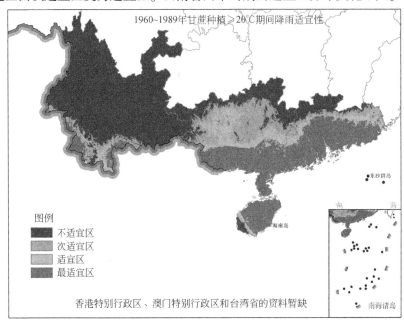

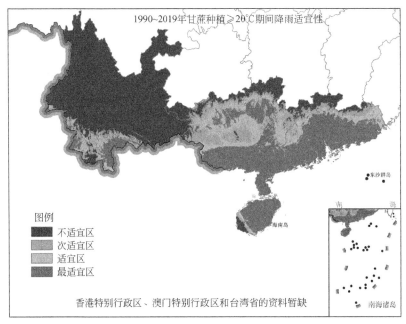

图 6-29　1960～2019 年甘蔗研究区≥20℃期间降雨量天数适宜性区划

如图 6-30 所示，1960～1989 年和 1990～2019 年不同时期 ≥20℃活动积温适宜区变化较为明显。与前 30 年相比，后 30 年研究区高适宜区面积扩增趋势显著，且在研究区中部和东部分布广泛。

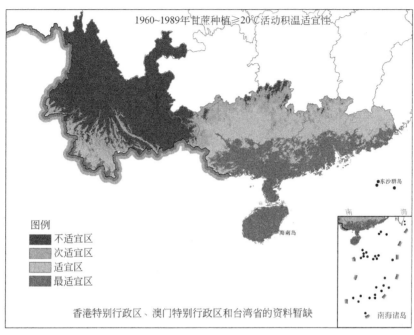

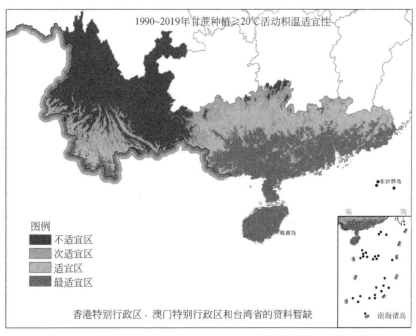

图 6-30　1960～2019 年甘蔗研究区 ≥20℃活动积温适宜性区划

如图 6-31 所示，1960~1989 年和 1990~2019 年的甘蔗种植适宜区分布发生

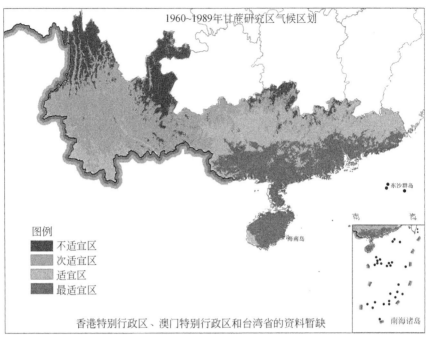

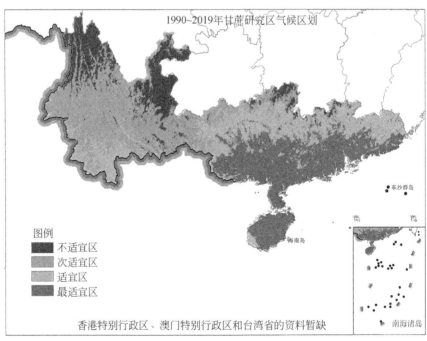

图 6-31　1960~2019 年甘蔗研究区气候区划

了显著的变化。与 1960 ~ 1989 年相比，1990 ~ 2019 年研究区适合种植甘蔗的适宜区范围出现扩增趋势，适宜区面积大幅度增加，适合种植的区域超过前期的限制。甘蔗种植最佳适宜核心区域位于广西，广东南部和海南大部分地区，其次为广西，广东中部和北部地区，低适宜区位于云南大部分地区。由于适宜区面积的扩增，研究区部分地区由适宜区转变为高适宜区，进一步呈现了扩种甘蔗的潜力。不适宜区面积继续缩小、分布略有北移，可种植区在低海拔区进一步延伸并有向高海拔区扩增趋势。适宜区面积增加量显著，前 30 年被划分为具有不适宜性和次适宜性的部分地区转变为适宜区。这也使得一些从未种植甘蔗的地区可能出现适合种植甘蔗的现象。

6.2　北方一作区马铃薯气候资源高效利用

马铃薯（*Solanum tuberosum L.*），又名土豆，属茄科，一年生草本植物，块茎可供食用，是全球第四大重要的粮食作物，仅次于小麦、稻谷和玉米。马铃薯原产于南美洲安第斯山区，人工栽培历史最早可追溯到大约公元前 8000 年到公元前 5000 年的秘鲁南部地区。目前我国是世界马铃薯总产最多的国家。马铃薯块茎含有大量的淀粉，能为人体提供丰富的热量，且富含蛋白质、氨基酸及多种维生素、矿物质，尤其维生素含量是所有粮食作物中最全的（李文娟等，2015）。我国最早传统的马铃薯种植区大多分布在贫困区域和城市周围的蔬菜区，最先发展起来的是 20 世纪 80 年代出口带动起来的山东和广东。90 年代，随着经济社会发展与外来技术的引进，1998 年 11 月初，中国马铃薯大会在北京召开，马铃薯产业在我国农业种植中所占的比重也越来越大。北方一作区拥有"中国马铃薯之乡"称号的有甘肃省定西市安定区、黑龙江省讷河市、宁夏的西吉县、河北省围场县、内蒙古自治区的武川县、陕西省定边县。并且因为产块茎的种性好，成为了著名的种薯基地。

粮食生产与气候变化保持密切的因果关系，特别是在当前生态环境受到一定程度的破坏、极端天气条件和气候多变性成为直接影响粮食安全的关键因素。气候变化带来极端天气和降水异质性，严重威胁农业生态系统的粮食安全。联合国粮食及农业组织（FAO）研究报告强调，未来 2 ~ 5 年农业生产将受到气候变化的严重影响，长期严重影响全球粮食安全。全球气候变化背景下我国气候变化与全球一致，自然灾害种类多、地域广、频次高，造成的损失严重，气象灾害大约占到 70% 以上，年均受灾面积 7.5 亿亩。相比于粮食作物，经济作物产量/品质更容易受气象灾害影响，典型灾害年份损失更为严重，投资大，风险高。

如今，我国农业生产进入了一个新阶段。然而，影响粮食安全的压力依然存在：气候变化和耕地数量及质量的减少。气候资源高效利用是作物高产的关键，明确不同种植区的农业气候资源（最高温度、最低温度、太阳总辐射、降水量等）优势，综合考虑各因素的影响，资源高效利用，可以为不同地方资源优化配置提供理论基础和技术支持（图6-32）。从经济学角度分析，相同要素的条件，同样的资源变为不同生育期中投入而获得更高的产出是农业气候资源的高效利用。它与一般单纯的经济意义上的资源高效利用有所区别，注重农业气候资源的自我更新能力和可持续利用为基础。农业气候资源的高效利用的重点难题是找出"瓶颈"——限制因子。在进行农业气候资源高效利用方法探索是应遵循：①客观性，尊重研究区农业气候资源的自然状况；②动态性，影响作物生长的各个气候因子是动态的，气候变化是全球性的；③可操作性，对于气候因子评价和高效利用方法探索时需可观察、可测量、可操作的方法。我国北方一作区横跨东西，农业气候资源具有显著的区域性和季节性变化。农业气候资源的空间和时间可变性决定了马铃薯品种的分布、农业生产结构和商业实践。北方一作区马铃薯种植区集中在雨水灌溉的农业区，灌溉条件差。然而，人口与耕地资源的矛盾越来越突出。通过增加种植面积来满足产量需求的作物发展空间越来越小。改变目前的状况，实现总产量增长，充分认识到其农业气候资源优势，是我国面临的减少作物增产需求的压力、发展高效农业的重要问题。

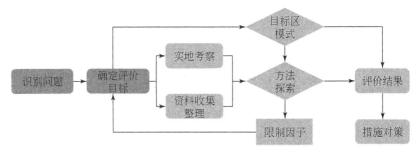

图6-32　农业气候资源高效利用方法探索

　　基于有限的土地资源满足迅速增长的粮食需求，充分认识到其农业气候资源优势、高效利用是需要作物模型来了解气候变化对于作物生长的影响，例如温度、降雨的变化对于作物发育期、生长和产量的影响（宋佳欣，2022）。作物模型是基于大量植物生理学、作物遗传学、生态学、气象学、农学和土壤学等学科的理论知识和研究成果，通过系统分析并研发的涵盖作物、环境以及栽培技术的整体系统，作物模型能够定量分析作物生长代谢和产量形成等生理过程，评估环境技术与作物生长的动态关系，从而在特定的环境中建立相应的数学模型进行模拟研究（徐芳，2020）。荷兰的de Wit是作物模型先驱，追溯至20世纪60年代，他研发了作物冠层的光合作用模型；1967年，Duncan实现了植物群体光合作用的模拟。在这基础上，基于计算机技术的快速发展，越来越多种类的作物模型被各个国家的学者研发出来。作物模型被分为经验模型和机理模型。经验性模型是基于生物量和气候之间的统计相关性的数学统计分析模型，例如 Thornthwaite 模型、Miami 模型和 Wagenigen 模型等。作物生长模型为机理模型，从系统角度出发，研究、探索复杂的作物生态系统，数十年以来取得了巨大的进展，使得模型的准确性、灵活性和可操作性得到提高。目前全球应用的作物生长模型约有 30 多种，这些作物生长模型在马铃薯单产模拟及生产实践中发挥了重要的作用。绝大多数马铃薯作物生长模型衍生自通用作物生长模型或禾本科（水稻、小麦和玉米等）作物生长模型。APSIM（agricultural production aystems aimulator）模型是由澳大利亚的联邦科工组织（CSIRO）以及昆士兰州政府的农业生产系统组（APSRU）联合开发的机理模型，该模型已在全世界范围内广泛应用于作物生产研究，它是可以精确模拟气候、土壤、农业管理措施和基因型对作物影响的有力模型工具。因此该模型可用于评估农业生产潜力，模拟气候变化对作物的影响和优化农业管理措施，从而为农业生产政策的制定提供科学依据，为农业生产提供科学指导，模型结构如图 6-33 所示。APSIM-Potato 模型是基于过程的机理模型，可以很好地模拟我国北方马铃薯不同播期下的生育期、土壤水分动态、叶面积指数、生物量和产量（唐建昭，2018）。APSIM-Potato 模型中应用的核心模块主要包括作物模块、土壤水模块、土壤氮模块、土壤有机质模块和管理模块。模型基于太阳辐射、温度、光周期、土壤水和氮肥以日为步长，模拟马铃薯的生长发育、干物质积累和产量形成等。本研究基于北方一作区马铃薯生长季内农业气候资源变化特征，选择 APSIM-Potato 来模拟不同生产水平下和不同播期窗口下马铃薯生长发育情况，辨别农业气候资源优势，确定农业气候资源高效利用方式，技术路线如图 6-34 所示。

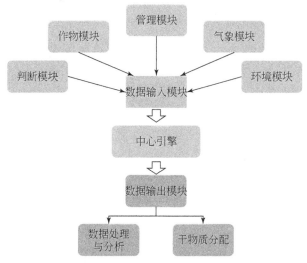

图 6-33　APSIM 模型结构（杨楠，2020；毛洋洋，2017）

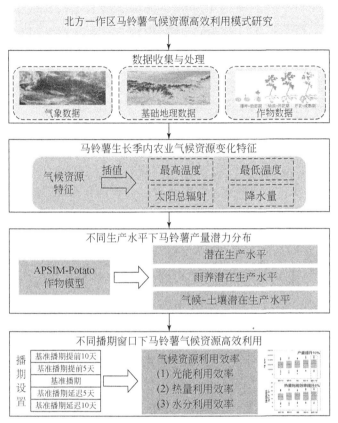

图6-34　北方一作区马铃薯气候资源高效利用技术路线

6.2.1　马铃薯生长季内农业气候资源变化特征

气候变化背景下，作物生长季内农业气候资源也发生变化。本小节基于1981～2019年的1981～2019年逐日气象数据（包括日最高气温、日最低气温、降水量、日照时数等）、马铃薯生育期数据，计算了我国北方一作区马铃薯1981～2019年马铃薯生长季内气候资源空间分布特征，结果如图6-35所示。由图可以看出，1981～2019年研究区域内马铃薯生长季内最高温度和最低温度的高值区主要分布在新疆，低值区主要分布在青海省，其中研究区域马铃薯生长季内最高温度变化范围为8.6～35.4℃，平均为26℃，最低温度变化范围为−3.3～21.3℃，平均为13.3℃；1981～2019年研究区域内马铃薯生长季内太阳总辐射呈西高东低的径向分布特征，生长季内太阳总辐射变化范围为1132～3525MJ/m²，平均为2170MJ/m²；1981～2019年研究区域内马铃薯生长季内降水量呈西低东高的径向分布特征，生长季内降水量变化范围为35～860mm，平均为218mm。

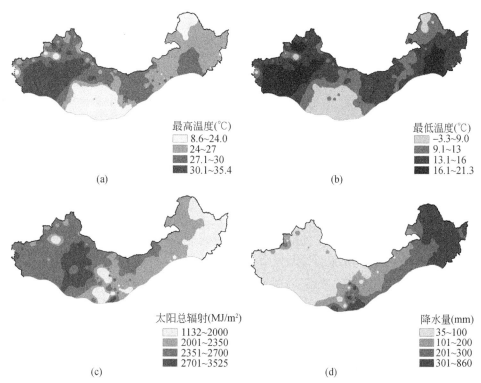

图 6-35　我国北方一作区马铃薯生长季内气候资源空间分布

（a）最高温度，（b）最低温度，（c）太阳总辐射，（d）降水量

　　我国北方一作区马铃薯 1981～2019 年马铃薯生长季内气候资源时间演变趋势空间分布特征如图 6-36 所示，可以看出，1981～2019 年研究区域内马铃薯生长季内温度显著增加，其中最低温度升高速率高于最高温度，分别以每 10 年 0.48℃和 0.41℃的速率升高，其中温度升高较快的区域主要分布在甘肃省、青海

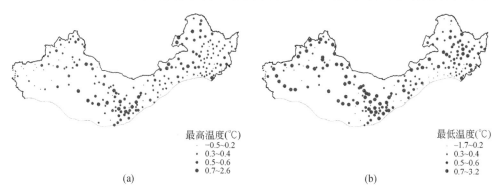

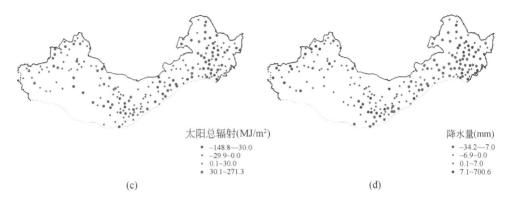

太阳总辐射(MJ/m²)
- −148.8~−30.0
- −29.9~0.0
- 0.1~30.0
- 30.1~271.3

(c)

降水量(mm)
- −34.2~−7.0
- −6.9~0.0
- 0.1~7.0
- 7.1~700.6

(d)

图6-36 我国北方一作区马铃薯生长季内气候资源时间演变趋势空间分布

（a）最高温度，（b）最低温度，（c）太阳总辐射，（d）降水量

省北部及内蒙古西部；1981～2019年研究区域内马铃薯生长季内太阳总辐射整体呈下降趋势，以每10年0.43MJ/m²的速率下降，下降较快的区域主要分布在内蒙古中部和东北三省的西部；1981～2019年研究区域内马铃薯生长季内降水量整体呈下降趋势，以每10年0.38mm的速率下降，下降较快的区域主要分布在内蒙古东部、黑龙江省东部和吉林省西部。

6.2.2 不同生产水平下马铃薯产量潜力分布

基于APSIM-Potato模型模拟研究区域内不同生产水平下马铃薯产量潜力。本小节使用APSIM-Potato模型将马铃薯发育进程分为8个生育期7个生育阶段，包括播种、发芽、出苗、花芽分化、块茎形成、开花、衰老和成熟。除发芽到出苗阶段主要由播种深度、芽伸长速率和土壤温度决定外，其他各生育阶段长度都由热时数（thermal time）控制。模型中生物量累积是根据每天截获的太阳辐射量和光能利用效率来计算的，并综合考虑水分和氮素胁迫对生物量累积的影响。产量基于模型内部的分配系数进行模拟。已有研究表明APSIM−Potato模型可以有效模拟我国北方马铃薯生长发育进程及产量形成（Tang et al.，2018a；李扬等，2018）。基于前人研究结果，选用区域主栽品种"克新一号"模拟我国北方一作区不同生产水平下马铃薯的产量潜力，具体品种参数及参数化过程见Tang等（2018），验证后的模型对马铃薯生育阶段天数模拟的均方根误差在3天以内，可以反映马铃薯生物量80%～90%的变异（Tang et al.，2018a；李扬等，2018）。不同生产水平下马铃薯产量潜力的定义及影响因素如表6-14所示（孙爽等，2021）。

表 6-14　不同生产水平下马铃薯产量潜力定义及影响因素

生产水平	产量层次	影响因素	意义
潜在生产水平	光温产量潜力 Y_p	辐射、温度	作物产量的上限
雨养潜在生产水平	气候产量潜力 Y_{cp}	辐射、温度、降水	没有灌溉条件地区作物产量的上限
气候–土壤潜在生产水平	气候–土壤产量潜力 Y_{csp}	辐射、温度、降水、土壤	当地气候资源和土壤因素决定的产量

基于不同生产水平下马铃薯产量潜力的定义，模型模拟情景设置如表 6-15 所示。研究选用 APSIM-Potato 7.6 版本进行模拟。播期设置基于研究区域内农业气象试验站数据，利用 ArcGIS 中反距离插值工具并结合物候定律（龚高法和简慰民，1983；程雪等，2020）插值到研究区域内 234 个气象站点中。播种密度设置为每平方米 10 株，行距为 50cm，播种深度为 12cm。在光温产量潜力模拟过程中，充分施肥和灌溉，土壤设置为适宜土壤。研究中某站点适宜土壤的确定过程如下：将研究区域内各站点土壤数据集分别输入到调参验证后的 APSIM-Potato 模型内，模拟该站点在不同土壤环境下的光温产量潜力，以模型输出的光温产量潜力最高为原则，将该产量最高情景下的土壤参数确定为站点的适宜土壤（Zhao and Yang，2018）；在气候产量潜力模拟过程中，水分模块设置为雨养（无灌溉），播期、施肥、播深、行距等措施及土壤模块的设置与光温产量潜力一致；在气候–土壤产量潜力模拟过程中，品种设置、水分模块设置及播期施肥等管理模块设置与气候产量潜力模拟时一致，土壤模块输入实际土壤数据。

表 6-15　不同生产水平下马铃薯产量潜力模拟情景设置

产量层次	品种	土壤	管理	
			灌溉	施肥
光温产量潜力 Y_p	克新一号	适宜	充分	充分
气候产量潜力 Y_{cp}	克新一号	适宜	雨养	充分
气候–土壤产量潜力 Y_{csp}	克新一号	实际	雨养	充分

基于 1981~2019 年气象数据、土壤数据及作物数据，结合 APSIM–Potato 模型，明确了我国北方一作区马铃薯在光温生产水平下、光温水生产水平下及光温水土生产水平下产量潜力空间分布特征，如图 6-37 所示。由图可以看出，潜在生产水平下我国北方一作区马铃薯光温产量潜力由东北到西南逐渐升高，产量潜力变化范围为 25634~49281kg/ha，平均 34824kg/ha；光温水生产水平下马铃薯

气候产量潜力由西南到东北逐渐升高，产量潜力变化范围为 230～45559kg/ha，平均为 16434kg/ha；光温水土生产水平下马铃薯产量潜力由西南到东北逐渐升高，产量潜力变化范围为 151～35243kg/ha，平均为 11208kg/ha。

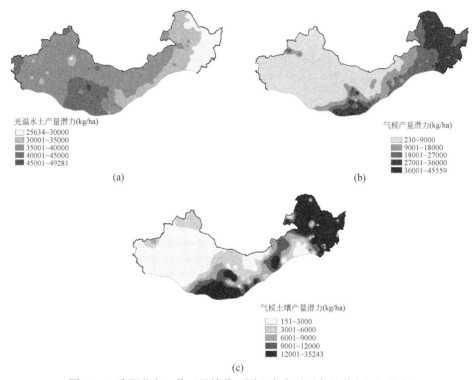

图 6-37　我国北方一作区马铃薯不同生产水平下产量潜力空间分布

不同生产水平下我国北方一作区马铃薯产量潜力时间变化如图 6-38 所示。由图可以看出，在品种不变的条件下，各生产水平下马铃薯产量潜力均呈显著下降趋势，其中光温产量潜力、气候产量潜力和光温水土产量潜力分别以每 10 年 190kg/ha、400kg/ha 和 490kg/ha 的速率下降。

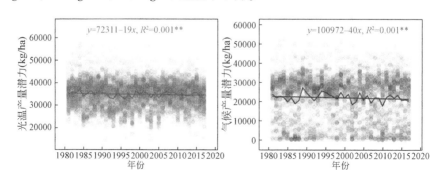

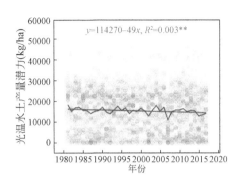

图 6-38　我国北方一作区马铃薯不同生产水平下产量潜力时间变化

基于研究区域内站点分布，干旱半干旱区选取武川为代表站点，半湿润区选取海伦为代表站点，基于气象资料、生育期资料及土壤资料，结合 APSIM-Potato 模型，在模型内设置不同的播期窗口，以农气站及文献收集到的数据确定的当地普遍播种期作为基准播期，在基准播期基础上分别提前 10 天、提前 5 天、延迟 5 天和延迟 10 天播种，选用中熟品种"克新一号"，水分模块设置为雨养（无灌溉）。

6.2.3　不同播期窗口下马铃薯气候资源高效利用

利用公式评价不同播期窗口下的光能利用效率，选择作物模型里常用的逐日热时数（thermal time）作为热量资源的评价指标。水分利用效率主要考虑降水的水分利用效率。

$$RUE = \frac{Y}{\sum Q} \tag{6-15}$$

$$HUE = \frac{Y}{\sum \Delta TT} \tag{6-16}$$

$$WUE = \frac{Y}{P} \tag{6-17}$$

式中，RUE 为光能利用率（radiation use efficiency）（kg/MJ）；Y 为不同生产水平下马铃薯单产，通过 APSIM-Wheat 模型模拟得到（kg/hm^2）；$\sum Q$ 为马铃薯生长季内太阳光合有效辐射单位面积截获量，取太阳总辐射的 50%；HUE 为热量资源利用效率（heat use efficiency，单位为 kg/[（℃·d）·hm^2]）；$\sum \Delta TT$ 为马铃薯生长季内逐日热时数（ΔTT）的累计值（℃·d）；P 为马铃薯生长季内降水量（mm）。

基于上述研究方法，得到武川和海伦试验站不同播期窗口下产量、光能利用效率、热量资源利用效率和水分资源利用效率。对于武川试验站而言，在基准播期基础上晚播 10 天产量提升最显著，资源利用效率提升比例也最大，其中光能利用效率、热量资源利用效率和水分利用效率较基准播期模拟情景相比分别提升 11%、8% 和 4%，可见，对于干旱半干旱区而言，推迟播种是应对气候变化、提高资源利用效率的有效途径（图 6-39）。

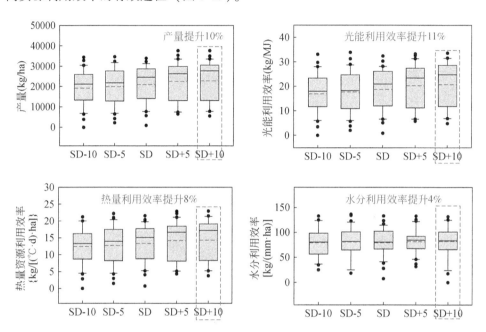

图 6-39　不同播期窗口下武川试验站气候资源利用效率

注：SD-10、SD-5 分别表示基准播期提前 10 天、5 天；SD 为基准播期；SD+5、
SD+10 分别表示基准播期延迟 5 天、10 天

对于海伦试验站而言，在基准播期基础上早播 10 天产量提升最显著，资源利用效率提升比例也最大，其中光热量资源利用效率和水分利用效率较基准播期模拟情景相比分别提升 3% 和 6%，而光能利用效率降低 2%。可见，对于半湿润区而言，提前播种是应对气候变化、提高资源利用效率的有效途径（图 6-40）。

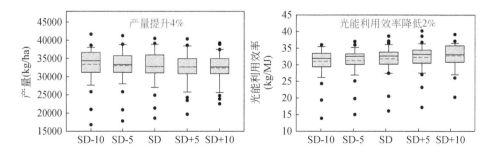

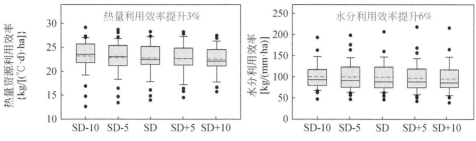

图 6-40　不同播期窗口下海伦试验站气候资源利用效率

注：SD-10、SD-5 分别表示基准播期提前 10 天、5 天；SD 为基准播期；SD+5、

SD+10 分别表示基准播期延迟 5 天、10 天

在上述研究工作基础上，综合考虑播期和品种的耦合效应以及地膜覆盖等措施，明确其对马铃薯产量及气候资源利用效率的影响。

6.3　北方一作区马铃薯高产稳产趋利避害种植布局

6.3.1　不同生产水平下马铃薯高产区和稳产区分布

（1）不同生产水平下马铃薯高产区和稳产区时空变化特征

产量是反映作物种植环境与其生长所需环境条件符合程度的综合指标（于振文，2003；Zhao and Yang，2019）。本小节综合考虑产量潜力的高产性和稳产性，高产区划分以 1981～2019 年研究区域各站点马铃薯产量平均值作为区划指标，研究时段内某站点产量平均值越高，表明该站点的产量水平越高，高产性越好；稳产区划分以马铃薯产量变异系数作为区划指标。其中变异系数是标准差与平均值的比值，可用来反映某要素相对于该要素平均值的整体离散程度，变异系数越大，表明波动程度越大，越不稳定（刘健和蒋建莹，2014）。

采用累积概率法对研究区域不同生产水平下马铃薯产量潜力平均值及变异系数进行等级划分。累积概率指变量大于某一下限值出现的次数与总次数的比值（施能，1995）。以马铃薯产量平均值和产量变异系数累积概率 50% 为划分标准，将研究区域划分为 4 个亚区，分别为高产高稳区，高产低稳区、低产高稳区和低产低稳区（孙爽等，2021）。

以不同生产水平下马铃薯产量潜力平均值为高产性评价指标，以产量潜力变异系数为稳产性评价指标，计算研究区域内马铃薯光温产量潜力、气候产量潜力和气候–土壤产量潜力累积概率，如图 6-41 所示。以累积概率为 50% 的数值作为高产区和稳产区划分标准，得到在潜在生产水平下，高产区划分标准为 35124kg/ha，稳产区划分标准为 9.5%；在雨养潜在生产水平下，高产区划分标准为 17783kg/ha，稳产区划分标准为 45.1%；在气候-土壤潜在生产水平下，高产区划分标准为 10329kg/ha，稳产区划分标准为 37.2%。由图可以看出，对比不同生产水平下马铃薯产量潜力，较气候产量潜力和气候-土壤产量潜力相比，光温产量潜力年际间差异较小，分布较为集中。

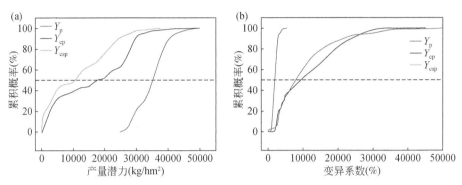

图 6-41　不同生产水平下马铃薯产量潜力平均值（a）及变异系数（b）累积概率分布

基于高产区和稳产区区划指标和区划标准，得到不同生产水平下研究区域内马铃薯高产区和稳产区空间分布特征，如图 6-42 和表 6-16 所示。可以看出，潜在生产水平下北方一作区马铃薯高产区和高稳区主要分布在新疆、内蒙古西部、青海西北部、甘肃西北部及宁夏北部，分别占研究区域总面积的 66%（3.31×10⁶km²）和 62%（3.10×10⁶km²）；雨养潜在生产水平下北方一作区马铃薯高产区和高稳区主要分布在黑龙江、吉林、内蒙古东部、辽宁北部、河北北部、山西北部、甘肃南部及青海东南部，分别占研究区域总面积的 34%（1.69 ×10⁶km²）和 29%（1.43×10⁶km²）；气候-土壤潜在生产水平下北方一作区马铃薯高产区主要分布在黑龙江、吉林、内蒙古东北部、甘肃南部及青海南部地区，占研究区域总面积的 31%（1.53×10⁶km²），高稳区主要分布在黑龙江、吉林、内蒙古东北部及甘肃西北部，占研究区域总面积的 25%（1.27×10⁶km²）。

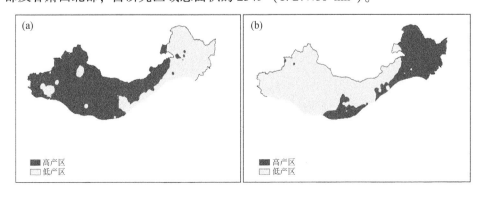

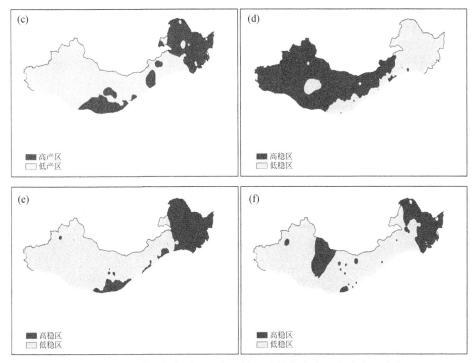

图 6-42　不同生产水平下北方一作区马铃薯高产区和稳产区分布

（a）潜在生产水平高产区，（b）雨养潜在生产水平高产区，（c）气候–土壤潜在生产水平高产区，
（d）潜在生产水平稳产区，（e）雨养潜在生产水平稳产区，（f）气候–土壤潜在生产水平稳产区

表 6-16　不同生产水平下研究区域马铃薯高产区和稳产区面积及比例

区域	潜在生产水平		雨养潜在生产水平		气候–土壤潜在生产水平	
	面积 （×10⁶km²）	比例 （%）	面积 （×10⁶km²）	比例 （%）	面积 （×10⁶km²）	比例 （%）
高产区	3.31	66	1.69	34	1.53	31
低产区	1.69	34	3.30	66	3.47	69
高稳区	3.10	62	1.43	29	1.27	25
低稳区	1.90	38	3.57	71	3.73	75

　　基于高产区的评价指标和划分标准，得到 1981～2019 年研究区域逐年高产站点和低产站点与总站点的比例，分析高产站点比例和低产站点比例随时间的变化趋势，即可得到过去 39 年研究区域内马铃薯高产区的时间演变特征；基于稳产区的评价指标，在 1981～2019 年选取 15 年为一个时间窗口（Leng，2017），得到 25 个时间序列（1995～2019 年）的变异系数，结合稳产区划分标准，得到

25 个时间序列，即 1995 ~ 2019 年逐年高稳站点和低稳站点与总站点的比例，分析高稳站点比例和低稳站点比例随时间的变化趋势，即可得到研究区域内马铃薯稳产区的时间演变特征。

　　基于高产区和稳产区区划指标和区划标准，得到不同生产水平下研究区域内马铃薯高产区和稳产区时间演变趋势，如图 6-43 所示。由图可以看出，各生产水平下北方一作区马铃薯高产站点比例均呈下降趋势，潜在生产水平、雨养潜在

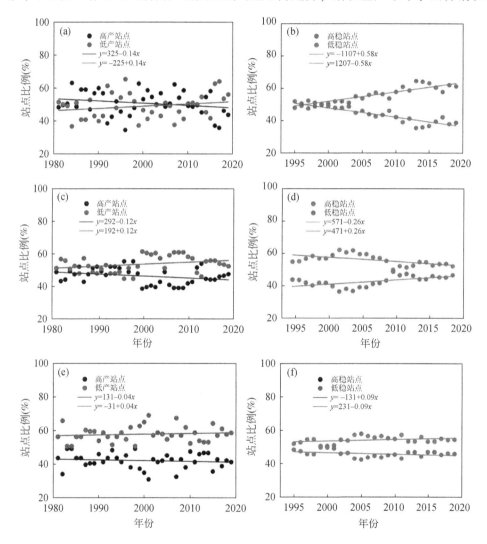

图 6-43　不同生产水平下北方一作区马铃薯高产区和稳产区时间变化
（a）潜在生产水平高产区，（b）潜在生产水平稳产区，（c）雨养潜在生产水平高产区，（d）雨养潜在生产水平稳产区，（e）气候–土壤潜在生产水平高产区，（f）气候–土壤潜在生产水平稳产区

生产水平及气候-土壤潜在生产水平下高产站点比例分别以每10年1.4%、1.2%和0.4%的速率下降；潜在生产水平及气候-土壤潜在生产水平下高稳站点比例每10年分别以5.8%和0.9%的速率升高，且潜在生产水平下高稳站点比例变化趋势达到0.001显著性水平，而雨养潜在生产水平下高稳站点比例每10年以2.6%的速率下降，达到0.05显著性水平。

由此可见，随着限制因素的增加，研究区域内马铃薯高产区和高稳区面积比例逐渐降低，潜在生产水平下高产区和高稳区面积比例均高于60%，而雨养潜在生产水平和气候-土壤潜在生产水平下高产区和高稳区比例均低于35%；1981～2019年不同生产水平下研究区域马铃薯高产区比例呈下降趋势，除雨养潜在生产水平下马铃薯稳产区比例呈下降趋势外，潜在生产水平和气候-土壤潜在生产水平下马铃薯稳产区比例呈上升趋势。

（2）不同生产水平下马铃薯高产稳产区分布

基于高产区和稳产区区划指标和区划标准，将研究区域划分为4个亚区，分别为高产高稳区、高产低稳区、低产高稳区和低产低稳区，空间分布及各亚区面积比例如图6-44和表6-17所示。由图可以看出，潜在生产水平下北方一作区马铃薯高产高稳区主要分布在新疆北部、内蒙古西部、甘肃西北部、宁夏北部及青海中部，占研究区域总面积的40%（1.99×10⁶km²）；气候潜在生产水平下北方一作区马铃薯高产稳产区主要分布在黑龙江、吉林、辽宁北部及内蒙古东北部，占研究区域总面积的25%（1.26×10⁶km²）；气候-土壤潜在生产水平下北方一作区马铃薯高产稳产区主要分布在黑龙江、吉林及内蒙古东北部，占研究区域总面积的13%（0.65×10⁶km²）。

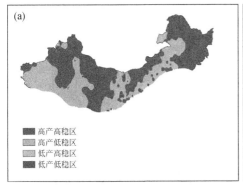
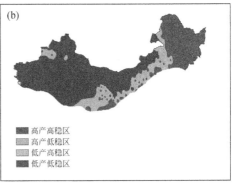

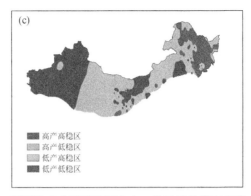

图 6-44　不同生产水平下我国北方一作区马铃薯高产稳产区分布
（a）潜在生产水平，（b）雨养潜在生产水平，（c）气候-土壤潜在生产水平

表 6-17　不同生产水平下研究区域马铃薯高产稳产区面积及比例

区域	潜在生产水平		雨养潜在生产水平		气候-土壤潜在生产水平	
	面积 （×10⁶km²）	比例 （%）	面积 （×10⁶km²）	比例 （%）	面积 （×10⁶km²）	比例 （%）
高产高稳区	1.99	40	1.26	25	0.65	13
高产低稳区	1.21	24	0.42	8	0.71	14
低产高稳区	0.68	14	0.41	8	1.63	33
低产低稳区	1.11	22	2.91	58	2.010	40

　　需重点关注研究中高产低稳区是潜在的高产高稳区，及时采取有效措施提升产量潜力稳产性。在潜在生产水平下，高产低稳区主要分布在新疆皮山-阿拉尔-塔中一带、青海茫崖-大柴旦一带和兴海-达日一带、内蒙古呼和浩特-化德-西乌珠穆沁旗一带，占研究区域总面积的24%（1.21×10⁶km²）；在雨养潜在生产水平下，高产低稳区主要分布在内蒙古呼和浩特-集宁-巴林左旗-赤峰一带及青海省达日一带，占研究区域总面积的8%（0.42×10⁶km²）；在气候-土壤潜在生产水平下，高产低稳区主要分布在内蒙古图里河-海拉尔一带、那仁宝力格-锡林浩特一带、四子王旗-呼和浩特-集宁一带和青海玉树-达日一带，占研究区域总面积的14%（0.71×10⁶km²）。

　　综上所述，随着限制因素的增加，研究区域内马铃薯高产高稳区面积比例逐渐降低，气候-土壤潜在生产水平下高产高稳区面积比例仅占研究区域总面积的13%；高产低稳区是潜在的高产高稳区，潜在生产水平下比例最高（24%），雨养潜在生产水平下比例最低（8%）；气候-土壤潜在生产水平下低产高稳区面积比例最高（33%）；雨养潜在生产水平下低产低稳区面积比例最高（58%），潜在生产水平下比例最低（22%）。

（3）降水和土壤因素对马铃薯高产区和稳产区影响

基于不同生产水平下马铃薯产量潜力定义及影响因素，分别比较不同层次马铃薯产量潜力平均值和变异系数的差异，即可反映出不同影响因素对马铃薯产量高产性和稳产性的影响程度。其中，通过对比分析光温产量潜力平均值和变异系数与气候产量潜力平均值和变异系数的差异，得到降水对马铃薯产量高产性和稳产性的影响；通过对比分析气候产量潜力平均值和变异系数与气候-土壤产量潜力平均值和变异系数的差异，得到土壤对马铃薯产量高产性和稳产性的影响。

基于上述高产稳产区划分，通过对比 1981～2019 年研究区域内潜在生产水平与雨养潜在生产水平、雨养潜在生产水平与气候-土壤潜在生产水平下马铃薯高产区和稳产区的差异，即可明确由于降水和土壤因素影响导致其高产性和稳产性下降的区域及影响程度，具体如图 6-45 所示。图 6-45（a）为北方一作区马铃薯由于降水和土壤条件限制的高产性降低的区域分布，由图可以看出，由于降水条件的限制，马铃薯高产性降低的区域主要分布在新疆、内蒙古西部、青海北部、甘肃北部及宁夏北部，该区域内由于降水条件的限制，使得马铃薯产量降低了 18425kg/hm^2；由于土壤条件的限制，马铃薯高产性降低的区域主要分布在内蒙古中部、辽宁西北部、河北北部及陕西东部，该区域内由于土壤条件的限制，使得马铃薯产量降低了 9211kg/hm^2。

图 6-45（b）为北方一作区马铃薯由于降水和土壤条件限制的稳产性降低的区域分布，由图可以看出，由于降水条件的限制，马铃薯稳产性降低的区域主要分布在新疆、内蒙古西部、青海北部、甘肃北部及宁夏北部，该区域内由于降水条件的限制，使得马铃薯产量变异系数增加了 53.9%，产量稳定性下降；由于土壤条件的限制，马铃薯稳产性降低的区域主要分布在内蒙古东部、黑龙江西南部、吉林西部、辽宁西北部、河北北部、山西西北部、甘肃南部及青海东南部，该区域内由于土壤条件的限制，使得马铃薯产量变异系数增加了 23.7%，产量稳定性下降。

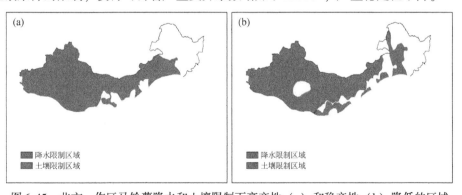

图 6-45 北方一作区马铃薯降水和土壤限制下高产性（a）和稳产性（b）降低的区域

综上所述可以看出，降水对马铃薯高产性和稳产性的限制区域主要分布在研究区域的西部，包括新疆、内蒙古西部、甘肃北部、青海北部和宁夏北部，土壤对马铃薯高产性和稳产性的限制区域主要分布在内蒙古东部、辽宁西北部及河北北部地区，且降水对马铃薯高产性和稳产性的影响大于土壤因素。

6.3.2　马铃薯优化种植布局

基于上述研究结果，以高稳系数为区划指标，计算方法如公式（6-18）所示，根据适宜性划分指标，采用累积频率法对马铃薯不同生产水平下产量适宜性进行等级划分，明确了不同生产水平下我国北方一作区马铃薯优势种植分区，结果如表 6-18 和图 6-46 所示。

$$\mathrm{HSC}_i = \frac{\overline{x}_i - S_i}{\overline{x}} \tag{6-18}$$

式中，HSC_i 为研究时段内某站点 i 的高稳系数；$\overline{x}_i$ 为某站点 i 的平均产量；S_i 为对应站点研究时段内的产量标准差；$\overline{x}$ 为研究时段内研究区域所有站点产量的平均值。

表6-18　马铃薯产量潜力适宜性等级划分标准

适宜性分区	累积频率
最适宜区	<25
适宜区	25 ~ 50
次适宜区	50 ~ 75
低适宜区	75 ~ 100

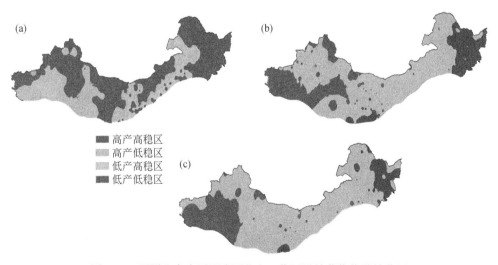

图 6-46　不同生产水平下我国北方一作区马铃薯优势种植分区
（a）潜在生产水平，（b）雨养潜在生产水平，（c）气候–土壤潜在生产水平

研究结果表明，光温生产水平下最适宜区主要分布在青海及甘肃北部，占研究区域总土地面积的 28%，适宜区主要分布在新疆、内蒙古西部及甘肃中部地区，占研究区域总土地面积的 39%；由表 6-19 可以看出，光温水生产水平下最适宜区主要分布在黑龙江及吉林，占研究区域总土地面积的 13%，适宜区主要分布在内蒙古东部、河北北部及山西北部，占研究区域总土地面积的 22%。光温水土生产水平下的最适宜区主要分布在黑龙江及吉林东北部，占研究区域总土地面积的 8%，适宜区主要分布在吉林南部和西部及内蒙古东部，占研究区域总土地面积的 28%；且随着限制因素的增加，研究区域内最适宜区分布比例逐渐降低，次适宜区分布比例逐渐增加。

表 6-19　不同生产水平下研究区域马铃薯不同适宜性分区面积及比例

| | 潜在生产水平 | | 雨养潜在生产水平 | | 气候-土壤潜在生产水平 | |
	面积 （×10⁴km²）	比例 （%）	面积 （×10⁴km²）	比例 （%）	面积 （×10⁴km²）	比例 （%）
最适宜区	139.08	28	64.64	13	41.38	8
适宜区	194.06	39	107.56	22	137.95	28
次适宜区	91.53	18	220.65	44	233.90	47
低适宜区	74.99	15	106.80	21	86.42	17

通过 R 软件中的"relweight"包，解析各个气候因子及土壤因素对多元回归总解释量的贡献，从而区分各个影响因子对马铃薯优势种植分区（高稳系数）的相对影响，揭示了不同生产水平下马铃薯优势种植分区的主要影响因素，结果如图 6-47 所示。由图 6-47（a）可以看出，光温生产水平下马铃薯优势种植分区主要影响因素为马铃薯生长季内太阳总辐射均值，其次是马铃薯生长季内太阳总辐射的变异、最低温度的平均值；由图 6-47（b）可以看出，光温水生产水平下的优势种植分区，马铃薯生长季内降水量的影响最大，其次是马铃薯生长季内太阳总辐射均值和最高温度均值；由图 6-47（c）可以看出，光温水土生产水平下，马铃薯生长季内降水量的影响最大，其次是 0~30cm 土壤田间持水量和调萎系数。其中，马铃薯生长季内各气候因素均值对马铃薯优势种植分区的影响大于其变异的影响，土壤因素的影响表现为田间持水量影响最大，其次为凋萎系数，土壤容重影响最小。

本研究基于 APSIM-Potato 模型，以马铃薯产量潜力为研究指标分析了我国北方一作区马铃薯高产稳产区的变化。产量潜力模拟时没有考虑品种更替对马铃薯产量的提升作用，选用区域内主栽品种来反映作物长期对区域环境的适应性，以避免品种更替带来的年代间产量的突变。模拟中选用前人基于内蒙古武川试验站的马铃薯"克新一号"品种参数数据，利用参数本土化后的 APSIM-Potato 模型

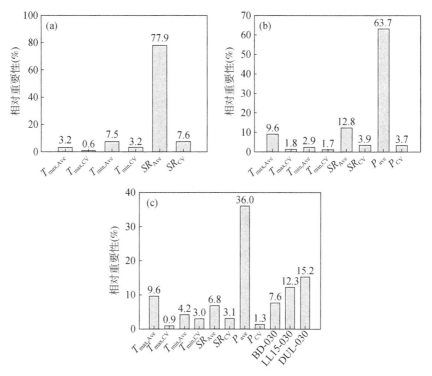

图 6-47　气候因子及土壤对不同生产水平下马铃薯优势种植分区的影响

进行模拟（Tang et al.，2018a）。在不同生产水平下马铃薯产量潜力的模拟时，模型内播期的确定是基于农业气象试验站资料的平均值，并利用反距离插值法结合物候定律的方法插值到各气象站点，未考虑不同年型下马铃薯适宜播期的变化（Tang et al.，2018b）。此外，产量潜力的模拟时没有考虑 CO_2 的肥效作用和栽培技术措施及耕作措施对马铃薯产量的影响，如我国华北和西北马铃薯主产区多为干旱半干旱地区，地膜覆盖（Wang et al.，2009；Hou et al.，2010）、免耕覆盖（侯贤清和李荣，2015）等栽培模式广泛应用，以上均需以后进一步修正与完善。

　　研究中的区划结果综合考虑了产量的高产性和波动性，研究指标与方法已应用于小麦、玉米等作物的区划研究（Zhao and Yang，2018；孙爽等，2015）。本研究基于农业资源角度，明确了不同资源限制条件下我国北方一作区马铃薯高产稳产区的空间分布特征，以期为各级政府和有关部门对马铃薯生产的宏观合理布局提供科学参考。其中气候–土壤潜在生产水平下的北方一作区马铃薯高产稳产区区划结果与我国马铃薯优势区划布局规划对比可以看出，东北马铃薯优势区大部分与本研究结果中的高产高稳区吻合，而对于华北马铃薯优势区和西北马铃薯优势区部分区域为本研究结果中的高产低稳区和低产高稳区。区划结果差异原因主要在于前人研究中的布局规划综合考虑了各区域内自然资源条件、种植规模、产业化基础及产业比较优势等条件,而本研究中的区划主要考虑了农业气候资源及土壤资源,没有考虑技术、经济、政策等因素的影响。在今后的研究中将进一步收集马铃薯产业技术体系、成本收益、土地利用状况等方面数据,考虑技术、经济等因素明确不同层次下马铃薯的高产稳产分区,解析各因素对马铃薯生产的影响。

此外,在分析不同生产水平下研究区域马铃薯高产稳产区面积时,仅考虑了土地面积的变化,没有叠加土地利用数据综合分析区域内耕地面积及旱地面积,今后将进一步收集相关数据,以更好地为农业生产提供科学参考。

6.4 耦合旱涝危险性和种植潜力的河南省夏花生优化布局

6.4.1 夏花生生长季内气候资源时空分布

(1) 光照资源

夏花生生长季内总太阳辐射空间分布如图 6-48 所示:采用自然断点法分类,前期总辐射均值为 596.59MJ/m²,变化范围为 540 ~ 646MJ/m²,太阳辐射值较高的地区主要位于安阳市大部、濮阳市、新乡市中部及南部、焦作市南部以及三门峡市东北部地区,这些地区太阳辐射值介于 615 ~ 646MJ/m²,南部的南阳市、驻马店市和信阳市的大部分地区前期总辐射较低,介于 540 ~ 578MJ/m²,其余地区介于 578 ~ 615MJ/m²;中期太阳总辐射全域差别不大,均值为 1119.49MJ/m²,变化范围为 1096 ~ 1142MJ/m²,在数值上明显高于前期且分布范围与前期相比差别较大;中期太阳总辐射高值区主要分布在信阳市和三门峡市的北部地区,辐射值介于 1130 ~ 1142MJ/m²,辐射低值区主要分布在豫北安阳、鹤壁、新乡及济源以及豫西洛阳、南阳、平顶山部分地区,辐射值介于 1096 ~ 1142MJ/m²;后期辐射均值为 442.93MJ/m²,变化范围为 424 ~ 478MJ/m²,高值区主要分布在濮阳市和商丘市东部地区,辐射值介于 453 ~ 478MJ/m²,低值区位于豫西三门峡、洛阳以及南阳部分地区,辐射值介于 424 ~ 436MJ/m²;全生长季辐射均值为 2159.01MJ/m²,变化范围为 2051 ~ 2306MJ/m²,高值区介于 2190 ~ 2306MJ/m²,主要分布在濮阳市,低值区主要分布南阳市、驻马店市和信阳市部分地区,辐射值介于 2051 ~ 2133MJ/m²。综上,生长前期和全期辐射值由南向北递增,生长中期太阳辐射总体表现为由西北向东南递增,差异不大;后期辐射高值区分布在豫东和豫北,低值区分布在豫西以及南阳西部地区。

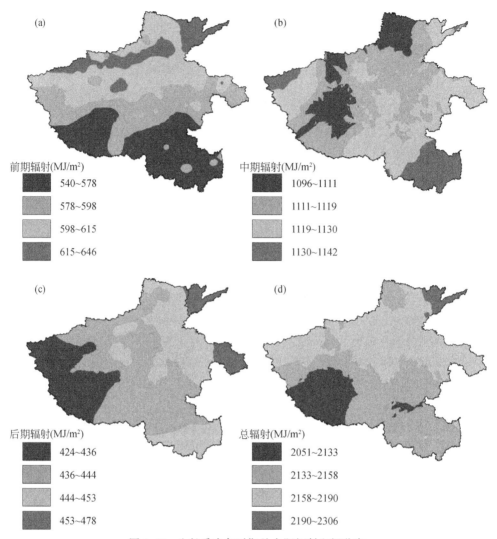

图 6-48　生长季内各时期总太阳辐射空间分布

　　夏花生生长季内各时期总太阳辐射倾向率分布如图 6-49 所示，生长前期辐射倾向率均值为-18.8MJ/（m² · 10a），变化范围为-49.3 ~ 9.2MJ/（m² · 10a），全域整体上前期辐射呈下降趋势，仅个别站点呈上升趋势，下降趋势明显的区域分布在豫中、豫东及豫南部分地区；中期辐射倾向率均值为-16.4MJ/（m² · 10a），变化范围为-65.3 ~ 28.7MJ/（m² · 10a），中期辐射全域整体上呈下降趋势，豫东及豫中部分地区下降趋势明显；后期辐射倾向率均值为-12.0MJ/（m² · 10a），变化范围为-24.8 ~ 1.0MJ/（m² · 10a），后期辐射整体上呈下降趋势，下降趋势明显的区域主要分布在豫中、豫东以及豫西和豫北两地的北部地区；全期辐射倾向率均值为−47.1MJ/（m²·10a），变化范围为−139.4~38.9MJ/（m²·10a），豫南南部、豫东及豫中地区下降趋势明显。综上，各时期辐射值整体上均呈现下降趋势，仅部分站点呈上升趋势，豫东及豫中部分地区在各时期辐射下降趋势均较为明显。

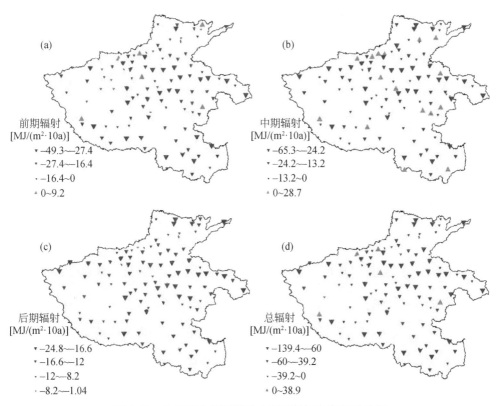

图 6-49　生长季内各时期总太阳辐射倾向率空间分布

（2）热量资源

夏花生生长季各时期累积热时数分布如图 6-50 所示：前期热时数均值为486.2℃·d，变化范围为 368~506℃·d，高值区位于豫北、豫中和豫东部分地区，低值区分布在豫西以及豫南地区；中期热时数均值为1041.0℃·d，变化范围为 885~1066℃·d，高值区分布在豫西和豫南信阳部分地区以外的河南大部分区域，热时数低值区分布在豫西以及豫南信阳小部分地区；后期热时数平均值为369.0℃·d，变化范围为 270~407℃·d，高值区主要分布在豫南地区，低值区分布在豫西地区；全生长季热时数平均值为 1896.2℃·d，变化范围为 1547~1967℃·d，高值区主要分布在豫北、豫南和豫东部分地区。全生长季热时数低值区分布范围与各生长时期一致，均分布在豫西地区。综上，各时期热时数低值区均分布在豫西地区。生长前期和中期热时数高值区分布范围类似，中期豫南地区热时数有所增加，后期热时数与前期和中期相比差异较大，高值区主要分布在豫南地区，生长季内热时数高值区分布在豫北、豫南以及豫东三地部分地区。

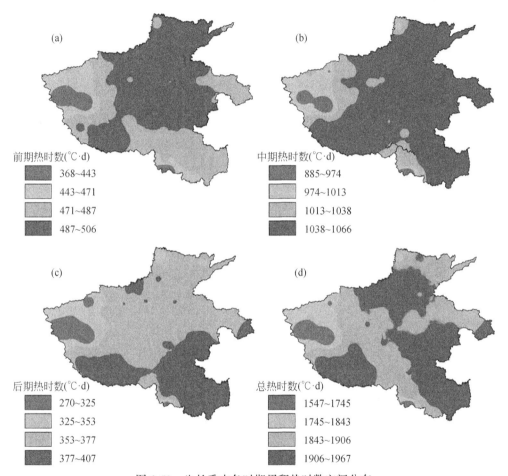

图 6-50　生长季内各时期累积热时数空间分布

夏花生生长季内各时期热时数倾向率变化如图 6-51 所示，前期热时数倾向率均值为 7.1℃·d/10a，变化范围为 2.1~12.7℃·d/10a，热时数呈明显上升的区域分布在豫中、豫西及豫东部分地区；中期热时数倾向率均值为 3.5℃·d/10a，变化范围为 -12.4~19.1℃·d/10a，热时数呈明显上升的区域分布在豫西以及南阳市，热时数呈下降趋势的区域主要分布在豫南信阳以及驻马店区域；后期热时数倾向率均值为 7.4℃·d/10a，变化范围为 -0.5~16.7℃·d/10a，热时数呈明显上升的区域分布在豫北、豫东、豫中北部；全期热时数倾向率均值为 41.7℃·d/10a，变化范围为 15.9~91.2℃·d/10a，热时数呈明显上升的区域主要分布在豫中、豫东及豫西三地部分地区。综上，各个时期以及全期热时数整体上均呈上升趋势，仅中期豫南部分地区热时数呈下降趋势。

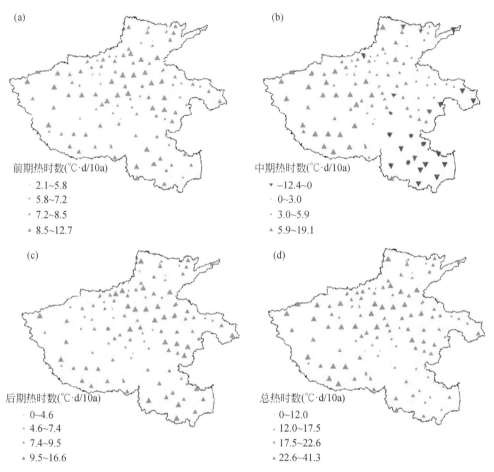

图 6-51　生长季内各时期热时数倾向率空间分布

（3）水分资源

河南省夏花生生长季内总降水空间分布如图 6-52 所示。前期总降水均值为87.9mm，变化范围为 58.8～180.1mm，降水高值区分布在豫南信阳地区，降水量介于 131.6～180.1mm，低值区分布在豫北，以及豫西、豫中和豫南三地北部地区，降水量介于 58.8～78.8mm；中期总降水均值为 328.5mm，变化范围为194.8～471.3mm，全域降水较前期有明显增加，豫南、豫东以及豫中南部三地大部分地区的降水量介于 302.2～471.3mm，其余地区降水量在 194.8～302.2mm；后期总降水均值为 83.2mm，变化范围为 52.4～112.8mm，全域降水与前期和中期相比明显下降，除豫西及豫南部分地区降水在 90～112.8mm 外，

其余地区总降水均低于 90mm；全生长季总降水均值为 461mm，变化范围为
342.4~735.6mm，降水量分布与前期和中期类似，降水高值区分布在豫南驻马
店和信阳地区，降水量在 521.3mm 以上，信阳南部地区降水量介于 593.7~
735.6mm，降水偏多。低值区主要分布在豫北、豫西、豫中北部。综上，在整个
夏花生生长季内，中期降水量最多，前期次之，后期最少，前期、中期和全期降
水均为由西北向东南递增，后期豫西及豫南部分地区降水较多。

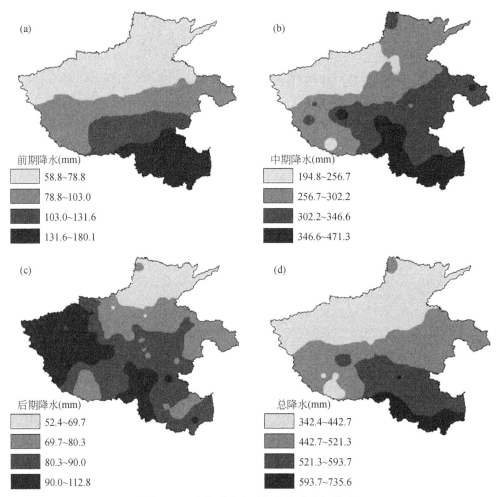

图 6-52　生长季内各时期总降水空间分布

夏花生生长季各时期总降水倾向率空间分布如图 6-53 所示，前期降水倾向
率均值为 1.1mm/10a，变化范围为-8.6~13.2mm/10a，整体上呈上升趋势，降
水呈下降趋势的地区主要分布在豫北、豫中以及豫东开封地区，呈上升趋势的地

区主要分布在豫北焦作市、豫西以及豫南和豫东周口地区；中期降水倾向率均值为-11.4mm/10a，变化范围为-57.9～26.0mm/10a，整体上呈下降趋势，仅豫北以及豫东商丘部分地区呈上升趋势；后期降水倾向率均值为 1.4mm/10a，变化范围为-12.5～10.0mm/10a，整体上呈上升趋势，豫北、豫西和豫中地区降水呈上升趋势，豫南和豫东呈下降趋势。全期降水倾向率均值为-8.9mm/10a，变化范围为-61.5～34.5mm/10a，全生长季内豫北部分地区、豫东商丘地区降水呈明显上升趋势，其余地区降水整体呈下降趋势。综上，整体上前期和后期降水呈上升趋势，中期及全期降水呈下降趋势，前期豫北和豫中两地部分地区降水呈下降趋势，中期除豫北及豫东商丘部分地区外，其他地区均呈下降趋势；后期豫南地区和豫东开封周口降水呈下降趋势，其他地区呈上升趋势；全期豫北、豫东商丘降水呈上升趋势，其他区域整体呈下降趋势。

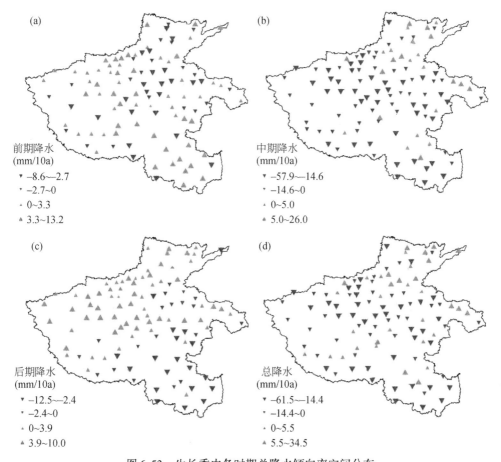

图 6-53　生长季内各时期总降水倾向率空间分布

6.4.2　夏花生干旱涝渍危险性评价

（1）夏花生生长季内干旱涝渍频次时空分布

夏花生各时期各等级干旱频次分布如图 6-54 所示，从干旱等级来看，夏花生在生长各时期轻旱 ［图 6-54（a）、（e）、（i）］ 和中旱 ［图 6-54（b）、（f）、（j）］ 的发生频次均较低，轻旱在 5 次以下，中旱在 10 次以下；而重旱 ［图 6-54（c）、（g）、（k）］ 和特旱 ［图 6-54（d）、（h）、（l）］ 相对来说发生频次较高，重旱在中期和后期在豫北地区的发生频次在 10～15 次，特旱在前中后三个时期在豫北地区发生频次均较高，介于 15～20 次。总体上，各时期各等级干旱发生频次均表现为特旱>重旱>中旱>轻旱。从中期和后期重旱频次分布图可见，重旱高频区较为集中，重旱在豫北、豫中及豫东地区频发；各时期特旱频发区则均以豫北为中心，发生频次介于 15～20 次，小部分地区在 20 次以上，且中期特旱高频区范围最广，前期次之，后期最小。后期重旱在北部地区发生频次总体高于前期，后期特旱频次在北部整体小于前期。综上，河南省夏花生生长季内重旱和特旱发生频次较高，且在豫北、豫中及豫东部分地区频发，并且除轻旱外，其余等级干旱高频区范围在生长中期均为最广。

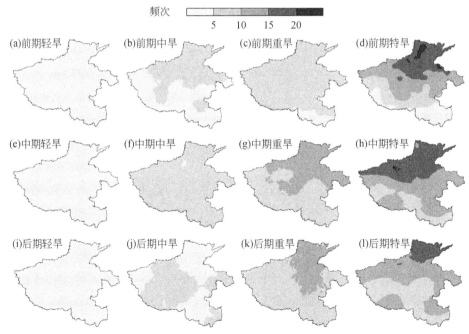

图 6-54　生长季内各时期各等级干旱频次空间分布

夏花生各时期各等级涝渍频次分布如图 6-55 所示，从涝渍等级上看，轻涝仅在中期［图6-55（e）］在河南除豫南部分地区外的其他地区发生频次较高；
中涝在各时期［图6-55（b）、（f）、（j）］在河南全域相对来说均为高频发生，
且中期中涝［图6-55（b）］频次最高，发生范围最广；重涝［图6-55（c）、
（g）、（k）］在各时期相对来说均为低频发生；特涝仅在前期［图6-55（d）］和
中期［图6-55（h）］主要在信阳市部分地区发生频次较高，后期表现为全域特
涝低频。从各时期各等级涝渍频次分布来看，与前期相比，中期轻涝和中涝在全
域发生频次均明显提高，重涝和特涝高频区范围也有所扩展。后期除中涝频次相
对较高外，其余等级涝渍在全域发生频次均较低。综上，在河南省夏花生生长季
内，中期相比于前期，轻涝和中涝频次有所提高，各等级涝渍高频区范围有所扩
展。后期各等级涝渍频率最低，高频区范围较小。特涝在前中期多发，高频区集
中分布在河南信阳地区。

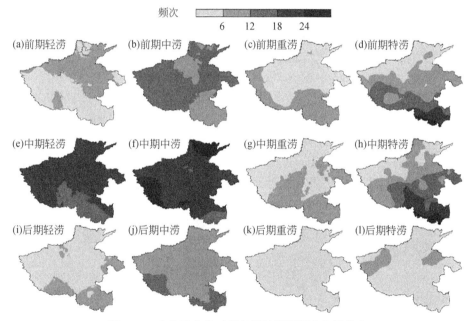

图6-55　生长季内各时期各等级涝渍频次空间分布

（2）夏花生生长季内干旱涝渍危险性指数及总危险性分布

归一化后的夏花生各时期干旱危险性指数分布如图6-56所示。从时空分布
上看，前期干旱危险性指数［图6-56（a）］均值为0.332，变化范围为0～
0.72，危险性指数高值区主要分布在豫北北部地区；中期［图6-56（b）］干旱
危险性指数均值为0.416，变化范围为0.07～1，中期豫北北部干旱有所缓解，
危险性指数高值区向豫北西部以及豫西部分地区转移，高值区范围较前期有所扩
大；后期干旱危险性指数［图6-56（c）］均值为0.225，变化范围为0.06～

0.44，较前期和中期明显降低，北方大部分地区干旱危险性指数介于 0.2 ~ 0.4，南方地区则介于 0 ~ 0.2。综上，从各时期干旱危险性指数值来看，高值区主要分布在豫北地区，中期危险性指数高值区分布范围最广，前期次之，后期干旱危险性指数值最低。

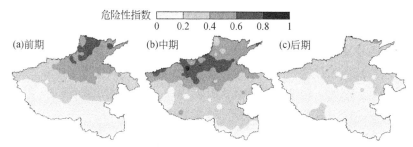

图 6-56　生长季内各时期干旱危险性指数空间分布

夏花生各时期涝渍危险性指数分布如图 6-57 所示。前期［图 6-57（a）］涝渍危险性指数均值为 0.091，变化范围在 0.01 ~ 0.62，除豫南信阳地区以外，其余地区涝渍危险性指数介于 0 ~ 0.2，信阳大部分地区危险性指数介于 0.2 ~ 0.4，西南部部分地区涝渍危险性指数介于 0.4 ~ 0.6；中期［图 6-57（b）］涝渍危险性指数均值为 0.244，变化范围在 0.07 ~ 1，北部大部分地区危险性指数介于 0 ~ 0.2，豫南、豫东以及豫中南部地区危险性指数在 0.2 以上，豫南驻马店南部和信阳北部危险性指数介于 0.4 ~ 0.6，信阳西南部分地区涝渍危险性指数在 0.6 以上；后期［图 6-57（c）］涝渍危险性指数均值为 0.017，变化范围为 0 ~ 0.04，全域危险性指数值远低于前期和中期。综上，从各时期涝渍指数值来看，高值区主要分布在豫南信阳地区，中期涝渍指数高值区分布范围最广，前期次之，后期全域涝渍指数值较低。

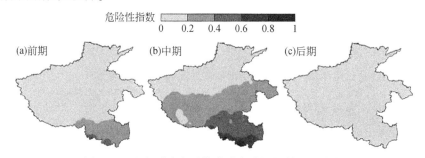

图 6-57　生长季内各时期涝渍危险性指数空间分布

关于各致灾因子在夏花生不同生长时期的影响权重问题，研究考虑了减产率这一生产因素，将其加进危险性指标的构建，研究分析了各致灾因子在不同时期的危险性指数与减产率回归所得的相关性，利用相关性大小量化各时期权重。如图 6-58 所示，干旱在前、中、后期的危险性指数与平均减产率进行回归［图 6-58（a）、（b）、（c）］所得决定系数 R^2 分别为 0.356、0.480 和 0.449，三者均达到 0.001 显著性水平。涝渍在前、中、后期的危险性指数与平均减产率进行回归分析［图 6-58（d）、（e）、（f）］所得的决定系数 R^2 分别为 0.242、0.11、0.063，其中前期和中期分别达到达到 0.001 和 0.01 显著性水平，后期由于河南省降水较少，涝渍危险性指数低，对夏花生影响较小，因此与减产率间的相关性仅达到 0.05 显著性水平。

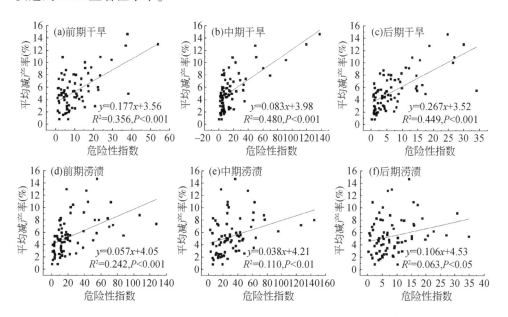

图 6-58　产量资料完整站点夏花生各时期各致灾因子危险性指数与平均减产率的回归关系

研究同时比较了分别以回归斜率 k、以回归决定系数 R^2 为权重以及不赋权重所得的全生长季总危险性与减产率的相关性（图 6-59），3 种赋权方法所得的决定系数分别为 0.663、0.680 和 0.687。均达到 0.001 显著性水平，表明本研究构建的危险性指数可以反映河南省夏花生生长季内旱涝灾害的发生情况。

3 种方法中，虽然不赋权重时所得的全生长季危险性与减产率的相关性略高，但在理论上由于作物在各时期的需水特性有差异，不同致灾因子在不同时期对作物的影响也不同，因此不赋权重在理论上有一定的局限性。而用上述回归的决定系数 R^2 和回归斜率 k 赋权时，虽然所得相关性略低于不赋权重，但三者之间没有显著差异，并且当以 R^2 为权重时所得相关性优于以 k 为权重且其最能体现夏花生的需水特性。

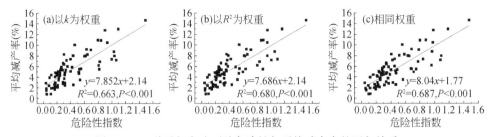

图 6-59　3 种赋权方法下总危险性与平均减产率的回归关系

以决定系数 R^2 为权重时，干旱在前、中、后各时期对总危险性的权重分别为 0.28、0.37 和 0.35。生长中期为夏花生的需水敏感期，中期发生干旱会对其产量形成产生严重影响，后期饱果期也需要充足的水分来保证花生荚果充实，苗期适当的干旱则有利于花生壮苗，可以提高其水分利用效率，促进产量水平的提高。因此，中期和后期干旱可能会对夏花生产量带来较大影响，前期干旱则相对来说影响较小，这与前人研究结果一致（厉广辉等，2014；杨晓康等，2012）。涝渍在前、中、后各时期对总危险性的权重分别为 0.58、0.27 和 0.15。涝渍主要发生在豫南信阳地区，在花生生长的前期和中期豫南信阳地区雨水较多。研究中前期涝渍权重值最大，对夏花生影响较大，体现了夏花生在苗期耐旱怕涝的特点。这与一些学者的研究一致（Bishnoi and Krishnamoorthy, 1995；Krishnamoorthy et al., 1992, 1981）。中期花生需水较多，且花生多种植在排水条件较好的砂壤土中，因此中期发生涝渍对花生产量影响相对也较小。后期降水较少，因此后期涝渍对花生产量的影响更小。综上所述，以 R^2 为权重既考虑了致灾因子在不同生长时期对花生产量造成的影响又反映了夏花生的需水特点，更为合理。综合考虑，本研究最终以 R^2 作为不同致灾因子各时期权重来计算全生长季的总危险性。

将夏花生生产因素减产率加入危险性指标构建后，采用自然断点分类方法将夏花生全生长季干旱、涝渍危险性分为 4 个分区，分别为极低危险性区、低度危险性区、中度危险性区以及高度危险性区。如图 6-60 所示，从全生长季干旱危险性 [图 6-60（a）] 空间分布上看，豫北地区、豫中北部地区、豫西北部地区、豫东北部地区危险性指数均在 0.51 以上，属于干旱中高度危险性区，其中，豫北大部分地区包括濮阳、安阳、新乡、焦作以及鹤壁部分地区属高度危险性区，危险性指数高于 0.69；全生长季涝渍危险性指数 [图 6-60（b）] 在中度危险性以上的地区集中分布在信阳、驻马店以及南阳东部地区，危险性指数值达 0.21 以上，其中涝渍高度危险性区集中分布在信阳市，指数值在 0.36 以上。

利用累积频率法将夏花生全生长季总危险性划分为 4 个等级，如图 6-61 所示，中度危险性以上的地区在河南省北部主要分布在豫北地区，以及豫中郑州、平顶山和许昌两地北部、豫东开封和豫西洛阳部分地区，在南部分布在豫南信阳

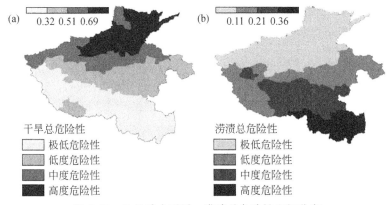

图 6-60　生长季内干旱、涝渍总危险性空间分布

地区，指数值高于 0.65，高度危险性区集中分布在豫北地区以及豫中北部，信阳市新县也属高度危险性区，这些地区指数值在 0.81 以上。由前文可知以豫北为中心的中度以上的危险性区夏花生种植危险性主要来源于干旱，而豫南信阳地区的危险性区夏花生种植危险性主要来源于涝渍，并且以豫北地区干旱主导的夏花生种植危险性大于豫南信阳地区涝渍主导的危险性。

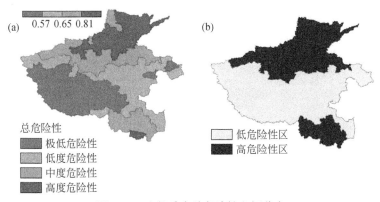

图 6-61　生长季内总危险性空间分布

　　将极低危险性和低度危险性区定义为低危险性区，中度危险性和高度危险性区定义为高危险性区。结果如图 6-61（b）所示：低危险性区集中分布在豫中和豫东两地南部、豫南的驻马店市和南阳市以及豫西地区；高危险性区主要分布在豫南的信阳市、豫北地区、豫中北部，豫西洛阳市东部以及豫东北部地区。

　　综上，河南省夏花生干旱高危险性区主要分布在豫北，豫中、豫东和豫西的部分区县，涝渍高危险性区主要分布在豫南信阳市；低危险性区主要分布在豫南驻马店和南阳、豫西三门峡和洛阳西部和南部、豫东商丘市和周口市以及豫中南部地区。

6.4.3　灌溉和雨养条件下夏花生产量潜力分布

夏花生光温及气候潜在产量空间分布如图 6-62 所示，利用 ArcMap 中的 "Zonal statistics as table" 将模拟站点的潜在产量值提取到区县上，将各区县多年模拟的潜在产量数据取均值后得到了河南省夏花生潜在产量空间分布，利用累积频率分布的方法，以 25% 为步长，将潜在产量划分为 4 个区域。光温潜在产量空间分布如图 6-62 （a） 所示，均值为 8779.8kg/ha，变化范围在 7269 ~ 21259kg/ha。其中，共有 33 个区县潜在产量在 9113.16 ~ 21259.05kg/ha，这 33 个区县主要分布在豫西三门峡市、洛阳市，以及豫南的驻马店市和信阳市；有 46 个区县潜在产量介于 8462.39 ~ 9113.16kg/ha，主要分布在豫中平顶山、许昌、漯河，以及豫南南阳、驻马店、信阳地区，豫北和豫东也有小范围分布；共有 37 个区县潜在产量介于 8074.78 ~ 8462.39kg/ha，主要分布在豫东开封、商丘和周口，郑州和南阳地区也有小范围分布；共有 42 个区县潜在产量介于 7269.22 ~ 8074.78kg/ha，主要分布在豫北安阳、鹤壁、新乡、濮阳、焦作地区。

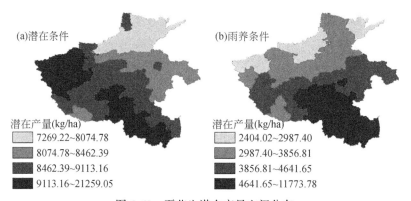

图 6-62　夏花生潜在产量空间分布

夏花生气候潜在产量空间分布如图 6-62 （b） 所示，平均值为 3929.8kg/ha，变化范围在 2404.02 ~ 11773.7kg/ha，其中共有 31 个区县潜在产量在 4641.65 ~ 11773.78kg/ha，主要分布在豫南驻马店和信阳市，南阳市东部、漯河市和周口市小部分地区也有分布；有 37 个区县潜在产量介于 3856.81 ~ 4641.65kg/ha，这些地区主要分布在南阳市、豫东商丘市和周口市以及豫中平顶山市和许昌市；有 57 个区县潜在产量介于 2987.40 ~ 3856.81kg/ha，主要分布在豫北安阳、鹤壁、新乡，豫东开封，豫中郑州以及豫西洛阳和三门峡地区；共有 33 个区县潜在产量在 2404.02 ~ 2987.40kg/ha，主要分布在豫北濮阳市、焦作市、济源市和新乡市西部，以及豫西三门峡市和豫中郑州市北部地区。

综上，河南省夏花生光温潜在产量高值区主要分布在豫西、豫中和豫南地区。低值区主要分布在豫北以及豫东地区；夏花生气候潜在产量高值区主要分布在豫东以及豫南地区，潜在产量低值区主要分布在豫西、豫中部分地区以及豫北地区。光温潜在产量与气候潜在产量相比，光温潜在产量整体高于气候潜在产量。

夏花生光温潜在产量变异系数空间分布如图6-63（a）所示，光温潜在产量变异系数的均值为0.3，变化范围为0.15~0.4，变异系数高值区主要分布在豫西三门峡市和洛阳市，豫中郑州、许昌、漯河及平顶山地区次之，豫北、豫东和豫南地区三地属于变异系数低值区；气候潜在产量变异系数空间分布如图6-63（b）所示，气候潜在产量变异系数均值为0.6，变化范围为0.37~0.99，变异系数高值区主要分布在豫西三门峡市、洛阳市和豫北焦作市；豫北其他地区、豫中、豫东以及豫南南阳市部分地区变异系数值次于上述地区，变异系数值最低的地区位于豫南驻马店以及信阳地区。

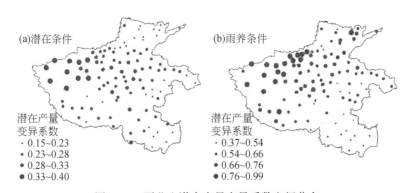

图6-63　夏花生潜在产量变异系数空间分布

两种条件下相比，潜在条件下稳产性整体上高于雨养条件，两种条件下豫西和豫中地区均属于变异系数高值区，豫西以及豫南南阳部分地区光温潜在产量的稳定性较雨养潜在产量有所提高。

夏花生光温潜在产量变化趋势空间分布如图6-64（a）所示，光温潜在产量变化均值为-16.6kg/（ha·a），变化范围为-205.5~-17.9kg/（ha·a），整体上潜在产量呈下降趋势，其中下降趋势明显的区域主要分布在豫西和豫中地区，豫北及豫南部分地区，小部分区域呈上升趋势，分布在豫北濮阳、豫东及豫南部分地区；夏花生气候潜在产量变化趋势空间分布如图6-64（b）所示，气候潜在产量变化均值为8.6kg/（ha·a），变化范围为-88.2~115.3kg/（ha·a），整体呈上升趋势，上升趋势比较明显的地区主要集中分布在豫东商丘、周口以及豫中许昌、漯河和豫南南阳部分地区。呈下降趋势的区域主要分布在豫北焦作市、豫中平顶山市、豫西三门峡市、洛阳市以及豫南信阳和南阳市部分地区。

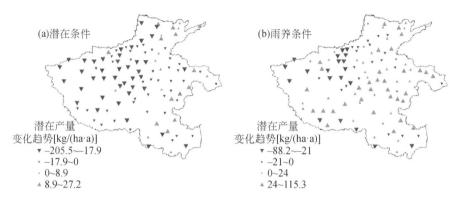

图 6-64   夏花生潜在产量变化趋势空间分布

两种条件下相比，光温潜在产量在河南省整体呈下降趋势，气候潜在产量整体呈上升趋势，豫中、豫西以及豫南三地的光温潜在产量整体呈下降趋势，而气候潜在产量整体呈上升趋势。

6.4.4   夏花生优化种植布局

以潜在产量的高稳系数作为衡量河南省夏花生种植潜力的指标，高稳系数越大，种植潜力越大。根据累积频率分布的方法，以 25% 为步长，将高稳系数划分为 4 个区域。河南省夏花生光温潜在产量的高稳系数分布如图 6-65（a）所示：高稳系数的均值为 0.74，变化范围为 0.614 ~ 1.701，其中，有 39 个区县高稳系数在 0.75 ~ 1.70，主要分布在豫西的三门峡市和洛阳市，以及豫南地区；有 36 个区县高稳系数介于 0.72 ~ 0.75，主要分布在豫东的商丘市和周口市；有 45 个区县高稳系数介于 0.69 ~ 0.72，集中分布在豫中许昌、漯河以及豫北安阳、濮阳、新乡等地；高稳系数介于 0.61 ~ 0.69 的共有 38 个区县，分布较为集中，分布在豫北的新乡、焦作和济源，洛阳、郑州和开封等地。

夏花生气候潜在产量的高稳系数空间分布如图 6-65（b）所示，高稳系数均值为 0.38，变化范围为 0.007 ~ 1.723，有 33 个区县高稳系数在 0.50 ~ 1.14，主要分布在豫南的信阳市、驻马店市以及豫东的周口市的部分地区；高稳系数介于 0.33 ~ 0.50 的区县有 31 个，主要分布在豫南南阳市西部地区、豫东商丘市和开封市东部，以及豫中平顶山市和漯河市北部地区，豫北也有小部分地区分布；共有 56 个区县高稳系数介于 0.22 ~ 0.33，主要分布在豫北的安阳、鹤壁、新乡以及濮阳市北部和东部和豫中郑州、许昌和平顶山市北部以及豫南南阳市西南部地区；共有 38 个区县高稳系数在 0.10 ~ 0.22，主要分布在豫北焦作市和济源市以及濮阳市大部分地区，豫西洛阳市和三门峡市大部分地区也在这一区间。

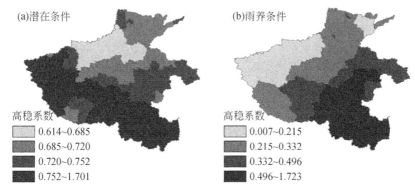

图 6-65　夏花生潜在产量高稳系数空间分布

基于所得的高稳系数，将两种条件下的种植潜力划分为两部分：高潜力区和低潜力区，分布如图 6-66 所示，潜在条件下种植潜力分区如图 6-66（a）所示，种植高潜力区包括图 6-65（a）中高稳系数值介于 0.720～1.701 的地区，共有 75 个区县，主要分布在豫西、豫南及豫东部分地区；低潜力区包括图 6-65（a）中高稳系数值介于 0.614～0.720 的地区，共有 83 个区县，主要分布在在豫北、豫中中和豫东两地部分地区。

雨养条件下的夏花生种植潜力分区如图 6-66（b）所示，高潜力区包括图 6-65（b）中高稳系数介于 0.337～1.14 的地区，共有 64 个区县，集中分布在豫东和豫南驻马店、信阳以及南阳市东部地区；低潜力区包括高稳系数介于 0.10～0.332 的地区，共有 94 个区县，集中分布在豫西、豫北、豫中以及南阳市西部地区。

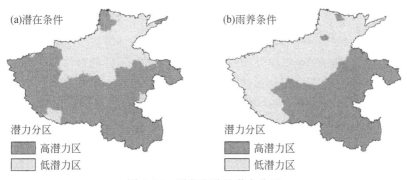

图 6-66　夏花生种植潜力分区

雨养条件下与潜在条件下的种植潜力分区相比，潜在条件下的高稳系数整体高于雨养条件，且豫西以及南阳西部地区的夏花生种植潜力在潜在条件下相对高于雨养条件。

结合夏花生种植潜力分区以及危险性分区，得到潜在条件下以及雨养条件下夏花生的气候适宜种植性分区，如图 6-67 所示，潜在条件下适宜区集中分布在豫东的商丘市、周口市，豫南的驻马店市、南阳市，豫西的三门峡市、洛阳的西部和南部以及豫中平顶山和漯河市南部地区；次适宜区分布在豫南的信阳市南部、豫中许昌市、豫西和豫北两市的部分地区；低适宜区主要分布在豫北的大部分地区以及豫中的北部地区、豫西洛阳市东部以及豫东的开封市。

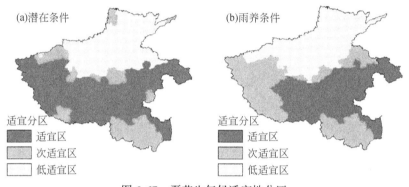

图 6-67　夏花生气候适宜性分区

雨养条件下的适宜种植区主要分布在豫东的商丘市、周口市，豫南的驻马店市和南阳市东部，以及豫中的漯河市、平顶山市南部；次适宜区分布在豫南信阳市南部以及南阳市西部、豫西三门峡市大部以及洛阳市西部和南部、豫东以及豫中北部部分地区；低适宜区分布在豫北大部分地区，豫中的郑州市、许昌市和平顶山市两市北部以及豫中北部地区。

潜在条件下夏花生气候适宜区主要分布在豫东部分地区、豫南南阳和驻马店地区、豫西以及豫中南部地区；雨养条件下的气候适宜区主要分布在豫东部分地区，豫南驻马店和南阳东部以及豫中南部地区。潜在条件相对于雨养条件下，豫西部分地区和豫南南阳市西部地区的气候适宜种植性有所提高。

1990～2017 年河南省花生在潜在和雨养条件下气候适宜性分区各分区内的种植面积占总种植面积的比例变化如图 6-68 所示，潜在条件下，适宜区种植面积从 37.2% 增长至 58.4%，次适宜区种植面积从 8.4% 增长至 11.8%，低适宜区的种植面积从 54.4% 下降至 29.9%；雨养条件下，适宜区种植面积从 32.8% 增长至 49.8%，次适宜区种植面积从 23.2% 增长至 26.7%，低适宜区种植面积从 43.6% 下降至 24.9%。由此可见，河南省花生在 1990～2017 年在潜在和雨养条件下各分区种植面积占总种植面积的变化趋势一致，均表现为适宜区种植面积占比持续增长，次适宜区种植面积占比无明显变化，低适宜区种植面积占比持续下降。并且，潜在条件下适宜区和低适宜区在研究时段内的面积占比均高于雨养条件，而雨养条件下的次适宜区种植面积在研究时段内占比高于潜在条件。说明潜在条件相比于雨养条件，适宜区和低适宜区的种植面积有所扩大，而次适宜区面积有所缩小。

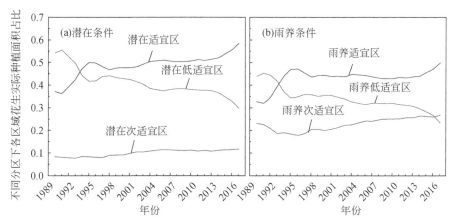

图 6-68　1990～2017 年河南省花生潜在及雨养条件下各适宜性分区种植面积占比变化

　　通过计算 1990～2017 年花生在不同条件下各分区种植面积增长率以及各分区种植面积占总种植面积的比例变化情况，表明了本研究在潜在或雨养条件下划分的气候适宜区是河南省花生近些年来种植面积增长最快的区域，验证了本研究气候适宜种植区划分的合理性。

　　通过计算收集到的最近 5 年（2013～2017 年）河南省花生种植面积数据，得到各县 2013～2017 年花生平均种植面积占所在县县域面积比例的空间分布，分布结果如图 6-69 所示。利用自然断点法将整个区域分为 4 个部分。其中有 89 个区县花生种植面积占全县总面积的比例低于 3.7%，这些地区主要分布在豫北安阳市北部、鹤壁市、焦作市和济源市，豫西三门峡市、洛阳市，豫中郑州市、许昌市和漯河市，豫东商丘市和周口市部分地区，以及豫南信阳市；有 36 个区县花生种植面积占所在县的比例在 3.7%～9.6%，这些区县主要分布在豫北濮阳、新乡和焦作三市的小部分地区，豫中平顶山市和许昌市部分地区，豫东周口市以及豫南驻马店、信阳市和南阳市三地部分地区；有 26 个区县种植面积所占比例介于 9.6%～19%，主要分布在豫北的安阳、新乡、焦作和濮阳等地的部分地区，豫东的开封、商丘和周口部分区县以及豫南的驻马店和南阳市部分地区。有 7 个区县花生种植面积所占比例在 19% 以上，种植面积占比从大到小依次为驻马店正阳县（45.9%）、新乡市延津县（31.8%）、开封市祥符区（24.5%）、南阳市新野县（23.4%）、商丘市宁陵县（23.3%）、驻马店汝南县（23.1%）、南阳邓州市（20.8%）。驻马店正阳县在河南省花生种植面积远高于其他区县，占比达到45.9%，是河南省最大的花生种植县。

从种植面积占比分布图可以看出，种植面积较小的地区主要分布在豫北部分地区，豫西、豫中、豫东部分地区以及豫南信阳地区。而豫北和豫东两地部分地区在潜在或雨养条件下均属于低适宜区，但其种植面积占比却较大，这可能是由于受气候条件以外的其他因素影响，从花生种植面积占河南省全域比例的时间变化上看，本研究划分的适宜区是河南省近些年来扩种花生的主要区域，这也反映了这些地区适宜于花生种植。将种植比例分布图（图6-69）与潜在及雨养条件下的适宜区分布图（图6-67）比较，种植比例分布与雨养条件下的适宜区分布更为吻合。

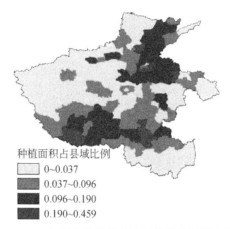

种植面积占县域比例

　□　0~0.037
　■　0.037~0.096
　■　0.096~0.190
　■　0.190~0.459

图6-69　2013~2017年河南省各县花生平均种植面积占县域面积比例

参 考 文 献

柴晓娇，李书田，赵敏，等．2012. 内蒙古谷子产业发展存在的问题与解决对策．内蒙古农业科技，(05)：8.

程雪，孙爽，张方亮，等．2020. 我国北方地区苹果干旱时空分布特征．应用气象学报，31 (1)：63-73.

邓丹丹，周鹏，邓龙辉，等．2018. 奉节县柑橘适宜性评价．安徽农业科学，46 (19)：4-8.

杜尧东，段海来，唐力生．2010. 全球气候变化下中国亚热带地区柑橘气候适宜性．生态学杂志，29 (5)：833-839.

高阳华，陈志军，居辉，等．2009. 基于GIS的三峡库区精细化甜橙气候生态区划．西南大学学报（自然科学版），31 (7)：1-6.

龚高法，简慰民．1983. 我国植物物候期的地理分布．地理学报，50 (1)：33-40.

侯贤清，李荣．2015. 免耕覆盖对宁南山区土壤物理性状及马铃薯产量的影响．农业工程学报，31（19）：112-119.

胡正月．2008. 柑橘优质丰产栽培 300 问．北京：金盾出版社．

黄璜．1996. 中国红黄壤地区作物生产的气候生态适应性研究．自然资源学报，（04）：340-346.

李文娟，秦军红，谷建苗，等．2015. 从世界马铃薯产业发展谈中国马铃薯的主粮化．中国食物与营养，21（07）：5-9.

李亚杰，石强，何建强，等．2014. 马铃薯生长模型研究进展及其应用．干旱地区农业研究，32（02）：126-136.

李扬，王靖，唐建昭，等．2018. 播期和品种变化对马铃薯产量的耦合效应——实验与 APSIM 模型分析．中国生态农业学报，DOI：10. 13930/j. cnki. cjea. 180707.

厉广辉，万勇善，刘风珍，等．2014. 苗期干旱及复水条件下不同花生品种的光合特性．植物生态学报，38（07）：729-739.

林红，杨丽霞，张玉芳，等．2016. 基于 GIS 的大英县甜橙种植农业气候区划研究．中国农学通报，32（32）：164-168.

刘爱华，叶植材．2020. 中国统计年鉴——2020. 北京：中国统计出版社．

刘建波，彭懿，陈秋波．2009. 海南甘蔗种植的气候适宜性分析及区划．中国农业气象，30（S2）：254-256.

刘健，蒋建莹．2014. 不同观测分辨率强台风云系的遥感特征．应用气象学报，25（1）：1-10.

吕贞龙，徐寿军，庄恒扬．2008. 作物发育温度非线性效应 Beta 模型的特征分析．生态学报，（8）：3737-3743.

马兴祥，邓振镛，魏育国，等．2004. 甘肃省谷子气候生态适应性分析及适生种植区划．干旱气象，（03）：59-62.

毛洋洋．2017. 不同辐射模型的比较及其对 APSIM 模型模拟效果的影响．南京：南京信息工程大学．

彭艳玉，刘煜，缪育聪．2021. 温室气体对亚洲夏季风影响的数值研究．应用气象学报，32（2）：245-256.

千怀遂，焦士兴，赵峰．2005. 河南省冬小麦气候适宜性变化研究．生态学杂志，（5）：503-507.

沈兆敏．2019. 我国柑橘生产现状及未来前景展望．科学种养，（9）：5-10.

施能．1995. 气象科研与预报中的多元分析方法．北京：气象出版社，174-176.

宋佳欣．2022. 内蒙古东部气候资源评价及春玉米热量资源利用研究．呼和浩特：内蒙古师范大学．

孙爽，王春乙，宋艳玲，等．2021. 我国北方一作区马铃薯高产稳产区分布特征．应用气象学报，32（4）：385-396.

孙爽，杨晓光，赵锦，等．2015. 全球气候变暖对中国种植制度的可能影响 XI. 气候变化背景下中国冬小麦潜在光温适宜种植区变化特征．中国农业科学，48（10）：1926-1941.

唐建昭．2018. 北方农牧交错带马铃薯基于缩差和增效的种植管理模式研究．北京：中国农业大学．

万继锋，李娟，杨为海，等．2019．柑橘果实响应高温、强光胁迫的活性氧代谢研究．福建农业学报，34（8）：920-924.

王彦平，阴秀霞，张昉，等．2018．内蒙古东北部大豆气候适宜度等级及种植区划研究．中国生态农业学报，26（7）：948-957.

王莹，张晓月，焦敏，等．2016．基于 GIS 的辽宁省大豆种植气候区划．贵州农业科学，44（11）:163-166.

徐芳．2020．利用 APSIM-Maize 模型研究气候变化对玉米生产的影响机制和应对措施．杨凌：西北农林科技大学．

许昌燊．2004．农业气象指标大全．北京：气象出版社．

薛景轩，王珊．2005．陇东谷子的气象条件分析．甘肃农业，（03）：88.

杨楠．2020．不同耕作措施下旱地小麦产量形成过程对光温的响应．兰州：甘肃农业大学．

杨显峰，杨德光，汤彦辉，等．2009．东北春大豆气候适宜性指标体系的建立研究初步．种子世界，（11）：36-38.

杨晓康，柴沙沙，李艳红，等．2012．不同生育时期干旱对花生根系生理特性及产量的影响．花生学报，41（02）：20-23.

于振文．2003．作物栽培学——北方本．北京：中国农业出版社，11-14.

詹鑫．2018．中国北方地区马铃薯气候适宜性及气候变化对其产量影响的研究．雅安：四川农业大学．

张玲，赵爱慧，宫克发，等．2011．突泉县种植优质谷子的气候条件分析．现代农业科技，（11）：307.

张新龙．2021．谷子不同生长期温度和降水波动对品质的影响．内蒙古科技与经济，（12）：65-66.

赵彤．2018．基于 GIS 的重庆市柑橘农业气候区划．重庆：重庆师范大学．

朱赟赟，王连喜，李琪，等．2011．气候因子对宁夏不同区域马铃薯气象产量的影响效应分析．西北农林科技大学学报（自然科学版），39（06）：89-95.

Bishnoi N R，Krishnamoorthy H N．1995．Effect of waterlogging and gibberellic acid on growth and yield of peanut (*Arachis hypogaea L.*). Indian journal of plant physiology，38（1）：45-47.

Funes I，Save R．2021．Modeling impacts of climate change on the water needs and growing cycle of crops in three Mediterranean basins. Agricultural Water Management，249：106797.

Hou X Y，Wang F X，Han J J，et al．2010．Duration of plastic mulch for potato growth under drip irrigation in an arid region of Northwest China. Agricultural and Forest Meteorology，150：115-121.

Keating B A，Carberry P S，Hammer G L，et al．2003．An overview of APSIM, a model designed for farming systems simulation. European Journal of Agronomy，18：267-288.

Krishnamoorthy H N．1992．Effect of waterlogging and gibberellic acid on leaf gas exchange in peanut (*Arachis hypogaea L.*). Journal of Plant Physiology，139（04）：503-505.

Krishnamoorthy H N，Goswami C L，Dayal J．1981．Effect of waterlogging and growth retardants on peanut (*Arachis hypogaea L.*). Indian Journal of Plant Physiology，24：381-386.

Leng G Y．2017．Recent changes in county-level corn yield variability in the United States from observations and crop models. Science of the Total Environment, 607-608: 683-690.

Li K W, Tong Z J, Liu X P, et al. 2020. Quantitative assessment and driving force analysis of vegetation drought risk to climate change: methodology and application in Northeast China. Agricultural and Forest Meteorology, 282: 107865.

Pereira L S, Paredes P, López U R, et al. 2021. Standard single and basal crop coefficients for vegetable crops, an update of FAO56 crop water requirements approach. Agricultural Water Management, 1 (243): 106196.

Tang J Z, Wang J, Fang Q X, et al. 2018a. Optimizing planting date and supplemental irrigation for potato across the agro-pastoral ecotone in North China. European Journal of Agronomy, 98: 82-94.

Tang J Z, Wang J, Wang E L, et al. 2018b. Identifying key meteorological factors to yield variation of potato and the optimal planting date in the agro-pastoral ecotone in North China. Agricultural and Forest Meteorology, 256-257: 283-291.

Wang F X, Feng S Y, Hou X Y, et al. 2009. Potato growth with and without plastic mulch in two typical regions of Northern China. Field Crops Research, 110: 123-129.

Zhao J, Yang X G. 2018. Distribution of high-yield and high-yield stability zones for maize yield potential in the main growing regions in China. Agriculutral and Forest Meteorology, 248: 511-517.

Zhao J, Yang X G. 2019. Spatial patterns of yield-based cropping suitability and its driving factors in the three main maize-growing regions in China. International Journal of Biometeorology, 63: 1659-1668.